化学工业出版社“十四五”普通高等教育规划教材

普通高等教育一流本科专业建设成果教材

土力学

SOIL MECHANICS

牛雷　杨明月　杨丽娜　主编

化学工业出版社

·北京·

内容简介

《土力学》系统地介绍了土力学的基本概念、基本原理和土工问题的分析计算方法。内容包括：绪论、土的物理性质与工程分类、土的渗透性与水的渗流、地基中的应力、土的压缩性与地基沉降计算、土的抗剪强度、土压力、土坡稳定性分析和地基承载力等。各章均附有适量的“思考题与习题”，便于读者深入理解所学内容。

《土力学》可作为高等院校土木工程、城市地下空间工程专业的教材，也可以作为水利水电工程、勘查技术与工程、公路与城市道路、桥梁工程、地下建筑工程等专业的教材或教学参考书，也可供土建类工程技术人员阅读参考。

图书在版编目（CIP）数据

土力学 / 牛雷，杨明月，杨丽娜主编. --北京：化学工业出版社，2022.10

普通高等教育一流本科专业建设成果教材　化学工业出版社“十四五”普通高等教育规划教材

ISBN 978-7-122-41526-4

Ⅰ. ①土… Ⅱ. ①牛… ②杨… ③杨… Ⅲ. ①土力学－高等学校－教材 Ⅳ. ①TU43

中国版本图书馆 CIP 数据核字（2022）第 091763 号

责任编辑：刘丽菲
责任校对：李雨晴
装帧设计：李子姮

出版发行：化学工业出版社
（北京市东城区青年湖南街13号　邮政编码100011）
印　　装：北京天宇星印刷厂
787mm×1092mm　1/16　印张13　字数315千字
2022年10月北京第1版第1次印刷

购书咨询：010-64518888
售后服务：010-64518899
网　　址：http：//www.cip.com.cn
凡购买本书，如有缺损质量问题，本社销售中心负责调换。

定　　价：56.00 元

前言

土力学是高等学校土木工程、道路桥梁与渡河工程、城市地下空间工程和水利水电工程等专业的必修专业基础课。本书的编写遵循普通高等学校各专业人才培养方案和教学大纲，并尽量兼顾其他方向的专业知识，对教学内容进行了拓展。

《土力学》是在多年教学改革和实践的基础上，吸收部分现代土力学的发展成果编写而成的。本书内容翔实、语言简练、思路清晰、图文并茂、深入浅出、理论与实际设计相结合，系统地阐述了土力学的基本原理和分析计算方法，主要内容包括绪论、土的物理性质与工程分类、土的渗透性与水的渗流、地基中的应力、土的压缩性与地基沉降计算、土的抗剪强度、土压力、土坡稳定性分析、地基承载力等。各章均附有适量的“思考题与习题”，有助于读者深入理解所学内容。教学中各专业可根据学时安排全部或有侧重地选择讲授。

本书由吉林建筑大学牛雷、长春工程学院杨明月、吉林建筑科技学院杨丽娜担任主编。吉林建筑大学的城市地下空间工程是吉林省一流本科专业建设点，长春工程学院的土木工程是国家级一流本科专业建设点，本书的编写，注重一流本科专业建设的相关教学思想的融入。具体编写分工：绪论、第 4 章由长春工程学院章与非编写，第 5 章以及第 7 章由吉林建筑大学牛雷编写，第 1 章、第 3 章和第 6 章由长春工程学院杨明月编写，第 2 章由吉林建筑科技学院尹海云编写，第 8 章由吉林建筑科技学院杨丽娜编写。重庆大学蒋春勇博士，吉林建筑大学研究生吴占君、毕苏红、陈亚晴等参与了相关资料的整理工作，在此一并表示感谢。

限于水平，难免存在不妥之处，敬请读者批评指正。

编者

2022年5月

目录

036 **第2章 土的渗透性与水的渗流**

051 **第3章 地基中的应力**

绪论

0.1　土力学的概念及学科特点

土体（soil mass）简称土，是岩体（rock mass）经历物理和化学风化作用，在各种自然环境中形成的沉积物。土再经历固结成岩作用，又可形成岩体（沉积岩类岩体）。

土是矿物或岩石碎屑构成的松软集合体。由于其形成年代、生成环境及物质成分不同，工程特性亦复杂多变。例如我国沿海及内陆地区的软土，西北、华北和东北等地区的黄土，高寒地区的多年冻土，以及分布广泛的红黏土、膨胀土和杂填土等，其性质各不相同。因此在建筑工程设计前，必须充分了解、研究建筑场地相应土（岩）层的成因、构造、地下水情况、土的工程性质、是否存在不良地质现象等，对场地的工程地质条件做出正确的评价。

土是天然的产物，不是人类按照某种配方制造出来的。土体的不均匀性、各向异性等形成了土与钢材和混凝土等材料完全不同的特性。由于自然地理环境的不同，地表层分布的土也是多种多样的。某些土类（如湿陷性黄土、膨胀土、多年冻土及人工合成土等）还具有不同于一般土的特殊性质。针对其特殊的性质又形成了各种专门的土力学分支。当这些土类用作地基时，针对其特性还应采取与之相适应的工程措施。这些内容均没有列入本书，如果需要可参阅有关文献。

土力学是力学的一个分支，是以土为研究对象的学科。土力学的研究内容是通过研究土的物理、力学、物理化学性质及微观结构，进一步认识土和土体在荷载、水、温度等外界因素作用下的反应特性，即土的压缩性、剪切性、渗透性及动力特性等，为各类土木工程的稳定和安全提供科学的对策，包括土体加固和地基处理等。因为土的结构、构造特征与刚体、弹性固体、流体等都有所不同，所以研究土力学必须通过专门的土工试验技术进行探讨。

在漫长的历史进程中，人类的生产生活所经历的工程建设史是不停地与岩土体打交道的过程，建造了无以计数的各种工程。人们可能会在各种地基条件情况下建造工程，针对不同工程和不同地质条件又会选择不同的基础或结构形式——会建造大坝，建设公路、铁路，建造厂房、码头、住宅，还会开挖深基坑，开挖隧道，建设地铁和地下工程，治理河岸与边坡，完成尾矿堆积库、垃圾填埋等，可能遇到各种地基类型和土性、复杂地质条件或地质环境。总结人类长期的工程实践，就会发现土体的性质和对工程的影响可以归纳出共性课题，即土力学中有关力学性质的三个基本课题：土体稳定、土体变形、土体渗流。解决这三个基本课题，对应有三个基本理论：土体抗剪强度理论、土体压缩与固结理论、土体渗流理论。

重大工程（如长江大桥、三峡工程、南水北调等）会涉及更加复杂的岩土工程问题。几代岩土工程师们利用土力学知识解决其中的疑难问题，工程建设的成功凝聚着他们的智慧。

0.2 土力学的发展简史

土力学是一门既古老又年轻的学科。生活的需要和生产的发展，使人类很早就懂得利用地壳表层的风化产物——土，作为建筑物的地基和建筑材料。如横亘中国北方的万里长城、南北大运河、黄河大堤、宏伟的宫殿、寺院宝塔等都有坚固的地基和基础，并长时期经历地震、强风的考验保存至今。但与其他学科一样，受到当时生产规模和科学水平的限制，人们对于土的特性的认识还停留在经验积累的感性认识阶段。

土力学的发展可以划分成以下三个历史时期。

① 萌芽期（1773—1923 年）。土力学的发展当以库仑（Coulomb）首开先河，他在 1773 年发表了论文《极大极小准则在若干静力学问题中的应用》，为土体破坏理论奠定了基础。

② 古典土力学（1923—1963 年）。1923 年，太沙基（Terzaghi）发表了著名的论文《黏土中动水应力的消散计算》，提出了土体一维固结理论，接着又在另一文献中提出了著名的有效应力原理，从而建立起一门独立的学科——土力学。此后，随着弹性力学的研究成果被大量吸引过来，变形问题的研究越来越成为重要的内容。但是，土体的破坏问题始终是当时土力学研究的主流。

③ 现代土力学。虽然在 20 世纪 50 年代已有人对塑性理论应用于土力学的可能性进行过探索，但直到 1963 年，罗斯柯（Roscoe）发表了著名的剑桥模型，才提出第一个可以全面考虑土的压硬性和剪胀性的数学模型，因而可以看作现代土力学的开端。

土力学学科的发展随着人类社会的进步和其他学科的发展而发展。工程建设需要学科理论，学科理论的发展更离不开工程建设。人类正面临着资源和环境这一严酷生存问题的挑战，有各种各样的工程问题需要解决，而且会越来越复杂。我们相信，随着我国社会主义建设的向前发展，我国土力学学科也必将得到新的更大的发展。

0.3 本课程的内容和学习方法

土力学是属于工程力学范围的科学，是运用力学原理，同时考虑土作为分散体的特征来求得量的关系。其主要研究的内容有：土体的应变、变形、强度、渗流及稳定性等。广义的土力学还包括土的生成、组成、物理化学性及分类在内的土质学。

土力学这门学科将研究土的基本物理力学性质，提供地基基础和土工结构的设计计算方法及不良地基的处理措施。其所包含的主要内容有以下几方面：①土的物理性质；②土的渗透性；③土的变形性质；④土的抗剪强度和稳定性；⑤土压力；⑥土动力学；⑦其他问题。

在土力学的研究方法上，由于土的物理、化学和力学性质与一般刚性或弹性固体以及流体等都有所不同，因此土的特性的研究一般通过专门的土工试验技术进行探讨。

对于本课程学习的基本要求是：掌握土的物理性质研究方法；学会计算土体应力，了解应力分布规律；掌握土的渗透理论、压缩理论、固结理论及有效应力原理和应力历史的概念，能熟练地进行地基沉降和固结计算；掌握土的强度理论及其应用，能熟练进行土压力计算、土坡稳定验算和地基承载力的计算。另外还要掌握常规土工试验的理论与操作技术，通过试验深化理论学习，理解和掌握确定计算参数的方法。学习土力学可以简单用一句话来概括，即搞清概念、掌握原理、抓住重点、理论联系实际、学会设计计算、重在工程应用。通过对本门课程的学习，读者应能够熟练运用土力学理论与知识体系，并结合应用材料力学、钢筋混凝土结构、工程勘察、施工技术等知识体系，依照安全、经济、环保的原则，力求施工方便，给出合理的工程方案和正确的设计，并能够有所创新。

第1章
土的物理性质与工程分类

1.1 土的成因与组成

1.1.1 土的成因

在自然界，存在于地壳表层的岩石圈是由基岩及其覆盖土组成，所谓基岩是指在水平和竖直两个方向延伸很广的各类原位岩石；所谓覆盖土是指覆盖于基岩之上各类土的总称。基岩岩石按成因可分为岩浆岩、变质岩和沉积岩三大类。土广泛分布在地壳表层，是还没有固结成沉积岩的松散沉积物，亦是人类工程活动的主要对象。实际上，土的形成是一个十分复杂的过程，土是连续、坚固的岩石在阳光、大气、水和生物等因素影响下，发生风化作用形成的大小悬殊的颗粒，经过不同的搬运方式，在各种自然环境中生成的没有黏结或弱黏结的沉积物。简而言之，岩石经历风化、剥蚀、搬运、沉积生成土，因此通常说土是岩石风化的产物。

风化作用主要包括物理风化和化学风化，它们经常是同时进行，而且是互相加剧发展的，物理风化是指由于温度变化、水的冻胀、波浪冲击、地震等引起的物理力使岩体崩解、碎裂的过程。这种作用使岩体逐渐变成细小的颗粒。化学风化是指岩体（或岩块、岩屑）与空气、水和各种水溶液相互作用的过程，这种作用不仅使岩石颗粒变细，更重要的是使岩石成分发生变化，形成大量细微颗粒（黏粒）和可溶盐类。

化学风化常见的作用如下:

① 水解作用——指原生矿物成分被分解，并与水进行化学成分的交换，形成新的次生矿物，如正长石经水解作用后，形成高岭石；

② 水化作用——指水和某种矿物发生化学反应，形成新的矿物，如土中的 $CaSO_4$（硬石膏）水化后成为 $CaSO_4 \cdot 2H_2O$（含水石膏）；

③ 氧化作用——指某种矿物与氧结合形成新的矿物，如黄铁矿氧化后变成 $FeSO_4$（铁钒）。

其他还有溶解作用、碳酸化作用等。

自然界中的大多数土都是在第四纪地质历史时期形成的，因此也称为第四纪沉积物。根据其搬运和堆积方式的不同，可以分为残积土和运积土两大类。残积土是指母岩表层经风化作用破碎成为岩屑或细小矿物颗粒后，未经搬运，残留在原地的堆积物。它的特征是颗粒粗细不均，表面粗糙、多棱角、无层理。运积土是指风化所形成的土颗粒，受自然力的作用，搬运到远近不同的地点所沉积的堆积物。其特点是颗粒经过滚动和相互摩擦，变圆滑且具有一定的浑圆度。在沉积过程中因受水流等自然力的分选作用而形成颗粒粗细不同的层次，粗颗粒下沉快，细颗粒下沉慢，在流速快的水中，只能沉积粗颗粒；而在流速缓慢的水中，会沉积细颗粒。这样就形成不同粗细的土层。根据搬运的动力不同，运积土又可分为如下几类：

① 坡积土。坡积土是指残积土受重力和暂时性水流（如雨水和雪水）的作用，被携带到山坡或坡脚处聚积起来的堆积物。堆积物内土粒粗细不同，性质很不均匀。

② 洪积土。洪积土是指残积土和坡积土受洪水冲刷，携带到山麓处沉积的堆积物。洪积土具有一定的分选性，搬运距离近的颗粒较粗，力学性质较好；距离远的则颗粒较细，力学性质较差。

③ 冲积土。冲积土是指由于江、河水流搬运所形成的沉积物。分布在山谷、河谷和冲积平原上的土均为冲积土。经过较长距离的搬运，浑圆度和分选性都较好，具有明显的层理构造。

④ 湖泊沼泽沉积土。湖泊沼泽沉积土是指在极为缓慢水流或静水条件下沉积形成的堆积物。这种土的特点是除了含有细小的颗粒外，常伴有由生物化学作用所形成的有机物，成为具有特殊性质的淤泥或淤泥质土，其工程性质一般都较差。

⑤ 海相沉积土。海相沉积土是指由水流挟带到大海沉积的堆积物，其颗粒较细，表层土质松软，工程性质较差。

⑥ 冰积土。冰积土是指由冰川或冰水携带搬运所形成的堆积物，颗粒粗细变化较大，土质不均匀。

⑦ 风积土。风积土是指由风力搬运形成的堆积物，一般堆积层很厚而不具层理。如我国西北的黄土就是典型的风积土。

土的形成过程决定了它具有特殊物理力学性质，与一般建筑材料相比，土具有的三个重要特点如下：

① 散体性。土是岩石风化或破碎的产物，颗粒之间无黏结或弱黏结，存在大量孔隙，可以透水透气。

② 多相性。土往往是由固体颗粒、水和气体组成的三相体系，相、系之间质和量的变化直接影响它的工程性质。

③ 自然变异性。土是在自然界漫长的地质历史时期演化形成的多矿物组合体，其性质复杂，不均匀，且随时间还在不断变化。

故仅根据土的堆积类型还远不足以确定土的工程特性。要进一步描述和确定土的性质，就必须具体分析和研究土的三相组成、土的物理状态和土的结构，并以适当的指标表示。

1.1.2 土的三相组成

土是由固体颗粒、水和气体三部分所组成的三相体系。固体部分，一般由矿物质所组成，有时也含有有机质（半腐烂和全腐烂的植物质和动物残骸等）。固体部分构成土的骨架，称为土骨架。水和气体充填在土颗粒间相互贯通的孔隙中。土的三相组成比例并不是恒定的，它随着环境的变化而变化。这些孔隙有时完全被水充满，称为饱和土；如果只有一部分被水占据，另一部分被气体占据，称为非饱和土；也可能完全充满气体，称为干土。水和溶解于水的物质构成土的液体部分，空气及其他气体构成土的气体部分。这三种组成部分本身的性质以及它们之间的比例关系和相互作用决定土的物理力学性质。因此，研究土的性质，必须先研究土的三相组成。

1.1.2.1 土的固体颗粒

固体颗粒是土的主要成分，构成土的骨架。固体颗粒的大小、形状、矿物成分及组成对土的物理力学性质起决定作用。研究土的固体颗粒应了解其矿物成分及颗粒的形状，分析粒径的大小及不同尺寸颗粒在土中所占的百分比。

（1）土粒的矿物成分

土是岩石风化的产物，也是多种矿物的集合体。土的矿物成分主要取决于母岩的成分及其所经受的风化作用。土粒矿物成分不同，则表现不同的特性，从而影响土的性质。土中固体颗粒的矿物成分绝大部分是矿物质，或多或少含有有机质，如图 1-1 所示。

- 固体成分
  - 矿物质
    - 原生矿物——石英、长石、云母……
    - 次生矿物
      - 黏土矿物
      - 无定形氧化物胶体
      - 可溶盐
  - 有机质

图 1-1　固体颗粒矿物成分

颗粒的矿物质按其成分可分为两大类。一类是原生矿物，常见的如石英、长石和云母等，它们是由岩石经过物理风化生成的，成分与母岩完全相同。由原生矿物颗粒构成的粗粒土，例如漂石、卵石、圆砾等，都是岩石的碎屑，其矿物成分与母岩相同。由于其颗粒大、比表面积小（单位体积内颗粒的总表面积），与水的作用能力弱，其抗水性和抗风化作用都强，故工程性质比较稳定。

另一类是次生矿物，它们是由原生矿物经化学风化后形成的新的矿物成分，成分与母岩成分完全不同。土中的最主要的次生矿物是黏土矿物。黏土矿物具有不同于原生矿物的复合层状的硅酸盐矿物，它对黏性土的工程性质影响很大。次生矿物还有倍半氧化物（Fe_2O_3、Al_2O_3）和次生二氧化硅。它们除以晶体形式存在外，还常以凝胶的形式存在于土粒之间，增加了土体的抗剪强度。可溶盐是第三种次生矿物，它们包括 $CaCO_3$、NaCl、$MgCO_3$ 等。它们可能以固体形式存在，也可能溶解在溶液中。它们也可增加颗粒间的联结，增强土的抗剪强度。

黏土矿物的种类、多少对黏性土的工程性质影响很大，对一些特殊土类（如膨胀土）往往起决定作用。下面对黏土矿物的结构特征和基本的工程特性做简要的介绍。

黏土矿物是一种复合的铝-硅酸盐晶体（所谓晶体是指原子、离子在空间有规律地排列，不同的几何排列形式称为晶胞结构，组成晶体结构的最小单元称为晶胞）。硅片的基本单元是硅-氧四面体。它是由一个居中的硅离子和四个在角点的氧离子所构成，如图 1-2（a）所示。由六个硅-氧四面体组成一个硅片，如图 1-2（b）所示。硅片底面的氧离子被相邻两个硅离子所共有，简化图形如图 1-2（c）所示，梯形的底边表示氧原子面。铝片的基本单元则是铝-氢氧八面体，它是由一个铝离子和六个氢氧离子所构成，如图 1-3（a）所示。四个八面体组成一个铝片。每个氢氧离子都被相邻两个铝离子所共有，如图 1-3（b）所示。简化图形如图 1-3（c）。大多数黏土矿物是由硅片和铝片构成的晶胞组叠而成的，依硅片和铝片的组叠形式不同，主要分成高岭石、伊利石和蒙脱石三种类型。

高岭石的结构单元如图 1-4（a）所示。其结构单元（晶胞）是由一层铝氢氧晶片和一层硅氧晶片组成的。这种晶体结构称为 1∶1 的两层结构。两层结构的最大特点是晶层之间通过 O^{2-} 与 OH^- 相互联结，称为氢键联结。氢键的联结力较强，致使晶格不能自由活动，水难以进入晶格之间，遇水较为稳定。因为晶层之间的联结力较强，能组叠很多晶层，多达百个以上，成为一个颗粒。所以高岭石的主要特征是颗粒较粗，不容易吸水膨胀、失水收缩，或者说亲水能力差，其亲水性不及伊利石强。

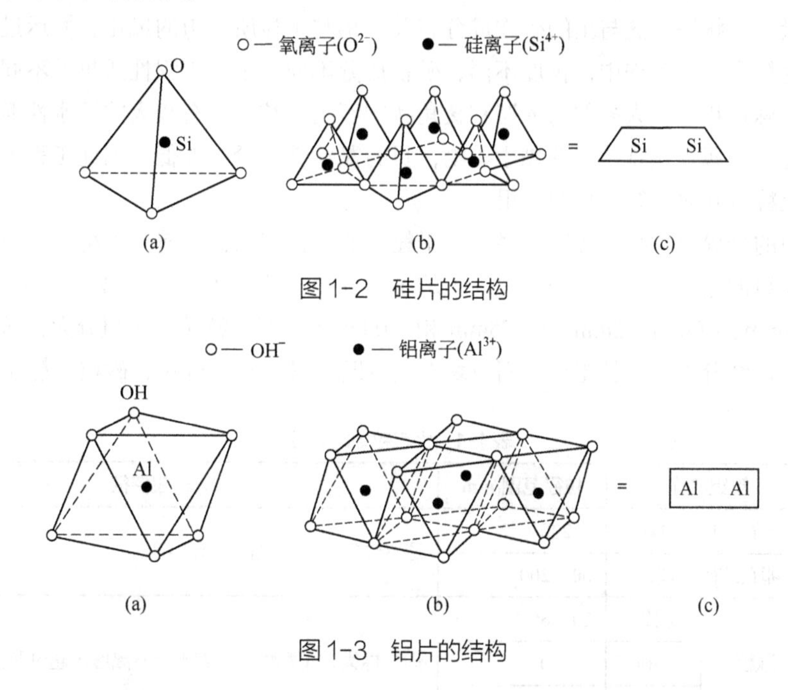

图1-2　硅片的结构

图1-3　铝片的结构

蒙脱石是化学风化的初期产物，其结构单元（晶胞）是由两层硅氧晶片之间夹一层铝氢氧晶片所组成的，如图1-4（b）所示。这种晶体结构称为2∶1的三层结构。由于晶胞的两个面都是氧原子，其间没有氢键，因此联结力很弱，水分子可以进入晶胞之间，从而改变晶胞之间的距离，甚至达到完全分散到单晶胞为止。蒙脱石的主要特征是颗粒细微，具有显著的吸水膨胀、失水收缩的特性，或者说亲水能力强。

伊利石的结构单元类似于蒙脱石，同属2∶1的三层结构，其结构单元如图1-4（c）所示。不同的是Si-O四面体中的Si^{4+}可以被Al^{3+}、F^{3+}所取代，因而在相邻晶胞间将出现若干一价正离子（K^+）以补偿晶胞正电荷的不足，钾键增强了晶胞与晶胞之间的联结作用，水分子难以进入。所以伊利石的结晶构造不能像蒙脱石那样活动，其遇水膨胀、失水收缩能力低于蒙脱石，联结强度弱于高岭石而高于蒙脱石，其特征也介于两者之间。

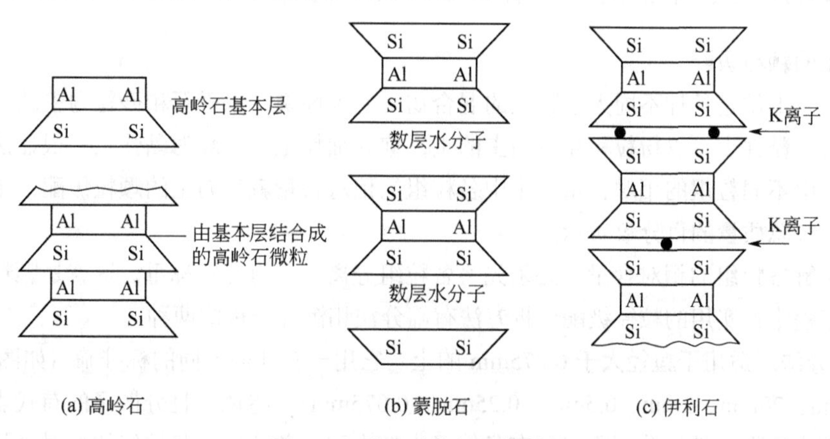

图1-4　黏土矿物的晶格结构

（2）土粒粒组

天然土体土粒大小变化很大，大的有几十厘米，小的只有千分之几毫米；形状也不一样，有块状、粒状、片状等。这与土的矿物成分有关，也与土粒所经历的风化、搬运过程有关。土粒的大小称为粒度。在工程中，粒度不同、矿物成分不同，土的工程性质也就不同。例如颗粒粗大的卵石、砾石和砂，大多数为浑圆和棱角状的石英颗粒，具有较大的透水性而无黏性；颗粒细小的黏粒，则属针状或片状的黏土矿物，具有黏滞性而透水性低。因此工程上常把大小、性质相近的土粒合并为一组，称为粒组。

划分粒组的分界尺寸称为界限粒径。对于粒组的划分方法，目前并不统一。表 1-1 为一种常用的土粒粒组的划分方法。表中根据《土的工程分类标准》(GB/T 50145—2007)，按规定的界限粒径 200mm、60mm、2mm、0.075mm 和 0.005mm，将土粒粒组先粗分为巨粒、粗粒和细粒三个统称，再细分为六个粒组：漂石（块石）、卵石（碎石）、砾粒、砂粒、粉粒和黏粒。

表 1-1 土粒粒组的划分

粒组统称	粒组名称		粒径范围/mm	一般特征
巨粒	漂石或块石颗粒		＞200	透水性很大，无黏性，无毛细水
	卵石或碎石颗粒		60～200	
粗粒	砾粒	粗砾	20～60	透水性大，无黏性，毛细水上升高度不超过粒径大小
		中砾	5～20	
		细砾	2～5	
	砂粒	粗砂	0.5～2	易透水，当混入云母等杂质时透水性减小，而压缩性增加；无黏性，遇水不膨胀，干燥时松散；毛细水上升高度不大，随粒径变小而增大
		中砂	0.25～0.5	
		细砂	0.075～0.25	
细粒	粉粒		0.005～0.075	透水性小，湿时稍有黏性，遇水膨胀小，干时稍有收缩；毛细水上升高度较大，极易出现冻胀现象
	黏粒		＜0.005	透水性很小，湿时有黏性、可塑性，遇水膨胀大，干时收缩显著；毛细水上升高度大，但速度较慢

注：1. 漂石、卵石和圆砾颗粒均呈一定的磨圆状（圆形或亚圆形）；块石、碎石和角砾颗粒均呈棱角状。

2. 粉粒可称为粉土粒，粉粒的粒径上限 0.075mm 相当于 200 号筛的孔径。

3. 黏粒可称为黏土粒，黏粒的粒径上限也有采用 0.002mm 为标准的。

（3）土的颗粒级配

实际上，土常是各种不同大小颗粒的混合物。笼统地说，以砾石和砂粒为主的土称为粗粒土，也称为无黏性土。以粉粒和黏粒为主的土，称为细粒土，一般为黏性土。很显然，土的性质取决于土中不同粒组的相对含量。土中各粒组的相对含量就称为土的颗粒级配，用各粒组土粒质量占土粒总质量的百分数表示。

为了了解各粒组的相对含量，必须先将各粒组分离开，再分别称重。这就是颗粒级配的分析方法。工程中，实用的粒径级配分析方法有筛分法和沉降分析法两种。

① 筛分法。适用于粒径大于 0.075mm 的土。它用一套孔径不同的标准筛（如图 1-5 所示，孔径 200mm、20mm、2mm、0.5mm、0.25mm、0.075mm），将风干且分散了的有代表性的试样倒入标准筛内摇振，然后分别称出留在各筛子上的土重，并计算出各粒组的相对含量，即得土

的颗粒级配。

② 沉降分析法。具体有密度计法（也称比重计法）和移液管法（也称吸管法），适用于粒径小于 0.075mm 的土。该方法将过筛风干了的少量细粒土放入水中，大小不同的土粒在水中下沉速度不同，利用比重计测定不同时间土粒和水混合悬液的密度，确定各粒组的相对含量百分数，如图 1-6 所示。如土中同时含有粒径大于和小于 0.075mm 的土粒时，则须联合使用上述两种方法进行试验。

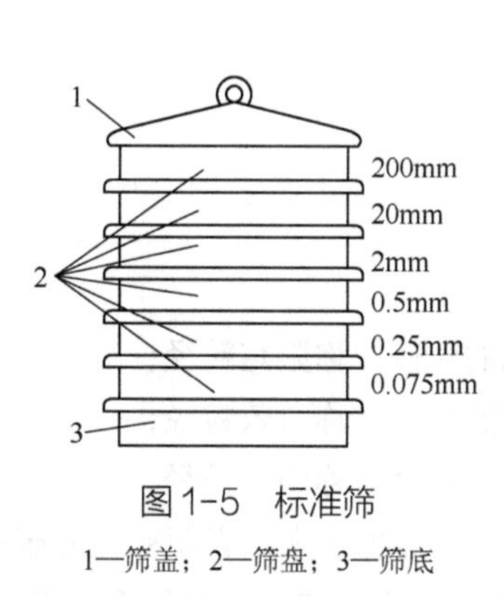

图1-5　标准筛

1—筛盖；2—筛盘；3—筛底

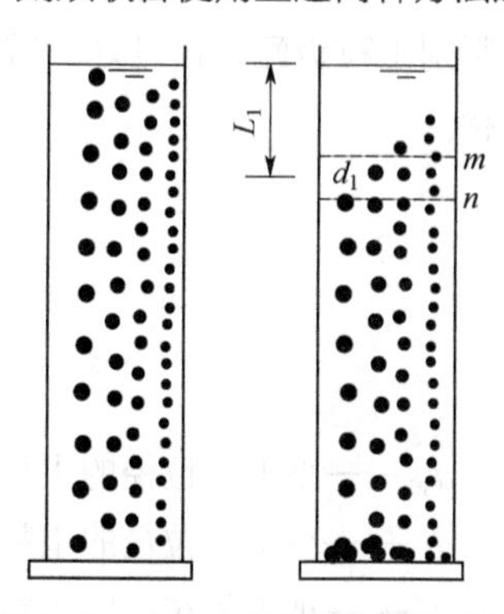

图1-6　土粒在悬浮液中的沉降

根据颗粒分析试验结果，表 1-2 列举了三种土的颗粒级配情况。为了直观起见，通常以图 1-7 所示的颗粒级配曲线表示。曲线的纵坐标表示小于某土粒径的累计重量百分比，横坐标则是用对数值表示的土的粒径，这样可以把粒径相差上千倍的粗、细粒含量都表示出来，尤其能把占总重量小，但对土的性质可能有重要影响的微小土粒部分清楚地表达出来。

表1-2　土的粒度成分

粒径/mm 土粒组成/% 土样编号	10～2	2～0.05	0.05～0.005	<0.005	d_{60}	d_{10}	d_{30}	C_u	C_c
A	0	99	1	0	0.65	0.11	0.15	1.5	1.24
B	0	66	30	4	0.115	0.012	0.044	9.6	1.40
C	44	56	0	0	3.00	0.15	0.25	20	0.14

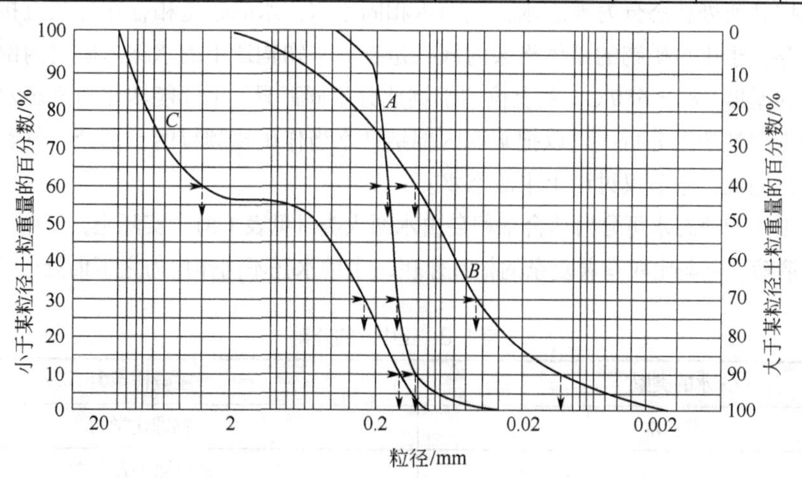

图1-7　土的颗粒级配曲线

从土的颗粒级配曲线可以直接了解土粒的粗细、粒径分布的均匀程度及颗粒级配的优劣。图 1-7 中，曲线 A 和 B 所代表的两种土的颗粒大小分布都是连续的，这样的级配称为连续级配或正常级配，曲线 C 中间出现水平段说明缺少某些粒径范围的土粒，这样的级配称为不连续级配。与曲线 A 比较，曲线 B 形状平缓，表示土粒大小分布范围广，土粒大小不均匀，土粒级配良好；曲线 A 形状较陡，表示粒径相差不大，土粒较均匀，土粒级配不良。

为了判别土粒级配是否良好，常用不均匀系数 C_u 和曲率系数 C_c 分别描述级配累积曲线的坡度和形状。

$$C_u = \frac{d_{60}}{d_{10}} \tag{1-1}$$

$$C_c = \frac{d_{30}^2}{d_{60} d_{10}} \tag{1-2}$$

式中 d_{60}——小于某粒径的土粒重量占土总重 60%的粒径，称限定粒径；

d_{10}——小于某粒径的土粒重量占土总重 10%的粒径，称有效粒径；

d_{30}——小于某粒径的土粒重量占土总重 30%的粒径，称中值粒径。

不均匀系数反映曲线的坡度，表明土粒的不均匀程度。C_u 值愈大，表明粒径分布曲线的坡度愈缓，土粒愈不均匀；反之，C_u 值愈小，表明曲线愈陡，土粒愈均匀。曲率系数 C_c 反映级配曲线的形状是否连续。工程上确定土的级配是否良好可按如下规定判断:

① 级配良好的土，大多数颗粒级配曲线主段呈光滑凹面向上的形式，坡度较缓，土粒大小连续，曲线平顺，且粒径之间有一定的变化规律，能同时满足 $C_u>5$ 及 $C_c=1\sim3$ 的条件，如图 1-7 中曲线 B 所示。

② 级配不良的土，土粒大小比较均匀，其颗粒级配曲线坡度较陡；或者土粒大小虽然较不均匀，但也不连续，其颗粒级配曲线呈阶梯状（有缺粒段）。级配不良的土不能同时满足 $C_u>5$ 及 $C_c=1\sim3$ 两个条件，如图 1-7 中曲线 A、C 所示。工程中用级配良好的土作为填土用料时，比较容易获得较大的密实度。

1.1.2.2 土中水

土中水按其所处状态分为液态水、气态水和固态水，水的数量和存在形式直接影响土的状态和性质。存在于土粒矿物的晶体格架内部或是参与矿物构造中的水称为矿物内部结合水，只有在比较高的温度（80～680℃，随土粒的矿物成分不同而异）下才能转化为气态水而与土粒分离。从土的工程性质上分析，可以把矿物内部结合水当作矿物颗粒的一部分。气态水对土的性质影响不大，因此，本节仅讨论土中液态水。

存在于土中的液态水可分为结合水和自由水两大类（见表 1-3）。实际上，土中水是成分复杂的电解质水溶液，它与土粒有着复杂的相互作用，土中水在不同作用力之下而处于不同的状态。

表 1-3 土中水的分类

水的类型		主要作用力
结合水		物理化学力
自由水	毛细水	表面张力及重力
	重力水	重力

（1）结合水

当土粒与水相互作用时，土粒会吸附一部分水分子，在土粒表面形成一定厚度的水膜，成为结合水。结合水是指受电分子吸引力吸附于土粒表面的土中水。这种电分子吸引力高达几千到几万个大气压，使水分子和土粒表面牢固地黏结在一起。

研究表明，土粒（矿物颗粒）表面一般带有负电荷，围绕土粒形成电场。在土粒电场影响范围内的水分子以及水溶液中的阳离子（如 Na^+、Ca^{2+}、Al^{3+}等）一起被吸附于土颗粒周围。由于水分子是极性分子，受电场影响而定向排列，如图 1-8 所示，愈靠近土粒表面吸附愈牢固；随着距离增大，电分子吸引力将减小，按离土粒表面的距离结合水又可分为强结合水和弱结合水。

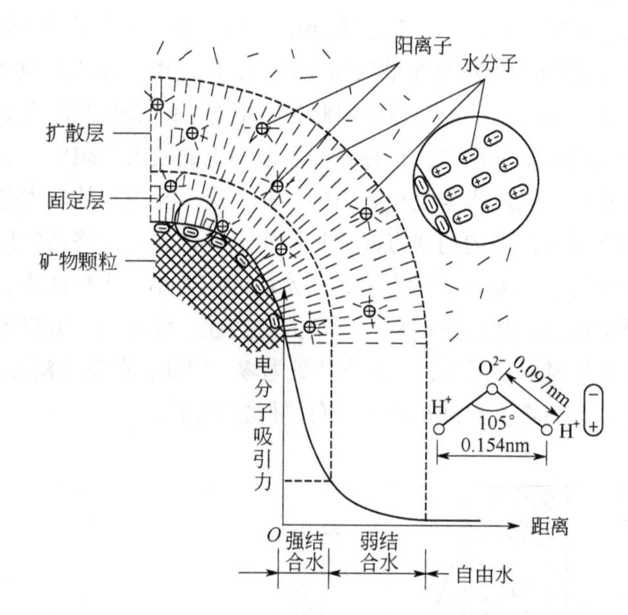

图1-8　结合水分子定向排列及其所受电分子吸引力变化的简图

① 强结合水。强结合水是指紧靠土粒表面的结合水，又称吸着水。强结合水受到的电分子引力最大，在重力作用下不会流动，不传递静水压力，无溶解能力，温度在 105℃以上时才能蒸发，冰点为−78℃，密度为 1.2～2.4g/cm^3。这种水牢固地结合在土粒表面，其性质接近于固体，具有极大的黏滞性、弹性及抗剪强度。黏土只含强结合水时，呈固体状态，磨碎后呈粉末状态；砂土的强结合水很少，仅含强结合水时呈散粒状。

② 弱结合水。弱结合水是指紧靠于强结合水外围的结合水膜，也称为薄膜水。弱结合水距离土粒表面稍远，仍然受到电分子吸引力影响但强度较小。弱结合水不能传递静水压力，具有较高的黏滞性和抗剪强度，但水膜较厚的弱结合水能向较薄的水膜缓慢转移。弱结合水的存在，使土具有可塑性。随着水分子与土粒距离的不断增大，电分子吸引力逐渐减小，弱结合水就逐步过渡为自由水。

（2）自由水

自由水是存在于土粒电场影响范围以外不受电场引力作用的土中水，性质与普通水相同，可传递静水压力，冰点为 0℃，具有溶解盐类的能力。

自由水按其所受作用力的不同，可分为重力水和毛细水。

① 重力水。重力水是在土孔隙中受重力作用能自由流动的水，一般存在于地下水位以下的

透水层中。重力水对土颗粒有浮力作用，当存在水头差时，它将流动，产生动水压力，可将土中细小的颗粒带走。工程实践中的流砂、管涌、冻胀、渗透固结、渗流时的边坡稳定等问题，都与土中水的运动有关。建筑施工时重力水对基坑开挖、排水等均产生较大影响。

② 毛细水。毛细水是存在于地下水位以上，受到水与空气交界面处表面张力作用的自由水。毛细水按其与地下水是否联系可分为毛细悬挂水（与地下水无直接联系）和毛细上升水（与地下水相连）。在毛细水带内，只有靠近地下水位的一部分土才被认为是饱和的，这一部分就称为毛细水饱和带，如图 1-9 所示。

毛细水的上升高度与土中孔隙的大小和形状、土粒矿物组成以及水的性质有关。在砂土中，毛细水上升高度取决于土粒粒度，一般不超过 2m；在粉土中，由于其粒度较小，毛细水上升高度最大，往往超过 2m；黏性土的粒度虽然较粉土更小，但是由于黏土矿物颗粒与水作用，产生了具有黏滞性的结合水，阻碍了毛细通道，因此黏土中的毛细水的上升高度反而较低。

毛细水除存在于毛细水上升带内，也存在于非饱和土的较大孔隙中。在水、气界面上，由于弯液面表面张力的存在，以及水与土粒表面的浸润作用，孔隙水的压力亦将小于孔隙内的大气压力。于是，沿着毛细弯液面的切线方向，将产生迫使相邻土粒挤紧的压力，这种压力称为毛细压力，如图 1-10 所示。毛细压力的存在，使水内的压力小于大气压力，即孔隙水压力为负值，增加了粒间错动的阻力，使得湿砂具有一定的可塑性，称之为“似黏聚力”现象。毛细压力呈倒三角分布，在水气界面处最大，自由水位处为零。因此，在完全浸没或完全干燥条件下，弯液面消失，毛细压力变为零，湿砂也就不具有“似黏聚力”。

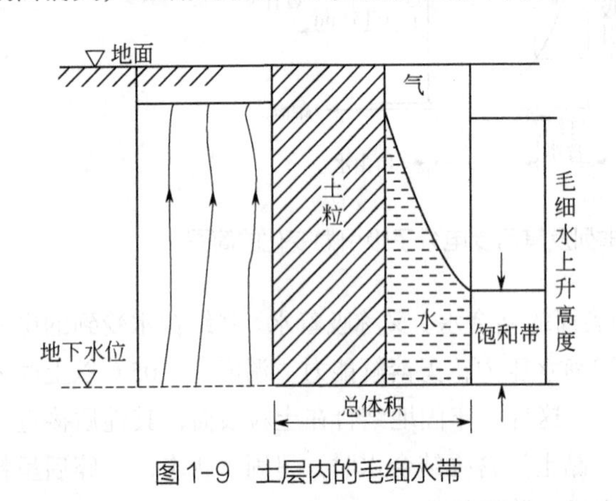

图 1-9 土层内的毛细水带

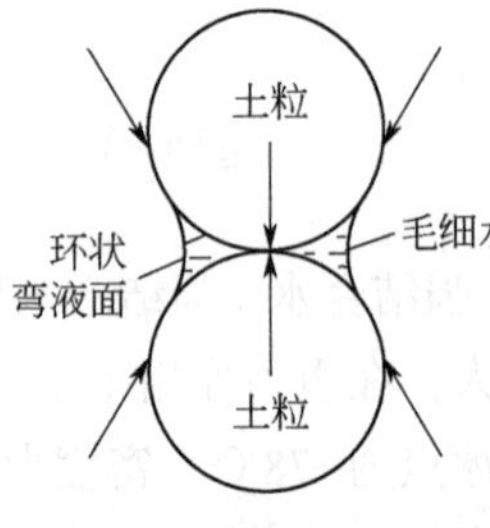

图 1-10 毛细压力示意图

在工程中，毛细水的上升高度和速度对于建筑物地下部分的防潮措施和地基土的浸湿、冻胀等有重要影响。此外，在干旱地区，地下水中的可溶盐随毛细水上升后不断蒸发，盐分便积聚于靠近地表处而形成盐渍土。

1.1.2.3 土中气体

土中气体存在于未被水占据的土孔隙中，对土的影响相对居次要地位。土中气体以两种形式存在，即流通气体和封闭气体。流通气体是指与大气连通的气体，常见于粗粒土中，一般不影响土的性质。封闭气体是指与大气隔绝的以气泡形式存在的气体，常见于细粒土中。它不易逸出，在受到外力作用时，随着压力的增大，这种气泡可能压缩或溶解于水中；压力减小时，气泡会恢复原状或重新游离出来，使土在外力作用下的弹性变形增加，透水性降低。

土中气体成分与大气成分比较，土中气体含有更多的 CO_2，较少的 O_2，较多的 N_2。土中气体与大气的交换愈困难，两者的差别愈大。因此，与大气连通不畅的地下工程施工中，尤其应注意 O_2 的补给，以保证施工人员的安全。

在淤泥质土和泥炭土中，因微生物分解有机物，在土层中产生了一些可燃性气体（如硫化氢、甲烷等），土在自重作用下不易压密，成为高压缩性土层。可见，封闭气体对土的工程性质影响较大。

1.1.3 土的结构与构造

很多试验资料表明，同一种土，原状土样和扰动土样的力学性质有很大差别。这就是说，土的组成成分不是决定土性质的全部因素，土的结构和构造对土的性质也有很大影响。

1.1.3.1 土的结构

土的结构是指土颗粒或集合体的大小和形状、表面特征、排列形式以及它们之间的连接特征，亦称土的微观结构；而土的构造是指土层的层理、裂隙和大孔隙等宏观特征，亦称土的宏观结构。土的结构对土的工程性质影响很大，特别是黏性土，如某些灵敏性黏土在原状结构时具有一定强度，当结构被扰动或重塑时，强度就会降低很多，因此，土的结构和构造对土的性质影响很大。通常土的结构可归纳为三种基本类型：单粒结构、蜂窝结构和絮状结构。

（1）单粒结构

单粒结构是粗粒土如碎石土、砂土的结构特征，由较粗的土颗粒在其自重作用下沉积而成。每个土粒都为已经下沉稳定的颗粒所支承，各土粒互相依靠重叠。土粒的紧密程度，随着形成条件而不同，可分为密实的或疏松的状态。如图 1-11 所示，呈密实状态的单粒结构的土，由于其土粒排列紧密，比较稳定，力学性能较好。其在动、静荷载作用下都不会产生较大的沉降，所以强度较大，压缩性较小，是较为良好的天然地基。而呈疏松单粒结构的土，其骨架不稳定，当受到振动或其他外力作用时，土粒易于发生移动，土中孔隙剧烈减少，引起土体较大的变形，因此，这种土层如未经处理一般不宜作为建筑物的地基。

（2）蜂窝结构

蜂窝结构主要是由粉粒或细砂组成的土的结构形式。据研究，粒径为 0.075～0.005mm（粉粒粒组）的土粒在水中沉积时，基本上是以单个土粒下沉，当碰上已沉积的土粒时，由于它们之间的相互引力大于其重力，因此土粒就停留在最初的接触点上不再下沉，逐渐形成土粒链。土粒链组成弓架结构，形成具有很大孔隙的蜂窝状结构，如图 1-12 所示。

(a) 疏松的

(b) 密实的

图 1-11 土的单粒结构

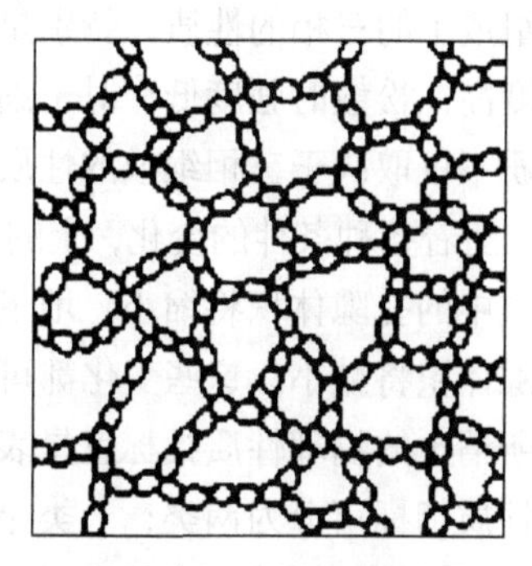

图 1-12 土的蜂窝结构

（3）絮状结构

对于更为细小的黏粒，土粒极小（其粒径<0.005mm）而重量极轻，多在水中悬浮，下沉极为缓慢。有些小于0.002mm的土粒，具有胶粒特性，因土粒表面带有同号电荷，故悬浮于水中做分子热运动，难以相互碰撞结成团粒下沉。当悬浮液发生变化时，如加入电解质，运动着的黏粒互相聚合等，黏粒将凝聚成絮状物下沉，形成具有很大孔隙的絮状结构，如图1-13所示。絮状结构是黏性土的结构特征。

图1-13　土的絮状结构

天然条件下任何一种土类的结构，并不像上述基本类型那样简单，而常呈现出以某种结构为主，与其他结构混合的复合形式。蜂窝结构和絮状结构的黏性土，一般不稳定，在很小的外力作用下（如施工扰动）就可能破坏，当土的结构受到破坏或扰动时，不仅改变了土粒的排列情况，也不同程度地破坏了土粒间的联结，从而影响土的工程性能。所以，研究土的结构类型及其变化情况，对理解和进一步研究土的工程特性很有必要。土粒之间的联结强度（结构强度）往往由于长期的压密作用和胶结作用而得到加强。

1.1.3.2　土的构造

土的构造实际上是土层在空间的赋存状态，表征土层的层理、裂隙及大孔隙等宏观特征。土的构造最主要特征就是成层性，即层理构造，如图1-14所示。它是在土的形成过程中，由于不同阶段沉积的物质成分、颗粒大小或颜色不同，而沿竖向呈现的成层特征，常见的有水平层理构造和交错层理构造。土的构造的另一特征是土的裂隙性，这是在土的自然演化过程中，经受地质构造作用或自然淋滤、蒸发作用形成，如黄土的柱状裂隙，膨胀土的收缩裂隙等。裂隙的存在大大降低土体的强度和稳定性，增大透水性，对工程不利，往往是工程结构或土体边坡失稳的原因。此外，也应注意到土中有无包裹物（如腐殖物、贝壳、结核体等）以及天然或人为的孔洞存在。土的构造特征造成土的不均匀性。

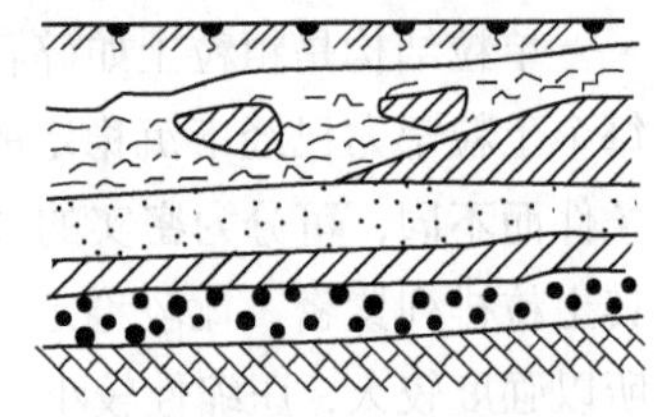

图1-14　土的层理构造

1.2　土的基本物理指标

组成土的三相的性质，特别是固体颗粒的性质，直接影响土的工程特性。同一种土，密实时强度高，松散时强度低；对于细粒的黏性土，含水量少时则硬，含水量多时则软。这说明土的性质不仅取决于三相组成的性质，而且取决于土的三相组成各部分的质量和体积之间的比例关系。随着各种条件的变化，土的三相比例关系也会发生改变。例如，在建筑物的荷载作用下，地基土中的孔隙体积将缩小；地下水位的升高或降低都将改变土中水的含量；经过压实的土，其孔隙体积将减小。这些变化都可以通过三相比例指标的大小反映出来。

所谓土的物理性质指标就是表示土中三相在体积或质量比例关系方面的一些物理量。土的物理性质指标可分为两类：一类是必须通过试验测定的，如含水量、密度、土粒相对密度；另一类是可以根据试验测定的指标换算的，如孔隙比、孔隙率、饱和度等。因此，为了便于说明和计算，采用图1-15所示的土的三相组成示意图表示各相之间的体积和质量关系。

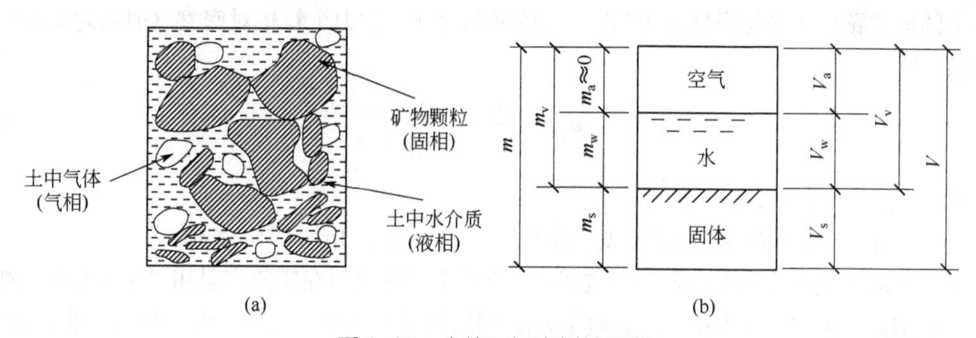

图1-15 土的三相比例关系图

m—土的总质量；m_V—土中孔隙质量；m_s—土的固体颗粒总质量；m_W—土中水的质量；m_a—土中气体质量；V—土的总体积；V_V—土的孔隙体积；V_s—土的固体颗粒部分总体积；V_W—土中水的体积；V_a—土中气体的体积

土中气体质量为零（m_a=0），则土的总质量、土中孔隙体积和土的总体积分别为：

$$m=m_s+m_w$$

$$V_v=V_w+V_a$$

$$V=V_s+V_w+V_a$$

1.2.1 三个基本试验指标

三个基本的三相比例指标是指土的密度ρ、土的天然含水量ω和土粒相对密度d_s，一般由实验室直接测定其数值。

（1）土的密度ρ

土单位体积的质量称为土的密度，以ρ表示，单位为g/cm^{3}或t/m^3。

$$\rho=\frac{m}{V} \tag{1-3}$$

天然状态下土的密度变化范围很大，一般为黏性土ρ=1.8～2.2g/cm^3；砂土ρ=1.6～2.0g/cm^3；腐殖土ρ=1.5～1.7g/cm^3。土的密度一般采用“环刀法”测定，用一个圆环刀（刀刃向下）放置于削平的原状土样面上，垂直边压边削至土样伸出环刀口为止，削去两端余土，使与环刀口面齐平，称出环刀内土质量，求得它与环刀容积之比值即为土的密度。

（2）土的天然含水量ω

土中水的质量与土粒质量之比称为土的天然含水量，以ω表示（用百分数计），即

$$\omega=\frac{m_w}{m_s}\times100\% \tag{1-4}$$

含水量是表示土湿度的一个重要指标。含水量越小，土越干；反之，土很湿或饱和。一般来说，同一类土，当其含水量增大时，其强度就降低。土的含水量对黏性土、粉土的性质影响较大，对粉砂、细砂稍有影响，而对碎石土等没有影响。土的含水量一般采用“烘干法”测定，即将天然土样的质量称出，然后置于电烘箱内，在温度100～105℃烘至恒重，称得干土质量m_s，湿土与干土质量之差即为土中水的质量m_w，与干土质量的比值就是土的含水量。

(3) 土粒相对密度 d_s

土的固体颗粒质量与同体积4℃时纯水的质量之比，称为土粒相对密度（旧称为比重），以d_s表示，即

$$d_s = \frac{m_s}{V_s \rho_{w1}} = \frac{\rho_s}{\rho_{w1}} \tag{1-5}$$

式中 ρ_s——土粒密度，g/cm^3；

ρ_{w1}——纯水在4℃时的密度（单位体积的质量），$1g/cm^3$或$1t/m^3$。

土粒相对密度在数值上即等于土粒密度。土粒相对密度可在实验室采用“比重瓶法”测定。将比重瓶加满蒸馏水，称水和瓶的总质量m_1；然后把烘干碾碎的土样（质量为m_s）装入该空比重瓶，加满蒸馏水，称总质量m_2，按下面的公式求得土粒相对密度：

$$d_s = \frac{m_s}{m_1 + m_s - m_2} \tag{1-6}$$

土粒相对密度变化幅度不大，一般可参考表1-4取值。

表1-4 土粒相对密度参考值

土的名称	砂类土	粉性土	黏性土	
			粉质黏土	黏土
土粒相对密度	2.65～2.69	2.70～2.71	2.72～2.73	2.74～2.76

有机质土的土粒相对密度一般为2.4～2.5，泥炭土为1.5～1.8。

1.2.2 确定三相量比例关系的其他常用指标

测出土的密度ρ、土的天然含水量ω和土粒相对密度d_s，就可以根据图1-15所示的三相草图，计算出三相组成的体积和质量。工程上为了便于表示土中三相含量的某些特征，定义如下几种指标。

1.2.2.1 反映土单位体积质量（或重力）的指标

(1) 土的干密度 ρ_d 和干重度 γ_d

单位体积土中固体颗粒部分的质量，称为土的干密度，并以ρ_d表示，即

$$\rho_d = \frac{m_s}{V} \tag{1-7}$$

土的干密度一般为$1.3～1.8g/cm^3$。工程上常用土的干密度来评价土的密实程度，以控制填土、高等级公路路基和坝基的施工质量。

单位体积土中固体颗粒所受的重力，称为土的干重度，并以γ_d表示，常用单位为kN/m^3（以下各重度常用单位亦为kN/m^3）。

$$\gamma_d = \frac{G_s}{V} = \frac{m_s}{V} g = \rho_d g \tag{1-8}$$

(2) 土的饱和密度 ρ_{sat} 和饱和重度 γ_{sat}

土孔隙中充满水时的单位体积质量，称为土的饱和密度，并以ρ_{sat}表示，即

$$\rho_{sat}=\frac{m_s+V_v\rho_w}{V} \tag{1-9}$$

式中　ρ_w——水的密度，近似取 $1g/cm^3$。

土孔隙中充满水时的单位体积质量，称为土的饱和重度，并以 γ_{sat} 表示。

$$\gamma_{sat}=\rho_{sat}g \tag{1-10}$$

（3）土的浮密度 ρ'和浮重度 γ'

处于地下水位以下的土体，土粒受到浮力作用。单位体积土中土粒的质量扣除浮力后的有效质量，称为浮密度（又称有效密度），以 ρ'表示，即

$$\rho'=\frac{m_s-V_s\rho_w}{V} \tag{1-11}$$

单位体积土中土粒质量扣除浮力的有效质量，称为浮重度（又称有效重度），以 γ'表示。

$$\gamma'=\rho'g \tag{1-12}$$

由浮密度和浮重度的定义可知：

$$\rho'=\rho_{sat}-\rho_w \tag{1-13}$$

$$\gamma'=\gamma_{sat}-\gamma_w \tag{1-14}$$

这几种重度在数值上有如下关系：

$$\gamma_{sat}\geqslant\gamma\geqslant\gamma_d\geqslant\gamma'$$

1.2.2.2　反映土的孔隙特征、含水程度的指标

（1）土的孔隙比 e

土中孔隙体积与土颗粒体积之比称为土的孔隙比 e，即

$$e=\frac{V_v}{V_s} \tag{1-15}$$

（2）土的孔隙率 n

土中孔隙体积与土的总体积之比（用百分数表示）称为土的孔隙率。

$$n=\frac{V_v}{V}\times100\% \tag{1-16}$$

土的孔隙比和孔隙率都是反映土体密实程度的重要物理性质指标。在一般情况下，e 和 n 愈大，土愈疏松；反之，土愈密实。一般来说 $e<0.6$ 的土是密实的，土的压缩性小；$e>1.0$ 的土是疏松的，压缩性大。

（3）土的饱和度 S_r

土中水的体积与孔隙体积之比称为土的饱和度，以百分数计，即

$$S_r=\frac{V_w}{V_v}\times100\% \tag{1-17}$$

土的饱和度反映土中孔隙被水充满的程度。S_r=100%，表明土孔隙中充满水，土是完全饱和的；如果 S_r=0，则土是完全干燥的。通常可根据饱和度的大小将细砂、粉砂等土划分为稍湿、很湿和饱和三种状态，见表 1-5。

表1-5 砂土湿度的划分

湿度	稍湿	很湿	饱和
饱和度	$S_r \leqslant 50\%$	$50\% < S_r \leqslant 80\%$	$S_r > 80\%$

【例1-1】 用体积为50cm^{3}环刀取得原状土样，称出土样的总质量为95g，烘干后为75g，经试验测得$d_s=2.70$。求该土的天然含水量ω、重度γ、孔隙比e、孔隙率n及饱和度S_r。

解 因为m=95.0g，m_s=75.0g，则m_w=20.0g，由式（1-4）得：

$$\omega=\frac{m_w}{m_s}\times100\%=\frac{20}{75}\times100\%=26.7\%$$

由 $\rho=\frac{m}{V}=\frac{95}{50}=1.90(\text{g/cm}^3)$， $\gamma=\rho g=19.0\text{kN/cm}^3$

由式（1-5）得：$V_s=\frac{m_s}{d_s\rho_w}=\frac{75}{2.70\times1}=27.8(\text{cm}^3)$

则 $e=\frac{V_v}{V_s}=\frac{50-27.8}{27.8}=0.80$

$n=\frac{V_v}{V}\times100\%=\frac{22.2}{50}\times100\%=44\%$

因为 $V_w=\frac{m_w}{\rho_w}=\frac{20}{1}=20(\text{cm}^3)$

则 $S_r=\frac{V_w}{V_v}=\frac{20}{22.2}=0.9$

1.2.3 三相比例指标的换算

通过土工试验直接测定土的密度ρ、土的含水量ω和土粒相对密度d_s这三个基本指标后，可计算出其余三相比例指标，又称为三相比例换算指标。

常用的三相比例指标换算图，参见图1-16。以图1-16（b）推导为例。

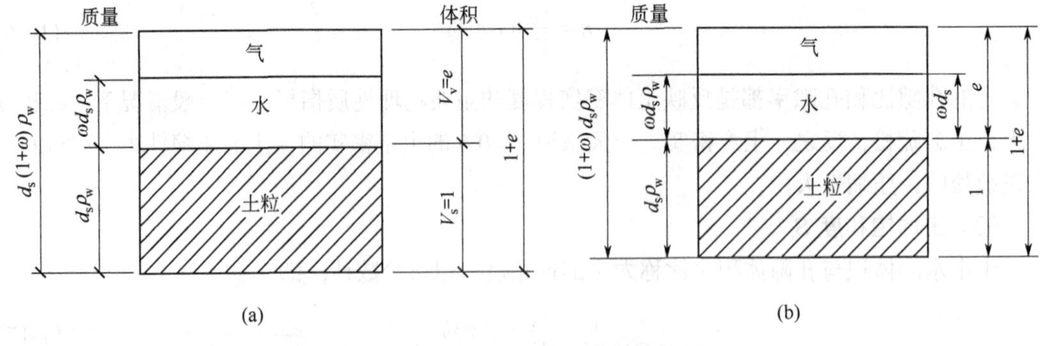

图1-16 土的三相比例指标换算图

进行各指标间相互关系的推导时，已知土的孔隙比为e，含水量为ω，土粒相对密度为d_s，且设$\rho_{w1}=\rho_w$，并令固相土粒体积$V_s=1$，则根据土的孔隙比定义，可得孔隙体积为$V_v=e$，累加后总体积为$V=1+e$，进一步根据土粒相对密度为d_s，可得土粒质量，$m_s=V_sd_s\rho_w=d_s\rho_w$，根据含水量定义可得土中水的质量为 $m_w=\omega m_s=\omega d_s\rho_w$，累加后得到土的总质量为 $m=d_s(1+\omega)\rho_w$。

由图 1-16（b）可直接得到土的密度 ρ、干密度 ρ_d、饱和密度 ρ_{sat} 和孔隙率 n 如下：

$$\rho=\frac{m}{V}=\frac{d_s\rho_w(1+\omega)}{1+e} \tag{1-18}$$

推得：

$$e=\frac{d_s\rho_w(1+\omega)}{\rho}-1=\frac{d_s\gamma_w(1+\omega)}{\gamma}-1 \tag{1-19}$$

$$\rho_d=\frac{m_s}{V}=\frac{d_s\rho_w}{1+e}=\frac{\rho}{1+\omega} \tag{1-20}$$

推得：

$$e=\frac{d_s\rho_w}{\rho_d}-1=\frac{d_s\gamma_w}{\gamma_d}-1 \tag{1-21}$$

$$\rho_{sat}=\frac{m_s+V_v\rho_w}{V}=\frac{(d_s+e)\ \rho_w}{1+e} \tag{1-22}$$

$$n=\frac{V_v}{V}\times100\%=\frac{e}{1+e}\times100\% \tag{1-23}$$

$$S_r=\frac{V_w}{V_v}=\frac{\omega d_s}{e} \tag{1-24}$$

根据图 1-16 三相比例指标换算图，常见的土的三相比例指标换算公式列于表 1-6。

表 1-6 土的三相组成比例指标换算公式

名称	符号	三相比例表达式	常用换算公式	常见的数值范围
土粒相对密度	d_s	$d_s=\frac{m_s}{V_s\rho_{w1}}$	$d_s=\frac{S_r e}{\omega}$	黏性土：2.72～2.75 粉土：2.70～2.71 砂土：2.65～2.69
含水率	ω	$\omega=\frac{m_w}{m_s}\times100\%$	$\omega=\frac{S_r e}{d_s}$ $\omega=\frac{\rho}{\rho_d}-1$	20%～60%
密度	ρ	$\rho=\frac{m}{V}$	$\rho=\rho_d(1+w)$ $\rho=\frac{d_s(1+w)}{1+e}\rho_w$	1.6～2.0g/cm³
干密度	ρ_d	$\rho_d=\frac{m_s}{V}$	$\rho_d=\frac{\rho}{1+w}$ $\rho_d=\frac{d_s}{1+e}\rho_w$	1.3～1.8g/cm³
饱和密度	ρ_{sat}	$\rho_{sat}=\frac{m_s+V_v\rho_w}{V}$	$\rho_{sat}=\frac{d_s+e}{1+e}\rho_w$	1.8～2.3g/cm³
浮密度	ρ'	$\rho'=\frac{m_s-V_s\rho_w}{V}$	$\rho'=\rho_{sat}-\rho_w$ $\rho'=\frac{d_s-1}{1+e}\rho_w$	0.8～1.3g/cm³
重度	γ	$\gamma=\rho\cdot g$	$\gamma=\gamma_d(1+w)$ $\gamma=\frac{d_s(1+w)}{1+e}\gamma_w$	16～20kN/cm³
干重度	γ_d	$\gamma_d=\rho_d\cdot g$	$\gamma_d=\frac{\gamma}{1+w}$ $\gamma_d=\frac{d_s}{1+e}\gamma_w$	13～18kN/m³
饱和重度	γ_{sat}	$\gamma_{sat}=\frac{m_s+V_v\rho_w}{V}g$	$\gamma_{sat}=\frac{d_s+e}{1+e}\gamma_w$	18～23kN/m³
浮重度	γ'	$\gamma'=\rho'\cdot g$	$\gamma'=\gamma_{sat}-\gamma_w$ $\gamma'=\frac{d_s-1}{1+e}\gamma_w$	8～13kN/m³
孔隙比	e	$e=\frac{V_v}{V_s}$	$e=\frac{wd_s}{S_r}$ $e=\frac{d_s(1+w)\rho_w}{\rho}-1$	黏性土和粉土：0.40～1.20 砂土：0.30～0.90

续表

名称	符号	三相比例表达式	常用换算公式	常见的数值范围
孔隙率	n	$n=\frac{V_v}{V}\times100\%$	$n=\frac{e}{1+e}$　$n=1-\frac{\rho_d}{d_s\rho_w}$	黏性土和粉土：30%～60% 砂土：25%～45%
饱和度	S_r	$S_r=\frac{V_w}{V_v}\times100\%$	$S_r=\frac{\omega d_s}{e}$　$S_r=\frac{\omega\rho_d}{n\rho_w}$	$0\leqslant S_r\leqslant50\%$稍湿 $50\%<S_r\leqslant80\%$很湿 $80\%<S_r\leqslant100\%$饱和

注：水的重度 $\gamma_w=\rho_w g=1\text{t/m}^3\times9.81\text{m/s}^2=9.81\times10^3(\text{kg}\cdot\text{m/s}^2)/\text{m}^3=9.81\times10^3\text{N/m}^3\approx10\text{kN/m}^3$。

【例 1-2】某饱和黏性土（S_r=1.0）的含水量 $\omega=40\%$，相对密度 $d_s=2.70$，求土的孔隙比 e 和干密度 ρ_d。

解：绘三相图，见图 1-17。

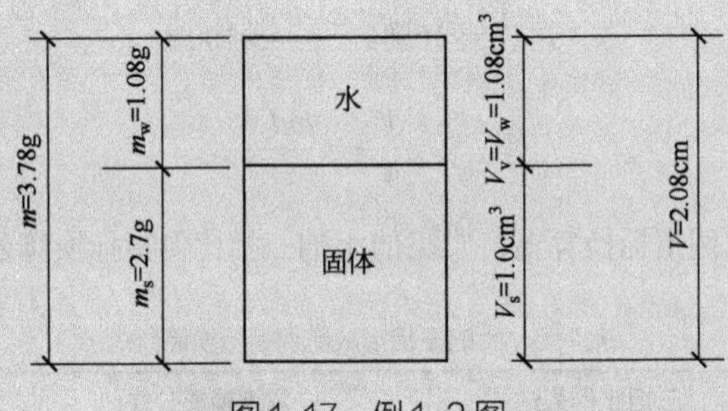

图1-17　例1-2图

设土粒体积 V_s=1cm^3。

由式（1-5）得：$m_s=V_s d_s\rho_w=2.70\text{g}$

由式（1-4）得：$m_w=\omega m_s=0.4\times2.70=1.08(\text{g})$

$$V_w=\frac{m_w}{\rho_w}=1.08\text{cm}^3=V_v$$

由式（1-15）得：$e=\frac{V_v}{V_s}=\frac{1.08}{1}=1.08$

由式（1-7）得：$\rho_d=\frac{m_s}{V}=\frac{2.70}{2.08}=1.3(\text{g/cm}^3)$

计算结果填入三相图。

【例 1-3】一块原状土样，经试验测得土的天然密度 ρ=1.67t/m^3，含水量 ω=12.9%，土粒相对密实度 d_s=2.67。求孔隙比 e 和饱和度 S_r。

解：（1）由式（1-19）得：$e=\frac{d_s\rho_w(1+\omega)}{\rho}-1=\frac{2.67\times1\times(1+0.129)}{1.67}-1=0.805$

（2）$n=\frac{e}{1+e}=\frac{0.805}{1+0.805}=44.6\%$

（3）由式（1-24）得：$S_r=\frac{\omega d_s}{e}=\frac{0.129\times2.67}{0.805}=42.8\%$

1.3　土的物理特性

1.3.1　无黏性土的密实度

无黏性土一般是指碎石（类）土和砂（类）土。这两大类土中一般黏粒含量甚少，呈单粒结构，不具有可塑性。无黏性土的物理性质主要取决于土的密实度状态，土的湿度状态仅对细砂、粉砂有影响。无黏性土呈密实状态时，强度较大，是良好的天然地基；呈稍密、松散状态时则是一种软弱地基，尤其是饱和的粉、细砂，稳定性很差，在振动荷载作用下易发生液化失稳现象。因此，工程中常用土的密实度来判断无黏性土的工程性质。

评价无黏性土密实度主要根据天然状态下孔隙比 e 的大小，划分为稍松的、中等密实的和密实的三种，孔隙比 e 大，表示土中孔隙大，则土疏松。但由于无黏性土的级配起着很重要的作用，只有孔隙比一个指标还不够。例如某一天然孔隙比 e，对于级配不良的土，认为已经达到密实状态，但对于级配良好的土，同样具有这一孔隙比 e，可能属于中密或者稍松的状态，所以除 e 外，通常还采用相对密实度 D_r 的概念来评价无黏性土的密实度，D_r 的表达式为：

$$D_r = \frac{e_{max} - e}{e_{max} - e_{min}} \tag{1-25}$$

式中　e——砂土的天然孔隙比；

e_{max}——砂土的最大孔隙比，由它的最小干密度换算而得，一般用“松砂器法”测定，是将松散的风干土样通过长颈漏斗轻轻地倒入容器，避免重力冲击，求得土的最小干密度再经换算得到；

e_{min}——砂土的最小孔隙比，由它的最大干密度换算而得；一般采用“振击法”测定，是将松散的风干土装在金属容器内，按规定方法振动和锤击，直至密度不再提高，求得最大干重度后经换算得到。

当 $D_r=0$，即 $e=e_{max}$ 时，表示砂土处于最疏松状态；当 $D_r=1$，即 $e=e_{min}$ 时，表示砂土处于最紧密状态。因此，根据 D_r 值可把砂土的密实度状态分为下列三种：

$1 \geqslant D_r > 0.67$　　密实

$0.67 \geqslant D_r > 0.33$　　中密

$0.33 \geqslant D_r > 0$　　松散

不同矿物成分、不同级配和不同粒度成分的无黏性土，最大孔隙比和最小孔隙比都是不同的，因此，相对密实度 D_r 比孔隙比 e 能更全面反映上述各种因素的影响。

相对密度这一指标理论上虽然能够更合理地用以确定土的松密状态，但是要在实验室条件下测得各种土理论上的 e_{max} 和 e_{min} 却十分困难，有时在静水中很缓慢沉积形成的无黏性土，孔隙比可能比实验室能测得的 e 还大。同样，在漫长地质年代中，受各种自然力作用堆积形成的土，其孔隙比有时可能比实验室能测得的 e_{min} 还小。此外，埋藏在地下深处，特别是地下水位以下的粗粒土的天然孔隙比，很难准确测定。

鉴于上述原因，工程实践中较普遍采用标准贯入锤击数 N 来划分密实度的方法。标准贯入试验是一种原位测试方法。试验时将质量为 63.5kg 的锤头，提升到 76cm 的高度，让锤头自由下落，打击标准贯入器，使贯入器入土深为 30cm 所需的锤击数即为 N，这是一种简便的测试方法。N 的大小，综合反映了土的贯入阻力的大小，亦即密实度的大小。

《建筑地基基础设计规范》(GB 50007—2011) 中，根据 N 将砂土分为松散、稍密、中密与密实四种密实度，其划分标准见表 1-7。

表 1-7 天然状态砂土的密实度分类

标准贯入试验锤击数 N	密实度
$N \leqslant 10$	松散
$10 < N \leqslant 15$	稍密
$15 < N \leqslant 30$	中密
$N > 30$	密实

对于卵石、碎石、砾石等大颗粒土，密实度也是决定其工程性质的主要指标，但这类土的密实度很难做室内试验或贯入试验，通常按表 1-8 的野外鉴别方法来判断，也可根据重型（圆锥）动力触探试验锤击数 $N_{63.5}$ 来划分密实程度。

表 1-8 碎石土密实度野外鉴别方法

密实度	骨架颗粒含量和排列	可挖性	可钻性
密实	骨架颗粒含量大于总重的 70%，呈交错排列，连续接触	锹镐挖掘困难，用撬棍方能松动，井壁一般较稳定	钻进极困难，冲击钻探时，钻杆、吊锤跳动剧烈，孔壁较稳定
中密	骨架颗粒含量等于总重的 60%～70%，呈交错排列，大部分接触	锹镐可挖掘，井壁有掉块现象，从井壁取出大颗粒处，能保持颗粒凹面形状	钻进较困难，冲击钻探时，钻杆、吊锤跳动不剧烈，孔壁有坍塌现象
稍密	骨架颗粒含量等于总重的 55%～60%，排列混乱，大部分不接触	锹可以挖掘，井壁易坍塌，从井壁取出大颗粒后，砂土立即坍落	钻进较容易，冲击钻探时，钻杆稍有跳动，孔壁易坍塌
松散	骨架颗粒含量小于总重的 55%，排列十分混乱，绝大部分不接触	锹易挖掘，井壁极易坍塌	钻进很容易，冲击钻探时，钻杆无跳动，孔壁极易坍塌

注：骨架颗粒系指与碎石土分类名称相对应粒径的颗粒。

【例 1-4】某砂层的天然密度 ρ=1.75g/cm^3，含水量 ω=10%，土粒相对密实度 d_s=2.65。最小孔隙比 e_{min}=0.40，最大孔隙比 e_{max}=0.85，问该土层处于什么状态？

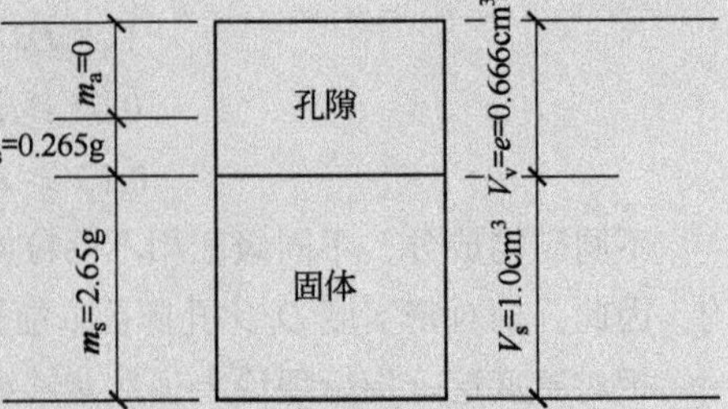

解：（1）求土层的天然孔隙比 e。绘三相草图，见图 1-18。设 V_s=1.0cm^3，由式（1-15）在数值上得孔隙体积 V_v=e。因为 d_s=2.65，由式（1-5）得 m_s=ρ_s=2.65g。因为，ω=10%，由式（1-4），m_w=ωm_s=0.265g。

孔隙
固体
m_a=0
m_s=0.265g
m_s=2.65g
V_v=e=0.666cm^3
V_s=1.0cm^3

图 1-18 例 1-4 图

因为，ρ=1.75g/cm^3，由式（1-3），$\rho = \dfrac{m}{V} = \dfrac{m_s + m_v}{V} = \dfrac{2.65 + 0.265}{1 + e}$

解得 e=0.666。

（2）求相对密度。

由式（1-25）：$D_r=\frac{e_{max}-e}{e_{max}-e_{min}}=\frac{0.85-0.666}{0.85-0.40}=0.409$

$$0.67 \geqslant D_r > 0.33$$

故该砂层处于中密状态。

1.3.2　黏性土的物理特性

黏性土与砂土在性质上有很大差异，黏性土的特性主要取决于土中黏粒与水之间的相互作用，因此，黏性土最主要的状态特征是它的稠度。

稠度是指土的软硬程度或土对外力引起变形或破坏的抵抗能力。黏性土中含水量很低时，水都被颗粒表面的电荷紧紧吸附于颗粒表面，成为强结合水。当土粒之间只有强结合水时［图 1-19（a)］，按水膜厚薄不同，土表现为固态或半固态。

当含水量增加，被吸附在颗粒周围的水膜加厚，土粒周围除强结合水外还有弱结合水［图 1-19（b)］，弱结合水呈黏滞状态，不会由于水自身的重力而流动，但受力时可以变形，能从水膜较厚处向邻近较薄处移动。在这种含水量情况下，土体受外力作用可以被捏成任意形状而不破裂，外力取消后仍然保持改变后的形状。这种状态称为塑态，土的这种性质称为塑性。弱结合水的存在是土具有可塑性的原因。土处在可塑状态的含水量变化范围，大体上相当于土粒所能够吸附的弱结合水的含量。这一含量的大小主要取决于土的比表面积和矿物成分，比表面积大、矿物亲水能力强的土（例如蒙脱石），也是能吸附较多结合水的土，因此它塑性状态含水量的变化范围也大。

当含水量继续增加，土中除结合水外，已有相当数量的水处于电场引力影响范围以外，成为自由水。这时土粒之间被自由水所隔开［图 1-19（c)］，土体不能承受剪应力，而呈流动状态。可见，从物理概念分析，土的稠度实际上反映了土中水的形态，也就反映了黏性土的状态。

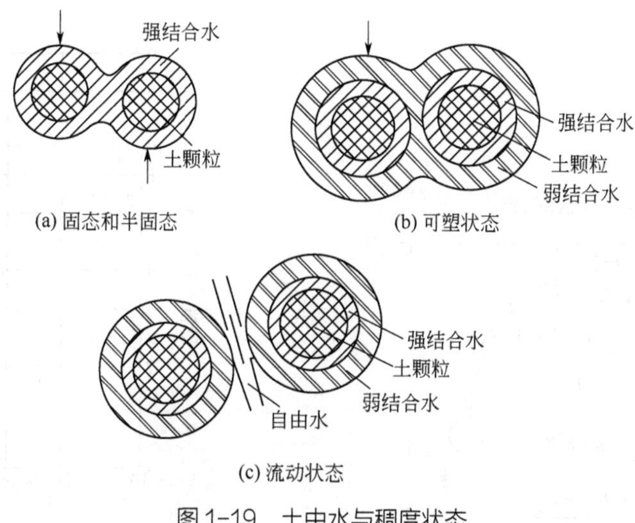

图 1-19　土中水与稠度状态

1.3.2.1　黏性土的界限含水量

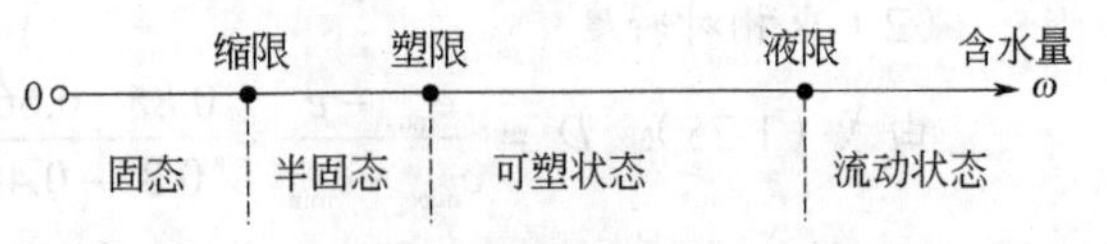

图 1-20　黏性土的物理状态与含水量关系

黏性土从某种状态进入另外一种状态的分界含水量称为土的界限含水量。如图 1-20 所示，黏性土从可塑状态转变为流动状态的界限含水量称为液限，表示为 ω_L(%)；黏性土从半固态转变为可塑状态的界限含水量称为塑限，表示为 ω_P(%)；黏性土由半固态不断蒸发水分，则体积逐渐缩小，直到体积不再缩小时土的界限含水量叫缩限，表示为 ω_S(%)，界限含水量都以百分数表示。

下面介绍界限含水量的测定方法：

（1）液限 ω_L

测定黏性土液限的常用方法为锥式液限仪（图 1-21）法。将黏性土调成均匀的浓糊状，装入金属杯中，刮平表面，放在底座上，用质量为 76g 的锥式液限仪来测定 ω_L。手持液限仪顶部小柄，将锥尖接触土表面的中心，松手让其在自重作用下下沉，若液限仪经 5s 锥尖沉入土深度恰好是 10mm，这时杯内土样的含水量为液限 ω_L，如液限仪沉入土样中锥体的刻度高于或低于土面，则表示土样的含水量低于或高于液限。为了避免放锥的人为晃动的影响，可采用电磁放锥的方法。

（2）塑限 ω_P

测定黏性土塑限的方法为滚搓法。用手将天然湿度的土样搓成小圆球（球径小于 10mm），放置在毛玻璃板上，再用手掌搓滚成细条。当土条搓到直径 3mm 时，恰好产生裂缝并开始断裂，则此时土条的含水量即为塑限；若土条搓不到直径 3mm 就断裂，土条的含水量小于塑限，则需要加少量水再搓条。

（3）液、塑限联合测定法

联合测定法是采用锥式液限仪（无平衡球）以电磁放锥，利用光电方式测读锥入土中深度。试验时，一般对三个不同含水量的试样进行测试，在双对数坐标纸上作出各锥入土深度及相应含水量的关系曲线（大量试验表明其接近于一直线，见图 1-22），对应于圆锥体入土深度为 10mm 及 2mm 线时土样的含水量就分别为该土的液限和塑限［详见《土工试验方法标准》（GB/T 50123—2019）］。

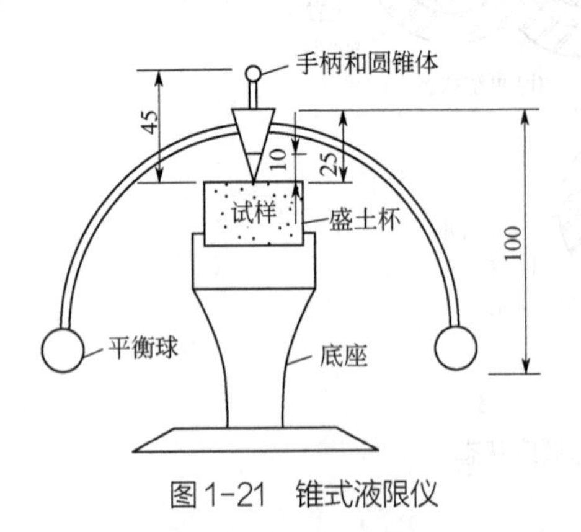

图 1-21　锥式液限仪

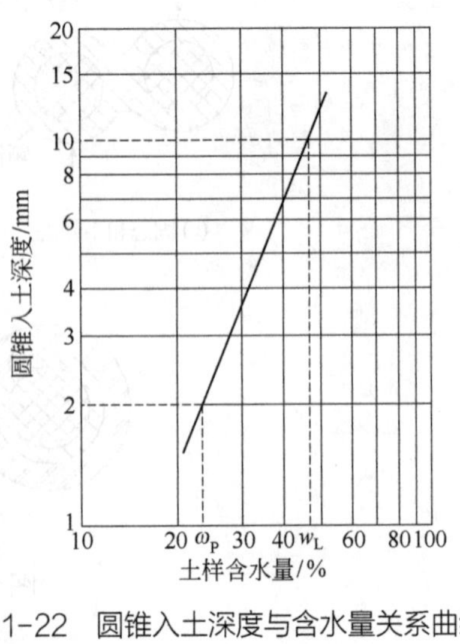

图 1-22　圆锥入土深度与含水量关系曲线

1.3.2.2　黏性土的塑性指数和液性指数

黏性土的液限与塑限之差值定义为塑性指数 I_P，即

$$I_P=\omega_L-\omega_P \tag{1-26}$$

塑性指数表明细颗粒土体处于可塑状态时含水量变化的最大值，习惯上用不带“%”的百分数表示。土粒越细，黏粒含量越多，其比表面积也越大，与水作用和交换的机会就越多，塑性指数就越大。I_P 越大，表明土能吸附结合水越多，并仍处于可塑状态，亦即该土黏粒含量高或矿物成分吸水能力强。也就是说，塑性指数能综合地反映土的矿物成分和颗粒大小的影响，因此，塑性指数常作为工程上对黏性土进行分类的依据。

虽然土的天然含水量对黏性土的状态有很大影响，但对于不同的土，即使具有相同的含水量，如果它们的塑限、液限不同，则它们所处的状态也就不同。因此，还需要一个表征土的天然含水量与分界含水量之间相对关系的指标，这就是液性指数 I_L，即

$$I_L=\frac{\omega-\omega_P}{\omega_L-\omega_P}=\frac{\omega-\omega_P}{I_P} \tag{1-27}$$

由上式可见，当土的天然含水量 ω 小于 ω_P 时，I_L 小于 0，土体处于坚硬状态，当 ω 大于 ω_L 时，I_L 大于 1，土体处于流动状态；当 ω 在 ω_P～ω_L 之间时，土体处于可塑状态。因此，可以利用 I_L 来表示黏性土所处的软硬状态。

《建筑地基基础设计规范》（GB 50007—2011）规定：黏性土根据液性指数可划分为坚硬、硬塑、可塑、软塑及流塑五种软硬状态。其划分标准见表 1-9。

表 1-9　黏性土的软硬状态

液性指数	$I_L\leqslant 0$	$0<I_L\leqslant 0.25$	$0.25<I_L\leqslant 0.75$	$0.75<I_L\leqslant 1$	$I_L>1$
状态	坚硬	硬塑	可塑	软塑	流塑

需要注意的是，ω_L 和 ω_P 都是由扰动土样确定的指标，土的天然结构已被破坏，所以用 I_L 来判断黏性土的软硬程度，没有考虑土原有结构的影响。在含水量相同时，原状土要比扰动土坚硬。因此，用上述标准判断扰动土的软硬状态是合适的，但对原状土则偏于保守。通常当原状土的天然含水量等于液限时，原状土并不处于流塑状态，但天然结构一经扰动，土即呈现出流动状态。

【例 1-5】某黏性土的天然含水量 ω=32.5%，液限 ω_L=40%，塑限 ω_P=25%，试求该土的塑性指数 I_P 和液性指数 I_L，并确定该土的状态。

解：$I_P=\omega_L-\omega_P=40\%-25\%=0.15$

$$I_L=\frac{\omega-\omega_P}{I_P}=\frac{32.5\%-25\%}{15\%}=0.5$$

查表 1-9 知，$0.25<I_L\leqslant 0.75$，故该土处于可塑状态。

1.3.2.3　黏性土的灵敏度和触变性

天然状态下的黏性土，由于地质历史作用常具有一定的结构性。当土体受到外力扰动作用，其结构遭受破坏时，土的强度降低，压缩性增大。工程上常用灵敏度 S_t 来衡量黏性土结构性对

强度的影响。

$$S_t = \frac{q_u}{q_u'} \tag{1-28}$$

式中 q_u、q_u'——原状土、重塑土试样的无侧限抗压强度。

根据灵敏度将饱和黏性土分为低灵敏（$1.0 < S_t \leqslant 2$）、中灵敏（$2 < S_t \leqslant 4$）和高灵敏（$S_t > 4.0$）三类。土的灵敏度愈高，其结构性愈强，受扰动后土的强度降低就愈多。所以在基础施工中应注意保护基槽，尽量减少土体结构的扰动。

饱和黏性土受到扰动后，结构产生破坏，土的强度降低。但当扰动停止后，土的强度随时间又会逐渐增长，这是土体中土颗粒、离子和水分子体系随时间而逐渐趋于新的平衡状态的缘故，也可以说土的结构逐步恢复而导致强度的恢复。黏性土结构遭到破坏，强度降低，但随时间发展土体强度恢复的胶体化学性质称为土的触变性。例如，打桩时会使周围土体的结构扰动，使黏性土的强度降低，而打桩停止后，土的强度会部分恢复，所以打桩时要“一气呵成”，才能进展顺利，提高工效，这就是受土的触变性影响的结果。

1.4 土的工程分类

自然界中土的种类繁多，从直观上显然可以分成两大类：一类是由肉眼可见的碎散颗粒所堆成，颗粒通过接触点直接接触。粒间除重力或者有时有些毛细力外，其他的联结力十分微弱，可以忽略不计，这就是前面提到的粗粒土，也都是无黏性土。另一类是由肉眼难以辨别的微细颗粒所组成。由于微细颗粒，特别是黏土颗粒之间存在着重力以外的分子引力及静电力的作用，颗粒之间存在相互联结，这就是土的黏性的由来。静电力引起结合水膜，颗粒之间常常不再是直接接触而是通过结合水膜相联结，使这类土具有可塑性。

但是在实际的工程应用中，仅有这种感性的粗浅的分类是很不够的，还必须更进一步用某种最能反映土的工程特性的指标来进行系统的分类。

下面介绍《建筑地基基础设计规范》（GB 50007—2011）的分类方法，它是把土（包括岩石）作为建筑物地基的工程分类，即把土分为岩石、碎石土、砂土、粉土、黏性土和人工填土六大类。

1.4.1 岩石

岩石是颗粒间牢固联结，呈整体或具有节理、裂隙的岩体。岩石根据其成因条件可分为岩浆岩、沉积岩、变质岩。作为建筑场地和建筑地基，除应确定岩石的地质名称外，还应划分其坚硬程度和完整程度。

岩石根据其坚硬程度划分为坚硬岩、较硬岩、较软岩、软岩、极软岩 5 类，见表 1-10。

表 1-10 岩石坚硬程度的划分

坚硬程度类别	坚硬岩	较硬岩	较软岩	软岩	极软岩
饱和单轴抗压强度标准值 f_{rk}/MPa	$f_{rk} > 60$	$60 \geqslant f_{rk} > 30$	$30 \geqslant f_{rk} > 15$	$15 \geqslant f_{rk} > 5$	$f_{rk} \leqslant 5$

当缺乏饱和单轴抗压强度资料或不能进行该项试验时，可在现场通过观察定性划分，见表1-11。

表1-11　岩石坚硬程度的定性划分

名称		定性鉴定	代表性岩石
硬质岩	坚硬岩	锤击声清脆，有回弹，振手，难击碎，基本无吸水反应	未风化-微风化的花岗岩、闪长岩、辉绿岩、玄武岩、安山岩、片麻岩、石英岩、硅质砾岩、石英砂岩、硅质石灰岩等
	较硬岩	锤击声较清脆，有轻微回弹，稍振手，较难击碎，有轻微吸水反应	微风化的坚硬岩；未风化-微风化的大理岩、板岩、石灰岩、白云岩、钙质砂岩等
软质岩	较软岩	锤击声不清脆，无回弹，较易击碎，浸水后指甲可刻出印痕	中等风化-强风化的坚硬岩或较硬岩；未风化-微风化的凝灰岩、千枚岩、砂质泥岩、泥灰岩等
	软岩	锤击声哑，无回弹，有凹痕，易击碎，浸水后手可掰开	强风化的坚硬岩和较硬岩；中等风化-强风化的较软岩；未风化-微风化的页岩、泥质砂岩、泥岩等
极软岩		锤击声哑，无回弹，有较深凹痕，手可捏碎，浸水后可捏成团	全风化的各种岩石；各种半成岩

岩石按完整程度划分为完整、较完整、较破碎、破碎、极破碎5类，见表1-12。

表1-12　岩石完整程度的划分

完整程度等级	完整	较完整	较破碎	破碎	极破碎
完整性指数	>0.75	0.75～0.55	0.55～0.35	0.35～0.15	<0.15

注：完整性指数为岩体压缩波速度与岩块压缩波速度之比的平方，选定岩体和岩块压缩波速度时，应注意其代表性。

1.4.2　碎石土

碎石土是指土的粒径大于2mm的颗粒含量超过总土重50%的土。碎石土可按表1-13分为漂石、块石、卵石、碎石、圆砾和角砾。

表1-13　碎石土的分类

土的名称	颗粒形状	粒组含量
漂石	圆形及亚圆形为主	粒径大于200mm的颗粒含量超过全重50%
块石	棱角形为主	
卵石	圆形及亚圆形为主	粒径大于20mm的颗粒含量超过全重50%
碎石	棱角形为主	
圆砾	圆形及亚圆形为主	粒径大于2mm的颗粒含量超过全重50%
角砾	棱角形为主	

注：分类时应根据粒组含量从上到下以最先符合者确定。

碎石土的密实度可按表1-14分为松散、稍密、中密、密实。

常见的碎石土强度大，压缩性小，渗透性大，为优良地基。其中，密实碎石土为优等地基；中等密实碎石土为优良地基；稍密碎石土为良好地基。

表1-14 碎石土的密实度

重型圆锥动力触探锤击数 $N_{63.5}$	密实度
$N_{63.5} \leqslant 5$	松散
$5 < N_{63.5} \leqslant 10$	稍密
$10 < N_{63.5} \leqslant 20$	中密
$N_{63.5} > 20$	密实

注：1. 本表适用于平均粒径小于等于 50mm 且最大粒径不超过 100mm 的卵石、碎石、圆砾、角砾。对于平均粒径大于 50mm 或最大粒径大于 100mm 的碎石土，可按表 1-8 鉴别其密实度。

2. 表内 $N_{63.5}$ 为经综合修正后的平均值。

1.4.3 砂土

土中粒径大于 2mm 的颗粒含量不超过全重的 50%，而粒径大于 0.075mm 颗粒含量超过全重的 50%的土，称为砂土。

砂土根据粒组含量分为砾砂、粗砂、中砂、细砂和粉砂五类，见表 1-15。

表1-15 砂土的分类

土的名称	粒组含量
砾砂	粒径大于 2mm 的颗粒占全重 25%～50%
粗砂	粒径大于 0.5mm 的颗粒超过全重 50%
中砂	粒径大于 0.25mm 的颗粒超过全重 50%
细砂	粒径大于 0.075mm 的颗粒超过全重 85%
粉砂	粒径大于 0.075mm 的颗粒超过全重 50%

注：分类时应根据粒径分组含量由大到小以最先符合者确定。

密实与中密状态的砾砂、粗砂、中砂为良好地基；粉砂与细砂要具体分析，密实状态时为良好地基；饱和疏松状态时为不良地基。

1.4.4 粉土

粉土是指粒径大于 0.075mm 的颗粒含量不超过全重的 50%，且塑性指数小于或等于 10 的土。

现有资料分析表明，粉土的密实度与天然孔隙比 e 有关，一般 $e \geqslant 0.9$ 时，为稍密，强度较低，属软弱地基；$0.75 \leqslant e < 0.9$，为中密；$e < 0.75$，为密实，其强度高，属良好的天然地基。粉土的湿度状态可按天然含水量区分，$\omega < 20\%$，为稍湿；$20\% \leqslant \omega < 30\%$，为湿；$\omega \geqslant 30\%$，为很湿。

粉土的性质介于砂类土与黏性土之间。它既不具有砂土透水性大、容易排水固结、抗剪强度较高的优点，又不具有黏性土防水性能好、不易被水冲蚀流失、具有较大黏聚力的优点。在许多工程问题上，表现出较差的性质，如受振动容易液化、冻胀性大等。密实的粉土为良好地基；饱和稍密的粉土地震时易产生液化，为不良地基。

1.4.5　黏性土

黏性土是指塑性指数 $I_P>10$ 的土，按塑性指数的大小可分为黏土和粉质黏土，$I_P>17$ 为黏土，$10<I_P\leqslant 17$ 为粉质黏土。

黏性土的工程性质与其含水量的大小密切相关。密实硬塑的黏性土为优良地基；疏松流塑状态的黏性土为软弱地基。

1.4.6　人工填土

人工填土是指由于人类活动而形成的各类土。其物质成分杂乱，均匀性较差。

人工填土按堆积年代分为：老填土和新填土。凡黏性土填筑时间超过 10 年，粉土填筑时间超过 5 年的称为老填土。黏性土填筑时间小于 10 年，粉土填筑时间少于 5 年的称为新填土。

人工填土按组成和成因分为素填土、杂填土、冲填土和压实填土四类，如表 1-16 所示。

表 1-16　人工填土按组成物质分类

土的名称	组成物质
素填土	素填土由碎石土、砂土、粉土、黏性土等组成
杂填土	杂填土为含有建筑物垃圾、工业废料、生活垃圾等杂物的填土
冲填土	冲填土为由水力冲填泥砂形成的填土
压实填土	经过压实或夯实的素填土为压实填土

通常人工填土的工程性质不良，强度低，压缩性大且不均匀。其中，压实填土相对较好。杂填土因成分复杂，平面与立面分布很不均匀、无规律，工程性质较差。

1.4.7　特殊土

特殊土是指具有一定分布区域或工程意义上具有特殊成分、状态和结构特征的土。从目前工程实践来看，大体可分为：软土、红黏土、黄土、膨胀土、多年冻土、盐渍土等。

① 软土。指沿海的滨海相、三角洲相、溺谷相，内陆的河流相、湖泊相、沼泽相等主要由细粒土组成的孔隙比大（$e\geqslant 1.0$）、天然含水量高（$\omega>\omega_L$）、压缩性高、强度低和具有灵敏性、结构性的土层。包括淤泥、淤泥质黏性土、淤泥质粉土等。

淤泥和淤泥质土是工程建设中经常遇到的软土。在静水或缓慢的流水环境中沉积，并经生物化学作用形成。当黏性土的 $\omega>\omega_L$，$e\geqslant 1.5$ 时称为淤泥；而当 $\omega>\omega_L$，$1.5<e\leqslant 1.0$ 时称为淤泥质土。当土的有机质含量大于 5%时称为有机质土，大于 60%时称为泥炭。

② 红黏土。指碳酸盐系的岩石经第四纪以来的红土化作用，形成并覆盖于基岩上，呈棕红、褐黄等色的高塑性黏土。其特征是：$\omega_L>50$，土质上硬下软，具有明显胀缩性；裂隙发育。已形成的红黏土经坡积、洪积再搬运后仍保留着黏土的基本特征，且 $\omega_L>45$ 的称为次生红黏土。我国红黏土主要分布于云贵高原，南岭山脉南北两侧，湘西、鄂西丘陵山地等。

③ 黄土。黄土是一种含大量碳酸盐类且常能以肉眼观察到大孔隙的黄色粉状土。天然黄土在未受水浸湿时，一般强度较高，压缩性较低。但当其受水浸湿后，因黄土自身大孔隙结构的特征，压缩性剧增使结构受到破坏。土层突然显著下沉，同时强度也随之迅速下降，这类黄土统称为湿陷性黄土。湿陷性黄土根据上覆土自重压力下是否发生湿陷变形，又可分为自重湿陷性黄土和非自重湿陷性黄土。

④ 膨胀土。指土体中含有大量的亲水性黏土矿物成分（如蒙脱石、伊利石等），在环境温度及湿度变化影响下，可产生强烈的胀缩变形的土。由于膨胀土通常强度较高，压缩性较低，易被误认为是良好的地基，而一旦遇水，就呈现出较大的吸水膨胀和失水收缩的能力，往往导致建筑物和地坪开裂、变形而破坏。膨胀土大多分布于当地排水基准面以上的二级阶地及其以上的台地、丘陵、山前缓坡、垅岗地段。其分布不具有绵延性和区域性，多呈零星分布且厚度不均。

⑤ 多年冻土。指土的温度等于或低于 0℃，含有固态水，且这种状态在自然界连续保持 3 年或 3 年以上的土。当自然条件改变时，它将产生冻胀、融陷、热融滑塌等特殊不良地质现象，并发生物理力学性质的改变。多年冻土根据土的类别和总含水量可划分其融陷性等级为：少冰冻土、多冰冻土、富冰冻土、饱冰冻土及含土冰层等。

⑥ 盐渍土。指易溶盐含量大于 0.5%，且具有吸湿、松胀等特性的土。由于可溶盐遇水溶解，可能导致土体产生湿陷、膨胀以及有害的毛细水上升，使建筑物遭受破坏。盐渍土按含盐性质可分为氯盐渍土、亚氯盐渍土、硫酸盐渍土、亚硫酸盐渍土、碱性盐渍土等；按含盐量可分为弱盐渍土、中盐渍土、强盐渍土和超强盐土。

【例 1-6】某土样的颗粒分析试验结果见表 1-17，试确定该土样的名称。

表 1-17　筛分法颗粒分析试验结果

试样编号	b							
筛孔直径/mm	20	10	2	0.5	0.25	0.075	＜0.075	总计
留筛土重/g	10	1	5	39	27	11	7	100
占全部土重的百分比/%	10	1	5	39	27	11	7	100
小于某筛孔径的土重的百分比/%	90	89	84	45	18	7		

注：取风干试验 100g 进行试验。

解：按表 1-17 颗粒分析资料，先判别是碎石土还是砂土。因粒径大于 2mm 的土粒占总重（10+1+5）%=16%，小于 50%，故该土样属砂土。然后以砂土分类表 1-15 从大到小粒组进行鉴别。由于大于 2mm 的颗粒只占总重 16%，小于 25%，故该土样不是砾砂。而大于 0.5mm 的颗粒占总重（10+1+5+39）%=55%，此值超过 50%，因此应定名为粗砂。

1.5　土的压实特性

在很多工程建设中都遇到填土问题，如地基、路基、土堤和土坝工程等。特别是高土石坝，往往填方量达数百万方甚至千万方以上，是质量要求很高的人工填土工程。进行填土时，经常都要采用夯打、振动或碾压等方法，使土得到压实，以提高土的强度，减小压缩性和渗透性，从而保证地基和土工建筑物的稳定。压实就是指土体在压实能量作用下，土颗粒克服粒间阻力，产生相对位移，使土中的孔隙减小，密度增加。

实践经验表明，压实细粒土宜用夯击机具或压强较大的碾压机具，同时必须控制土的含水量。含水量太高或太低都得不到好的压密效果。压实粗粒土时，则宜采用振动机具，同时充分洒水。两种不同的做法表明，细粒土和粗粒土具有不同的压密性质。

1.5.1 细粒土的压实性

1.5.1.1 击实试验及击实曲线

研究细粒土的压实性可以在实验室或现场进行。在实验室内进行击实试验，是研究土压实性的基本方法。击实试验分轻型和重型两种，轻型击实试验适用于粒径小于5mm的黏性土，而重型击实试验适用于粒径不大于20mm的土，采用三层击实时，最大粒径不大于40mm。击实试验所用的主要设备是击实仪，包括击实筒、击锤及导筒等。图1-23为轻型和重型两种击实仪示意图，分别对应于标准击实试验（proctor test）和改进的击实试验（modified proctor test），其击实筒容积分别为947.4cm^{3}和2103.9cm^3；击锤质量分别为2.5kg和4.5kg；落高分别为305mm和457mm。

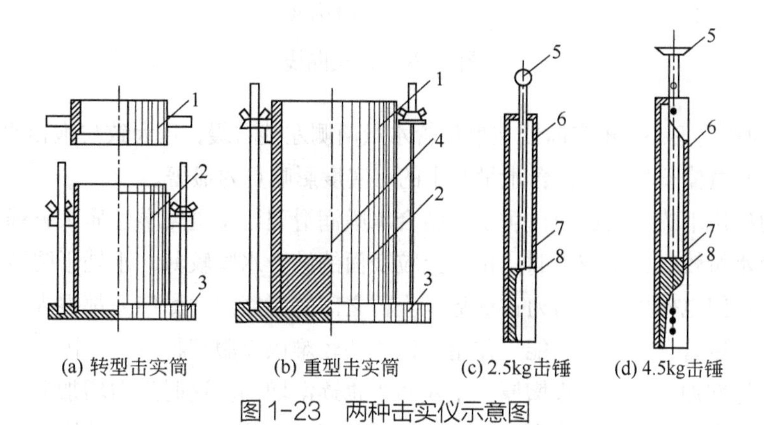

图1-23 两种击实仪示意图

1—套筒；2—击实筒；3—底板；4—垫块；5—提手；6—导筒；7—硬橡皮垫；8—击锤

试验时，将某一土样制成6～7份不同含水量的土样，将某一含水量的土样分层装入击实筒中，每铺一层后均用击锤按规定的落距和击数锤击土样，最后压实的土样充满击实筒。由击实筒的体积和筒内被压实土的总质量计算出湿密度 ρ，同时按烘干法测定土的含水量。以含水量为横坐标，干密度为纵坐标，绘制含水量-干密度曲线，如图 1-24 所示。这种试验称为土的击实试验，得到的曲线称为土的击实曲线。

击实曲线具有如下特点：

① 峰值。在图1-24的击实曲线上，峰值干密度对应的含水量，称为最优含水量 ω_{op}，它表示在这一含水量下，以这种压实方法，能够得到最大干密度 ρ_d。同一种土，干密度越大，孔隙比越小，所以最大干密度相应于试验所达到的最小孔隙比。

② 击实曲线位于理论饱和曲线左边。在某一含水量下，将土压到理论上的最密，就是将土中所有的气体都从孔隙中赶走，使土达到饱和。将不同含水量所对应的土体达到饱和状态时的

干密度也点绘于图 1-24 中，得到理论上所能达到的最大压实曲线，即饱和度 S_r=100%的压实曲线，也称饱和曲线。按照饱和曲线，当含水量很大时，干密度很小，因为这时土体中很大的一部分体积都是水。若含水量很小，则饱和曲线上的干密度很大。当 ω=0 时，饱和曲线的干密度应等于土颗粒的密度 ρ_s。显然除了变成岩石外，碎散的土是无法达到的，因此，击实曲线位于理论饱和曲线左边。因为理论饱和曲线假定土中空气全部被排出，孔隙完全被水占据，而实际上不可能做到。当含水量大于最优含水量后，土孔隙中的气体越来越处于与大气不连通的状态，击实作用已不能将其排出土体之外。

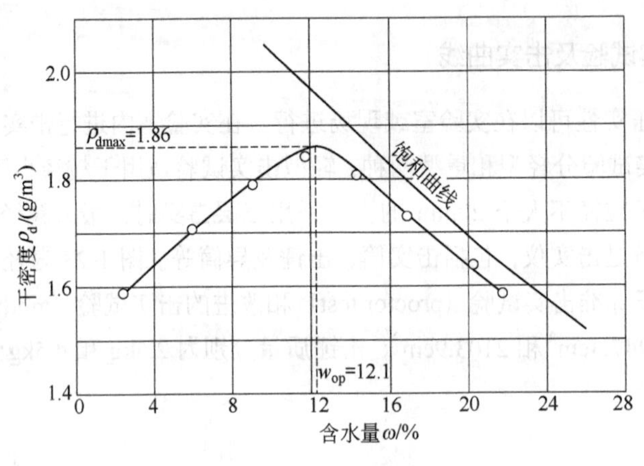

图1-24　击实曲线

③ 击实曲线的形态。击实曲线在最优含水量两侧左陡右缓，且大致与饱和曲线平行，这表明土在最优含水量偏干状态时，含水量对土的密实度影响更为显著。

土在外力作用下的压实原理，可以用结合水膜润滑理论及电化学性质来解释。一般认为，在黏性土中含水量较低、土较干时，由于土粒表面的结合水膜较薄，水处于强结合水状态，土粒间距较小，粒间电作用力以引力占优势，土粒之间的摩擦力、黏结力都很大，所以土粒相对位移时阻力大，尽管有击实功（能）作用，但也还较难以克服这种阻力，因而压实效果差。随着土中含水量的增加，结合水膜增厚，土粒间距也逐渐增加，这时斥力增加而使土块变软，引力相对减小，压实功（能）比较容易克服粒间引力而使土粒相互位移，趋于密实，压实效果较好，表现为干密度增大，至最优含水量时，干密度达最大值。但当土中含水量继续增大时，虽然也能使粒间引力减小，但土中出现了自由水，而且水占据的体积越大，颗粒能够占据的相对体积就越小，击实时孔隙中过多的水分不易排出，同时也排不出气体，以封闭气泡的形式存在于土内，阻止了土粒的移动，击实仅能导致土粒更高程度地定向排列，而土体几乎不发生体积变化，所以干密度逐渐变小，击实效果反而下降（如图 1-24）。

由此可见，含水量不同，改变了土中颗粒间的作用力，并改变了土的结构与状态，从而在一定击实功（能）下，改变击实效果。

1.5.1.2　影响击实效果的因素

影响击实效果的因素很多，最重要的是含水量、击实功（能）和土的性质。

（1）含水量的影响

前面已经述及，对较干（含水量较小）的土进行夯实或碾压，不能使土充分压实；对较湿

（含水量较大）的土进行夯实或碾压，同样也不能使土得到充分压实，此时土体还出现软弹现象，俗称“橡皮土”；只有当含水量控制为某一适宜值即最优含水量时，土才能得到充分压实，得到土的最大干密度。

实践表明，当压实土达到最大干密度时，其强度并非最大。研究发现：在含水量小于最优含水量时，土的抗剪强度和模量均比最优含水量时高；但将其浸水饱和后，则强度损失很大。只有在最优含水量时浸水饱和后的强度损失最小，压实土的稳定性最好。

可见，含水量的影响是非常大的。试验统计还证明：最优含水量 ω_{op} 与土的塑限 ω_P 有关，大致为 $\omega_{op}=\omega_P+2$。土中黏土矿物含量愈大，则最优含水量愈大。

（2）击实功（能）的影响

夯击的击实功（能）与夯锤的质量、落高、夯击次数以及被夯击土的厚度等有关；碾压的压实功（能）则与碾压机具的质量、接触面积、碾压遍数以及土层的厚度等有关。

对于同一土料，加大击实功（能），能克服较大的粒间阻力，会使土的最大干密度增加，而最优含水量减小，如图1-25所示。同时，当含水量较低时击数（能量）的影响较为显著。当含水量较高时，含水量与干密度的关系曲线趋近于饱和曲线，也就是说，这时靠加大击实功（能）来提高土的密实度是无效的。

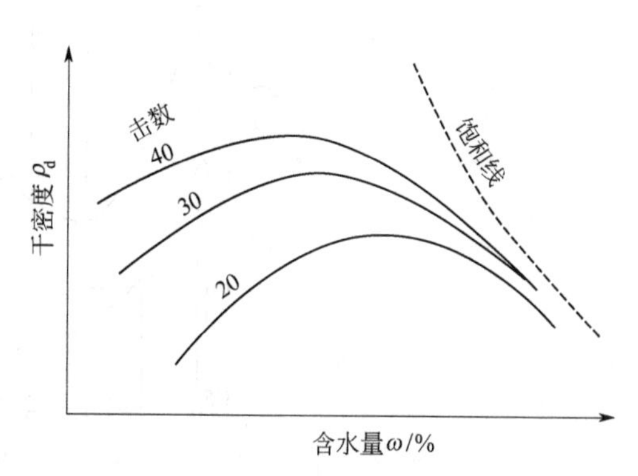

图1-25　不同击数下的击实曲线

（3）土类及级配的影响

试验表明，在相同的击实功（能）下，黏性土的黏粒含量越高或塑性指数越大，压实越困难，最大干密度越小，最优含水量越大。这是由于在相同含水量下，黏粒含量越高，吸附水层就越薄，击实过程中土粒错动就越困难。

土颗粒的粗细、级配、矿物成分和添加的材料等因素对压实效果有影响。颗粒越粗，就越能在低含水量时获得最大干密度。图1-26（a）所示为五种不同粒径、级配的土料，在同一标准的击实试验中所得到的五条击实曲线［图1-26（b）］。可见，含粗粒越多的土样其最大干密度越大，而最优含水量越小，即随着粗粒土增多，曲线形态不变但朝左上方移动。

土的级配对其压实性的影响也很大。级配良好的土，压实时细颗粒能填充到粗颗粒形成的孔隙中去，因而可以获得较高的干密度。反之，级配差的土料，颗粒级配越均匀，压实效果越差。

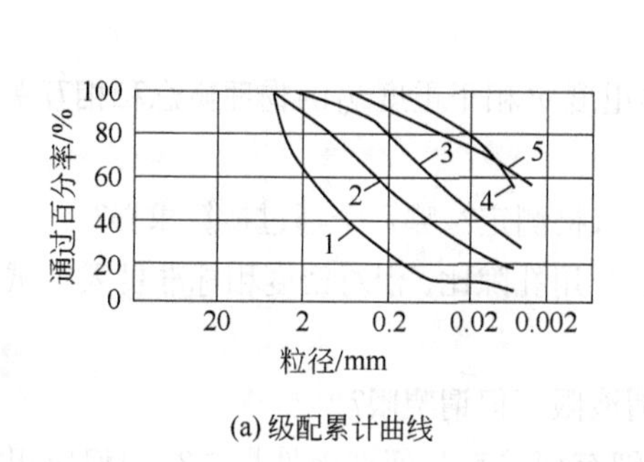

(a) 级配累计曲线

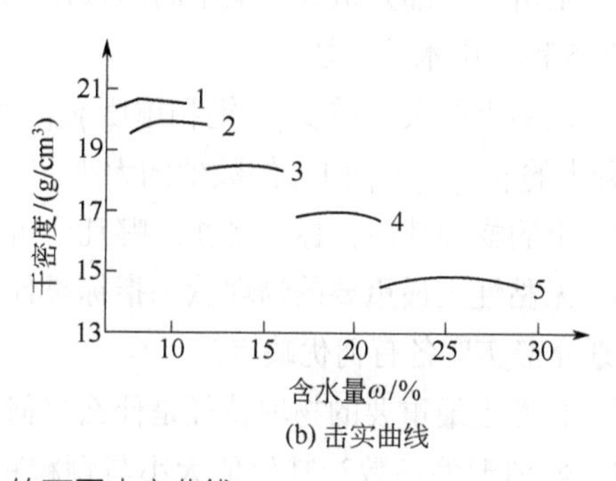

(b) 击实曲线

图1-26　五种土的不同击实曲线

1.5.2 粗粒土的压实性

砂和砂砾等粗粒土的压实性也与含水量有关，不过一般不存在一个最优含水量。在完全干燥或者充分洒水饱和的情况下容易压实到较大的干密度。潮湿状态，由于毛细压力增加了粒间阻力，压实干密度显著降低。粗砂在含水量为4%～5%，中砂在含水量为7%左右时，压实干密度最小，如图1-27所示。所以，在压实砂砾时可充分洒水使土料饱和。

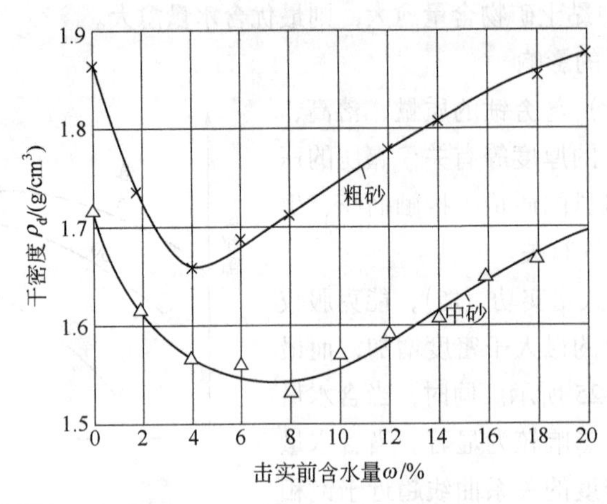

图1-27　粗粒土的击实曲线

粗粒土的压实标准一般用相对密度控制。以前要求相对密度达到0.70以上，近年来根据地震震害资料的分析结果，认为高烈度区相对密度还应提高。室内试验的结果也表明，对于饱和的粗粒土，在静力或动力的作用下，相对密度大于0.70～0.75时，土的强度明显增加，变形显著减小，可以认为相对密度0.7～0.75是土力学性质的一个转折点。同时由于大功率振动碾压机具的发展，提高相对密度成为可能。

思考题与习题

1-1　土的形成过程如何？土的结构有几种？每种结构有何特点？

1-2　土由哪几部分组成？土中固体颗粒、水和气体三相比例的变化，对土的性质有什么影响？比较各种土中水的特性。

1-3　说明土的天然重度γ、饱和重度γ_{sat}、浮重度γ'和干重度γ_d的物理概念和相互关系。比较同一种土的γ、γ'、γ_{sat}和γ_d的数值的大小。

1-4　土的物理性质指标有哪些？哪几个可以直接测定？哪几个通过换算求得？

1-5　无黏性土最重要的物理状态指标是什么？用孔隙比、相对密度和标准贯入度试验锤击数N来划分密实度各有何优缺点？

1-6　黏性土最重要的物理特征是什么？何谓液限？何谓塑限？

1-7　何谓塑性指数？其数值大小与颗粒粗细有何关系？何谓液性指数？如何应用液性指

数来评价土的工程性质?

1-8　无黏性土和黏性土在矿物组成、土的结构及物理状态等方面有何重要区别?

1-9　地基土分为哪几大类?各类土划分的依据及主要区别是什么?

1-10　某地基土层，用体积为 $72cm^3$ 的环刀取样，测得环刀加湿土重 169.5g，环刀重 40.4g，烘干后土重 121.5g，土粒相对密度为 2.70，问该土样的 ω、S_r、e、n、γ、γ' 和 γ_d 各为多少?并比较各种重度的大小。

1-11　已知 A、B 两个土样的物理性质试验结果如表 1-18。

表 1-18　两个土样的物理性质

土样	ω_L/%	ω_P/%	ω/%	d_s	S_r/%
A	30	12	15	2.70	100
B	9	6	6	2.68	100

下列结论中哪几个是正确的?为什么?

① A 比 B 含有更多的黏粒（$d<0.005$mm 的颗粒）;

② A 的天然重度大于 B;

③ A 的干重度大于 B;

④ A 的天然孔隙比大于 B。

1-12　已知土粒相对密度为 2.70，饱和度为 37%，孔隙比为 0.95，当饱和度提高到 90%时，$1m^3$ 的土应加多少水?

1-13　一土样重 300g，已知含水量为 16%，若要制成含水量为 20%的土样，需加多少水?

1-14　某黏性土的含水量 ω=36.4%，液限 ω_L = 48%，塑限 ω_P=25.4%。计算该土的塑性指数 I_P，根据塑性指数确定该土的名称。计算该土的液性指数 I_L，按液性指数确定土的状态。

1-15　从某场地取土，测得含水量 ω=15%，e=0.6，d_s=2.7，把该土的含水量调整到 18%后均匀地夯实进行填土，测得夯实后 γ_d=17.6kN/m^3。求：(1) S_r、γ、γ_d；(2) 进行夯实时，$1000m^3$ 土中加多少水才能达到 ω=18%? (3) 填土完毕后，由于储水而使填土饱和，假定饱和后土体体积不变，此时土的含水量和天然重度各是多少?

第2章
土的渗透性与水的渗流

2.1 概述

土体是松软集合体，由于土体中孔隙的存在，当地下水在重力作用下，由高处向低处流动时，会通过土颗粒间的空隙进行渗流，使土的工程性质发生变化。水透过土体孔隙而产生孔隙内流动的现象称为渗流。土具有被水透过的性能，称为土的渗透性。

水在土体孔隙中的流动特性，是土的主要力学性质之一。土的渗透性是土力学的重要研究内容：①土木工程、水文地质、农业、水利、环境保护等领域的许多课题都与土的渗透性密切相关；②土的三个主要力学性质，即强度、变形和渗透性之间有密切的相互关系，使对渗透性的研究已不限于渗流问题本身；③土的渗透性同土的其他物理性质常数相比，其变化范围要大得多，且具有高度的不均匀和各向异性性质。

土的渗透性的强弱，对土体的固结、强度以及工程施工都有非常重要的影响。为此，我们必须对土的渗透性质、水在土中的渗透规律及其与工程的关系进行很好的研究，从而给建筑物、构筑物及地基的设计、施工提供必要的资料。

2.2 土的毛细水性质

2.2.1 毛细现象

毛细作用，是液体表面对固体表面的吸引力。在自然界和日常生活中有许多毛细现象的例子。植物茎内的导管就是植物体内的极细的毛细管，它能把土壤里的水分吸上来，又如砖块吸水、毛巾吸汗、粉笔吸墨水都是常见的毛细现象。在这些物体中有许多细小的孔道，起着毛细管的作用。在洁净的玻璃板上放一滴水银，它能够滚来滚去而不附着在玻璃板上。把一块洁净的玻璃板浸入水银里再取出来，玻璃上也不附着水银。这种液体不附着在固体表面上的现象叫作不浸润现象。对玻璃来说，水银是不浸润液体。

液体表面类似张紧的橡皮膜，如果液面是弯曲的，它就有变平的趋势，因此凹液面对下面的液体施以拉力，凸液面对下面的液体施以压力。浸润液体在毛细管中的液面是凹形的，它对下面的液体施加拉力，使液体沿着管壁上升，当向上的拉力跟管内液柱所受的重力相等时，管内的液体停止上升，达到平衡。同样的分析也可以解释不浸润液体在毛细管内下降的现象。

2.2.2　土中的毛细水

土中的孔隙是很复杂的，无数的孔隙在土中因为水的表面张力作用而形成毛细管作用。潮湿的砂类土中的毛细管作用就是湿砂中的水在颗粒表面张力作用下产生的毛细现象，如沙雕艺术。

有些情况下毛细现象是有害的，对工程会有一定的影响。例如，建造房屋的时候，在地基土中存在又多又细的孔隙，它们会把土壤中的水分引上来，使得室内潮湿，通常在地基上面铺设油毡，达到防止因土的毛细现象造成室内地面潮湿而影响正常使用的目的。建筑物地基或公路路基常因毛细水上升而引起冻胀破坏。因砂土、粉土及粉质黏土毛细现象严重，毛细水上升高度大，上升速度快，在寒冷地区对地基或路基会产生冻胀破坏，使建筑物基础抬起、开裂、倾斜、倒塌；路基隆起，柔性路面鼓包、开裂，刚性路面错缝、折断等，对工程造成极大的危害。在实际工程中，为防止冻胀，通常根据规范将建筑物基础底面置于当地冻结深度以下，基础的侧面回填中砂或粗砂等不冻胀的材料。

水在毛细管中上升的高度计算简图见图 2-1。理论上水在毛细管中上升的高度可按下式计算：

$$h = \frac{2T\cos\theta}{\rho g r} \tag{2-1}$$

式中　T——表面张力，水的表面张力为 0.0728N/m(20℃)，N/m；

θ——接触角，(°)；

ρ——液体的密度，kg/m³；

g——重力加速度，m/s²；

r——管的内径，m。

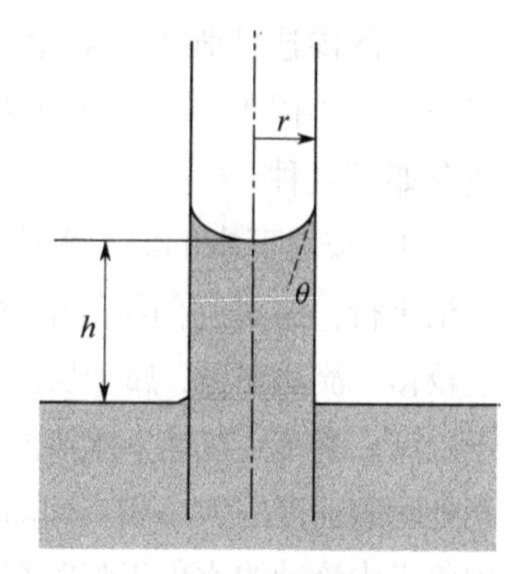

图 2-1　水在毛细管中上升的高度计算简图

毛细水上升高度的经验公式：

$$h_{\max} = \frac{C}{ed_{10}} \tag{2-2}$$

式中　C——土粒形状及表面洁净情况有关的系数；

e——土的孔隙比；

d_{10}——土的有效粒径。

毛细水上升高度的经验值如表 2-1 所示。

表 2-1　理论毛细水上升高度经验值

土质名称	h/m	土质名称	h/m
粗砂	0.02～0.04	粉砂	1.20～2.50
中砂	0.04～0.35	粉质黏土	3.00～3.50
细砂	0.35～1.20	黏土	5.00～6.00

注：数值取自 1984 版《工程地质手册》和 1985 版《水文地质》，数值基本相同。

2.3 土的渗透性

土是由固体相的颗粒、孔隙中的液体和气体三相组成的，而土中的孔隙具有连续的性质，当土作为建筑物的地基或直接把它用作建筑物的材料时，水就会在水头差作用下从水位较高的一侧透过土体的孔隙流向水位较低的一侧。如图 2-2 所示为土木、水利工程中典型渗流问题。

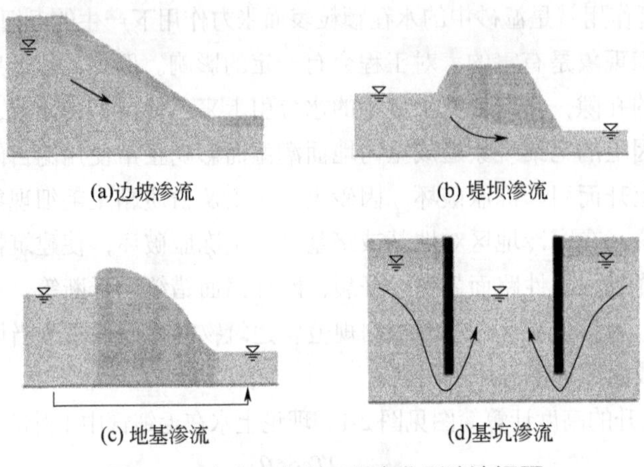

图 2-2　土木、水利工程中典型渗流问题

土的渗透性强弱，对土体的固结和强度都有非常重要的影响，从而改变建筑物或地基的稳定条件。不同类型的地下水对土的影响程度也不尽相同，根据不同的运动方式对地下水进行分类有如下几种：

① 按地下水的流线形态：层流和紊流。层流：在地下水渗流过程中，水中质点形成的流线互相平行，经过空间某处的水流平稳、流速均匀。通常情况下，地下水在土中孔隙间流动时，流速较慢，流动平稳，属于层流；地下水在基岩中远离构造破碎带比较细小的节理裂隙中的渗流也属于层流。紊流：在地下水渗流过程中，水中质点形成的流线相互交叉，不规则且有漩涡，经过空间某处瞬时速度的大小和方向随时间变化，瞬时动水压力也会随时间变化。通常在岩石洞穴或在构造破碎带中流动的水由于裂隙很发育，断裂面纵横切割，相互贯通，水在其中的流动多属于紊流；在土层中发生流砂现象时，水的流动也属于紊流。划分层流和紊流的定量界限：临界雷诺数。

当流体在管道中、板面上或具有一定形状的物体表面上流过时，流体的一部分或全部会随条件的变化而由层流转变为紊流，此时，摩擦系数、阻力系数等会发生显著的变化。转变点处的雷诺数即为临界雷诺数。临界雷诺数是雷诺根据大量的实验发现，由层流转变为紊流的转变过程非常复杂，不仅与流速 v 有关，而且还与流体密度 ρ、黏滞系数 μ 和物体的某一特征长度 d（例如管道直径、机翼宽度、处于流体中的球体半径等）有关。综合以上各方面的因素，引入一个无量纲的量 $\rho vd/\mu$，后人把这无量纲的参数命名为“雷诺数”。流体的流动状态由雷诺数决定，雷诺数小时作层流，雷诺数大时作紊流。换言之：流速越大，流过物体表面距离越长，密度越大，层流边界层便越容易变成紊流边界层。相反，黏性越大，流动起来便越稳定，越不容易变成紊流边界层。流体由层流向紊流过渡的雷诺数，叫作临界雷诺数，记作 Re。对于圆形管道引入 $Re=\rho vd/\mu$。实验表明，流体通过圆形管道时其临界雷诺数为 $Re\approx2000\sim2600$；通过光滑的同

心环状缝隙时 Re=1100；而在滑阀阀口处，Re=260。

② 按水流特征随时间的变化：稳定流运动和非稳定流运动。稳定流运动：在渗流场中，任一点的流速、流向、水位、水压力等运动要素不随时间而改变。非稳定流运动：在渗流场中，任一点的流速、流向、水位、水压力等运动要素随时间而改变。

③ 按水流在空间上的分布状况：一维流动、二维流动和三维流动。

2.4 达西定律

地下水在土体孔隙中渗透时，由于渗透阻力的作用，沿程必然伴随着能量的损失。一般来说，在黏性土和砂土中流动的水是不规则流动的，但由于黏性土和砂土的孔隙较小，且水的流速很慢，可以近似看成层流运动。为了揭示水在土体中的渗透规律，法国工程师达西（H.Darcy）经过大量的试验研究，1856 年根据砂土渗透试验的结果得出，土中水的渗透速度与能量损失之间服从线性渗透规律，确定出渗透能量损失与渗流速度之间的相互关系，即层流渗透定律，也称为达西定律。

实验装置如图 2-3 所示。一个上端开口等截面的直立圆筒，下部放碎石，碎石上放有多孔滤板，滤板上填放颗粒均匀的砂土，其横断面积为 A，长度为 L。在圆筒侧壁装有两支相距为砂土长度的侧压管，分别设置在土样上下两端的过水断面处。水由上端注入管注入圆筒内，多余的水从溢水管溢出，使筒内的水位维持一个恒定值。渗透过砂层的水从溢水管流入到量杯中，并以此来计算渗流量 q 。

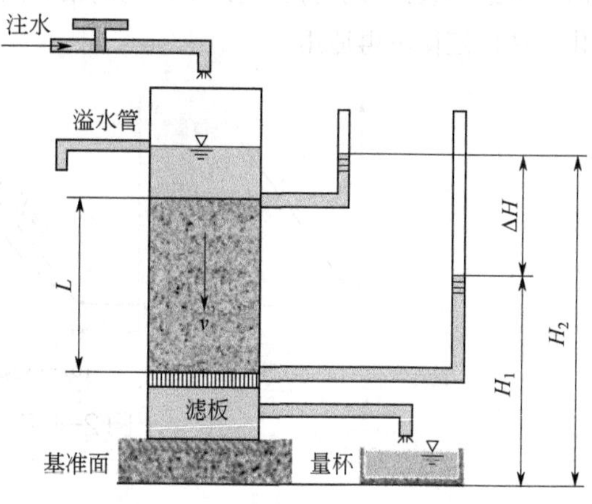

图 2-3　达西渗透实验装置图

设 Δt 时间内流入量杯的水体积为 ΔV，则渗流量为 $q=\Delta V/\Delta t$。同时读取测压管水头值 H_1、H_2、ΔH 为两断面之间的水头损失。

达西经过大量试验分析，发现土中渗透的渗流量 q 与圆筒断面积 A 及水头损失 ΔH 成正比，与断面间距 L 成反比，即

$$q=\frac{Q}{t}=kA\frac{\Delta H}{L}=kAi \tag{2-3}$$

或

$$v=\frac{q}{A}=ki \tag{2-4}$$

式中 i——水力梯度或水力坡降，$i=\dfrac{H_2-H_1}{L}=\dfrac{\Delta H}{L}$，即水头差与其距离之比，也表示单位流程上的水头损失；

k——渗透系数，反映土的透水性大小，其值等于水力梯度 i=1 时水的渗透速度，其值大小与土的类别、土粒粗细、粒径级配、孔隙比及水的温度等因素有关，cm/s；

A——土样截面积，cm^2 或 m^2；

v——渗透速度，cm/s 或 m/d；

Q——单位时间渗透量，cm^3/s 或 m^3/d。

式（2-3）和式（2-4）所表示的关系称为达西定律，它是渗透的基本定律。

达西定律是由砂质土体实验得到的，后来推广应用于其他土体如黏土和具有细裂隙的岩石等。进一步的研究表明，在某些条件下，渗透并不一定符合达西定律，因此在实际工作中我们还要注意达西定律的适用范围。

大量试验表明，当渗透速度较小时，渗透的沿程水头损失与流速的一次方成正比。在一般情况下，砂土、密实黏土中的渗透速度很小，其渗流可以看作是一种水流流线互相平行的流动（层流），渗流运动规律符合达西定律，渗透速度 v 与水力梯度 i 的关系可在 v-i 坐标系中表示成一条直线，如图 2-4（a）所示。少数黏土（如颗粒极细的高压缩性土，可自由膨胀的黏性土等）的渗透试验表明，它们的渗透存在一个起始水力梯度 i_0，这种土只有在达到起始水力梯度后才能发生渗透。在发生渗透后，其渗透速度仍可近似用直线表示，即 $v=k(i-i_0)$，如图 2-4（b）所示。粗颗粒土（如砾、卵石等）的试验结果如图 2-4（c）所示，由于其孔隙很大，当水力梯度较小时，流速不大，渗流可认为是层流，v-i 关系呈线性变化，达西定律仍然适用；当水力梯度较大时，流速增大，渗流将过渡为不规则的相互混杂的流动形式（紊流），这时 v-i 关系呈非线性变化，达西定律不再适用。

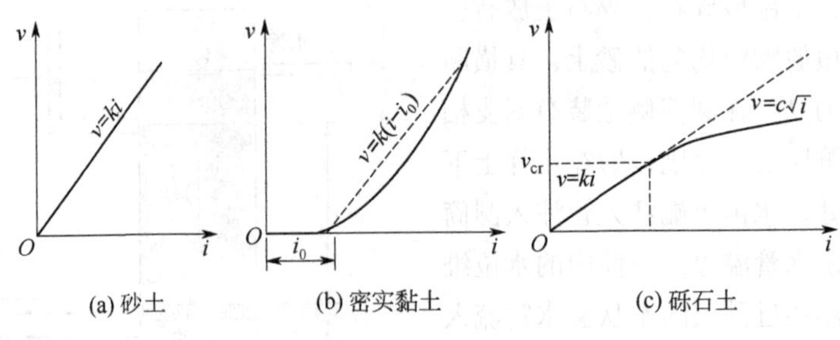

图 2-4 不同土的 v-i 关系

2.5 渗透系数

2.5.1 渗透系数的测定

渗透系数就是当水力梯度等于 1 时的渗透速度。因此，渗透系数的大小是直接衡量土的透水性强弱的一个重要的力学性质指标。但它不能由计算求出，只能通过试验直接测定。

渗透系数的测定可以分为室内试验和现场试验两大类。一般现场试验比室内试验所得到的成果要准确可靠，因此重要工程常需进行现场试验。

（1）室内试验测定渗透系数

室内测定土的渗透系数的仪器和方法较多，但就其原理而言，可分为常水头渗透试验和变水头渗透试验两种。下面将分别介绍这两种方法的基本原理，有关它们的试验仪器和操作方法请参阅相关试验指导书。

① 常水头渗透试验。该试验适用于透水性强的粗粒土（砂土）。试验装置如图 2-5 所示，常水头试验是在整个试验过程中保持水头差 h 不变，测定经过一定时间 t 的渗透量 Q，根据式（2-6）求出渗透系数 k。

$$Q = vAt = kiAt = k\frac{h}{L}At \tag{2-5}$$

求得渗透系数为：

$$k = \frac{QL}{Aht} \tag{2-6}$$

式中　i——水力梯度或水力坡降；

k——渗透系数，cm/s；

A——土样截面积，cm^2 或 m^2；

L——土样高度，cm 或 m；

h——水头差，cm 或 m；

t——水流时间，s 或 d；

v——渗透速度，cm/s 或 m/d；

Q——单位时间渗透量，cm^3/s 或 m^3/d。

② 变水头渗透试验。该试验适用于透水性弱的细粒土（黏性土、粉土）。细粒土由于渗透系数很小，流经试样的水量很少，难以直接准确量测，因此，采用变水头法测定渗透系数。变水头法试验过程中水头随时间的变化而变化。试验装置如图 2-6 所示，在试验中测压管的水位在不断下降，分别测定时间 t_1、t_2 时测压管的水位 h_1、h_2，利用在任意时刻 dt 时间内，断面积为 A 的测压管水位下降了 dh，根据式（2-11）求出渗透系数 k。

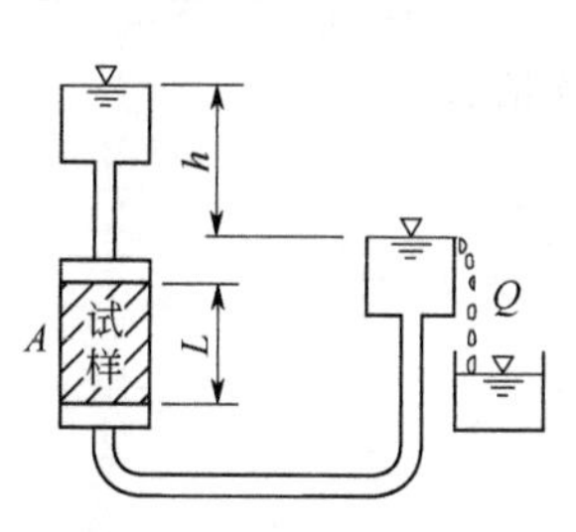

图 2-5　常水头渗透试验

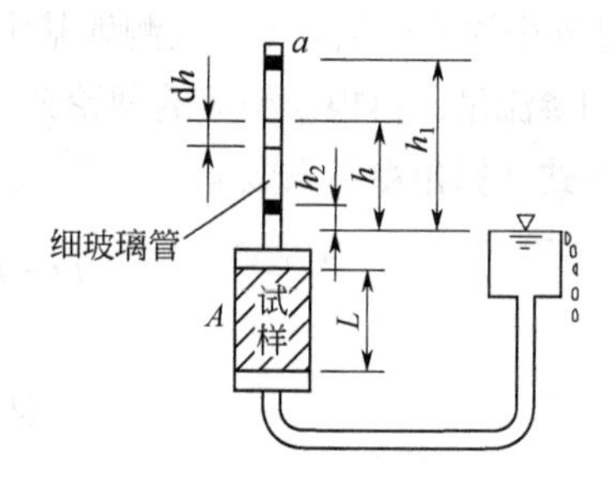

图 2-6　变水头渗透试验

$$\mathrm{d}Q = -a\mathrm{d}h \tag{2-7}$$

$$\mathrm{d}Q = v\mathrm{d}tA = ki\mathrm{d}tA = k\frac{h}{L}\mathrm{d}tA \tag{2-8}$$

$$\mathrm{d}t = -\frac{aL}{kA}\times\frac{\mathrm{d}h}{h} \tag{2-9}$$

积分：

$$\int_{t_1}^{t_2}\mathrm{d}t = -\int_{h_1}^{h_2}\frac{aL}{kA}\times\frac{\mathrm{d}h}{h} \tag{2-10}$$

求得渗透系数为：

$$k = \frac{aL}{A\left(t_2 - t_1\right)}\ln\frac{h_1}{h_2} \tag{2-11}$$

式中　i——水力梯度或水力坡降；

k——渗透系数，cm/s；

A——土样截面积，cm^2 或 m^2；

L——土样高度，cm 或 m；

a——细玻璃管内截面积，cm^2 或 m^2；

h——开始后任意时间的水头差，cm 或 m；

h_1——t_1 时间对应的水头差，cm 或 m；

h_2——t_2 时间对应的水头差，cm 或 m；

t_1——水流开始时间，s 或 d；

t_2——水流结束时间，s 或 d；

v——渗透速度，cm/s 或 m/d；

Q——单位时间渗透量，cm^3/s 或 m^3/d。

（2）现场原位试验

对于粗粒土或成层土，代表性的原状土样不易获取，室内试验测定渗透系数会受土样结构扰动的影响，难以准确反映现场土体的实际渗透性质。现场原位试验就比室内试验测定更符合实际土层的渗透情况，测定的渗透系数会更加准确。

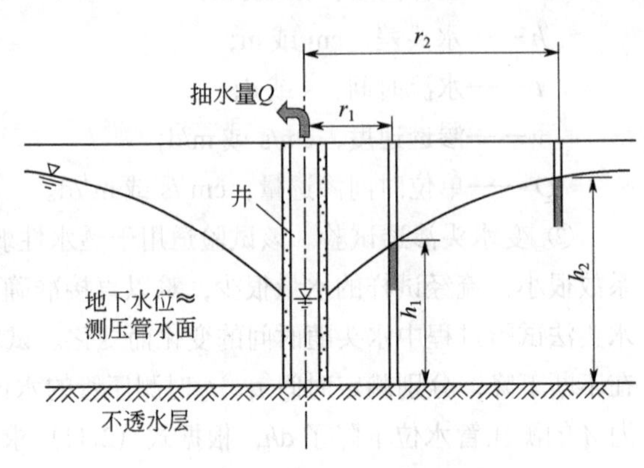

图 2-7 现场原位抽水试验

现场测定渗透系数的方法较多，常用的有现场井口抽水（注水）试验，如图 2-7 所示，这种方法一般是在现场钻井孔或 1～2 个观测孔，在往地基中注水或抽水时，量测地基中的水头高度和渗流量，再根据相应的理论公式求出渗透系数 k 值。

可按下式计算出渗透系数 k:

$$Q = kiA = k\frac{dh}{dr}2\pi rh \tag{2-12}$$

$$Q\frac{dr}{r} = 2\pi khdh \tag{2-13}$$

积分可得：

$$\ln\frac{r_2}{r_1} = \frac{\pi k}{Q}\left(h_2^2 - h_1^2\right) \tag{2-14}$$

求得渗透系数为：

$$k = \frac{Q}{\pi} \times \frac{\ln\left(r_2/r_1\right)}{h_2^2 - h_1^2} \tag{2-15}$$

式中 Q——单位时间渗透量，cm^3/s 或 m^3/d；

i——水力梯度或水力坡降；

k——渗透系数，cm/s；

A——抽水井截面积，cm^2 或 m^2；

r_1、r_2——观测孔距抽水井中心半径，cm 或 m；

h_1、h_2——观测孔水头高度，cm 或 m。

对于大量的中小工程，我们可以参考有关规范、文献提供的经验数值，如表 2-2 所示。

表 2-2　各类土渗透系数经验值

土的类型	渗透系数/（cm/s）
碎石土	$>1\times10^{-1}$
砂土	（1×10^{-3}）～（1×10^{-1}）
粉土	（1×10^{-5}）～（1×10^{-3}）
粉质黏土	（1×10^{-7}）～（1×10^{-5}）
黏土	（1×10^{-9}）～（1×10^{-7}）

2.5.2　成层土的渗透系数

天然沉积土往往是由渗透性不同的土层所组成。对于与土层层面平行和垂直的简单渗流情况，当各土层的渗透系数和厚度已知时，我们可求出整个土层与层面平行和垂直的平均渗透系数，作为渗流计算的依据。

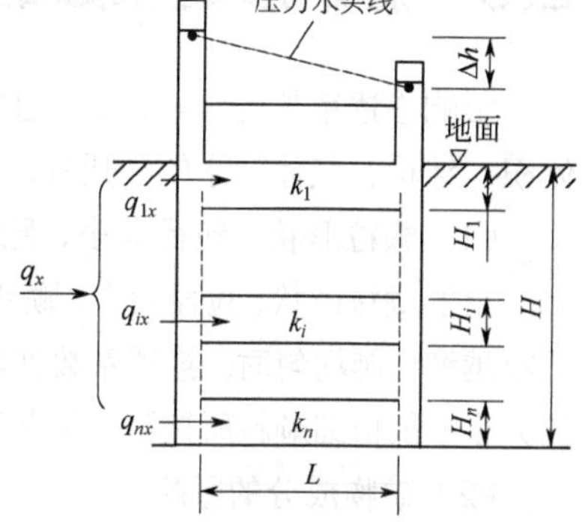

图 2-8　成层土的平均渗透系数示意图

（1）水平渗流

水平渗流情况如图 2-8 所示，已知地基内各层土的渗透系数分别为 $k_1, k_2, k_3, \cdots, k_n$，土层厚度分别为 $H_1, H_2, \cdots, H_n$，总厚度为 H。

任取两水流断面 1—1、2—2，两断面距离为 L，水头损失为 Δh，这种平行于各层面的水平渗流的特点是：

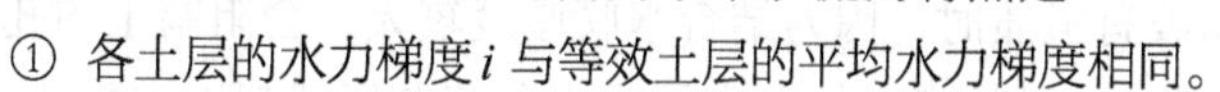

① 各土层的水力梯度 i 与等效土层的平均水力梯度相同。

② 若通过各土层的渗流量为 $q_{1x}, q_{2x}, \cdots, q_{nx}$，则通过整个土层的总渗流量 q_x 应为各土层渗流量之总和。

$$q_x = q_{1x} + q_{2x} + \cdots + q_{nx} = \sum_{i=1}^{n} q_{ix} \tag{2-16}$$

将达西定律代入上式，可得

$$k_{xi} H i = \sum_{i=1}^{n} k_i i H_i = i \sum_{i=1}^{n} k_i H_i \tag{2-17}$$

消去之后，即可得出沿水平方向的等效渗透系数 k_x

$$k_x = \frac{1}{H} \sum_{i=1}^{n} k_i H_i \tag{2-18}$$

（2）垂直渗流

垂直渗流情况如图 2-9 所示，已知地基内各层土的渗透系数分别为 $k_1, k_2, k_3, \cdots, k_n$，土层厚度分别为 $H_1, H_2, \cdots, H_n$，总厚度为 H。

水平渗流的特点是：① 各土层的水头损失 Δh_i 之和等于总水头损失 Δh。② 通过各土层的渗流量 q_{iy} 与通过整个土层的总渗流量 q_{ny} 相等。即：

$$q_y = q_{1y} = q_{2y} = \cdots = q_{ny} \tag{2-19}$$

其中每层土的渗流量：

$$q_{iy} = k_i i_i A = k_i \frac{\Delta h_i}{H_i} A \tag{2-20}$$

土层总渗流量: $q_y = k_y iA = k_y \frac{\Delta h}{H} A$ (2-21)

每层土的水头损失: $\Delta h_i = i_i H_i$ (2-22)

总水头损失: $\Delta h = iH$ (2-23)

代入消去之后，即可得出沿垂直方向的等效渗透系数 k_y

$$k_y = \frac{H}{\sum_{i=1}^{n}\left(\frac{H_i}{K_i}\right)} \tag{2-24}$$

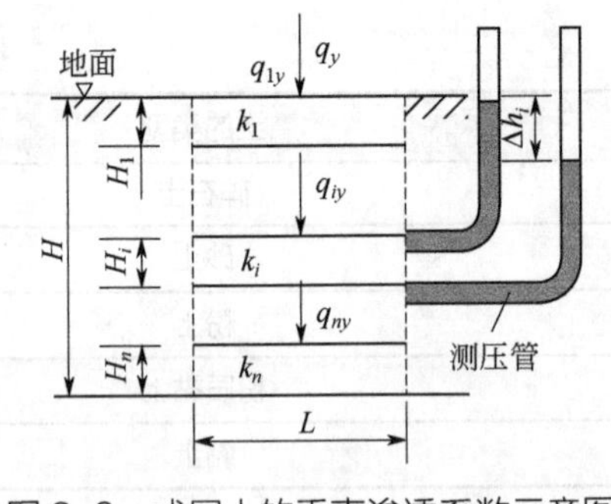

图2-9 成层土的垂直渗透系数示意图

注意：在实际工程中，选用等效渗透系数时，一定要注意水流的方向，选择正确的等效渗透系数。

2.6 影响渗透系数的主要因素

影响渗透系数的因素很多，主要有土的颗粒形状、粒径大小、颗粒级配、矿物成分、孔隙体积、结构、气体、水的性质等。

（1）颗粒形状、粒径大小、颗粒级配的影响

土的颗粒形状、粒径大小、颗料级配会影响土中孔隙大小及其形状，进而影响土的渗透系数。土粒越细、越均匀时，渗透系数就越大。由于粗颗粒形成的大孔隙可被细颗粒充填，故土体孔隙的大小一般由细颗粒所控制。当砂土中含有较多粉土或黏性土颗粒时，其渗透系数就会大大减小。

（2）矿物成分的影响

土中含有亲水性较大的黏土矿物或有机质时，因为结合水膜厚度较大，会阻塞土的孔隙，使土的渗透系数减小。因此，对于黏性土，黏粒表面的双电层及水分存在形式起着重要的作用。不同黏土矿物之间渗透系数相差甚大，渗透性大小的次序：高岭土＞伊利石＞蒙脱石。当黏土中可交换的钠离子越多时，其渗透性也越低。黏性土的塑性指数 I_P 综合反映土的颗粒大小和矿物成分。

（3）孔隙体积的影响

单位土体中的孔隙体积，反映了土体渗流过程中实际过水断面的大小。对于砂性土，可建立孔隙比 e 与渗透系数 k 之间的关系，图2-10所示为某砂土 e-k 关系。

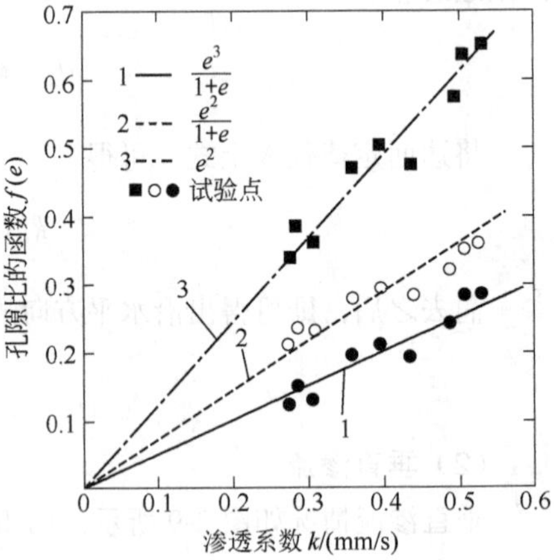

图2-10 某砂土 e-k 关系

（4）结构的影响

天然土层通常不是各向同性的。因此，土的渗透系数在各个方向是不相同的。如黄土具有竖向大孔隙，所以竖向渗透系数要比水平方向大得多。这在实际工程中具有十分重要的意义。

（5）气体的影响

当土孔隙中存在密闭气泡时，会阻塞水的渗流，从而减小土的渗透系数。这种密闭气泡有时是由溶解于水中的气体分离出来而形成的，故水中的含气量也影响土的渗透性。

（6）水的性质

水的性质对渗透系数的影响主要是由黏滞性不同所引起的。温度高时，水的黏滞性降低，渗透系数变大。

2.7　二维渗流及流网特征

在实际工程问题中，很少有一维渗流，经常遇到二维渗流或者平面渗流问题。轴线长度远大于其横向尺寸，因而可以近似地认为渗流仅发生在横断面内，或者说在轴向方向的任一断面上，其渗流特征是相同的。这种渗流称为二维渗流（或者平面渗流）。如漫长的江河堤防、渠道、土石坝等。图 2-11 闸基渗流就是典型的平面渗流。

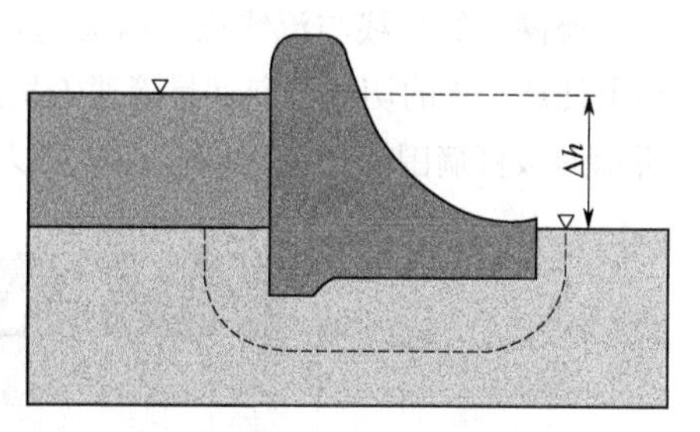

图 2-11　闸基渗流

2.7.1　二维渗流微分方程

稳定渗流：流场中所有变量与时间无关，仅仅是空间函数。

二维渗流的连续条件见图 2-12。在饱和土体中，设水是不可压缩流体，根据其水流连续性条件，流入土体单元的水量等于从土体单元流出的水量，从而得出二维渗流连续微分方程式：

$$v_x d_z + v_z d_x = \left(v_x + \frac{\partial v_x}{\partial x} \mathrm{d}_x\right) d_z + \left(v_z + \frac{\partial v_z}{\partial z} d_z\right) d_x \tag{2-25}$$

$$\frac{\partial v_x}{\partial x} + \frac{\partial v_z}{\partial z} = 0 \tag{2-26}$$

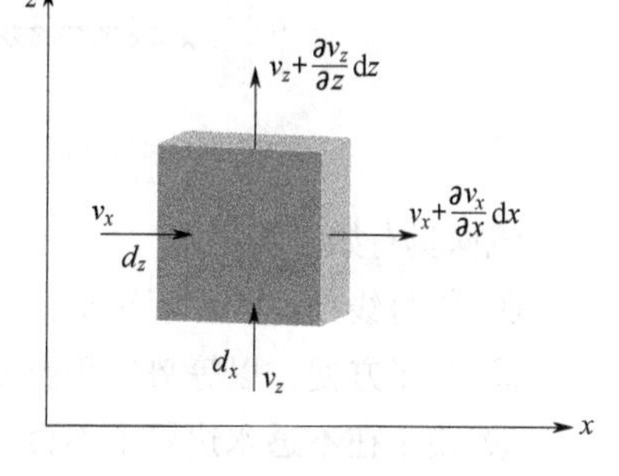

图 2-12　二维渗流的连续条件

根据达西定律，可得：

$$v_x = k_x i_x = k_x \frac{\partial h}{\partial x} \tag{2-27}$$

$$v_z = k_z i_z = k_z \frac{\partial h}{\partial z} \tag{2-28}$$

式中　k_x、k_z——x 和 z 方向的渗透系数；

h——测管水头。

将式（2-27）和式（2-28）代入式（2-26）可得出：

$$\frac{\partial^2 h}{\partial x^2} + \frac{\partial^2 h}{\partial z^2} = 0 \tag{2-29}$$

这就是著名的拉普拉斯（Laplace）方程，也是平面稳定渗流的基本方程。当已知渗流问题的具体边界条件时，可以对流场进行求解。

2.7.2　流网特征与绘制

上述拉普拉斯方程，说明渗流场内任一点水头是其坐标的函数。已知水头分布，即可确定渗流场的其他特征。实际工程中的渗流问题，其边界条件往往比较复杂，很难求得解析解。早期常通过电场模拟试验解决边界条件较复杂的问题，近年来随着数值计算手段的发展，越来越多采用渗流数值计算方法解决各种渗流问题，故在工程中常用近似作图法，简单快捷。

（1）流网特征

流网是等势线与流线正交组成的网格。在稳定渗流场中，流线表示水质点的流动路线，流线上任意一点的切线方向就是流速矢量的方向。等势线是渗流场中势能或水头的等值。如图2-13所示为板桩墙围堰的流网图。图中箭头为流线，虚线为等势线。

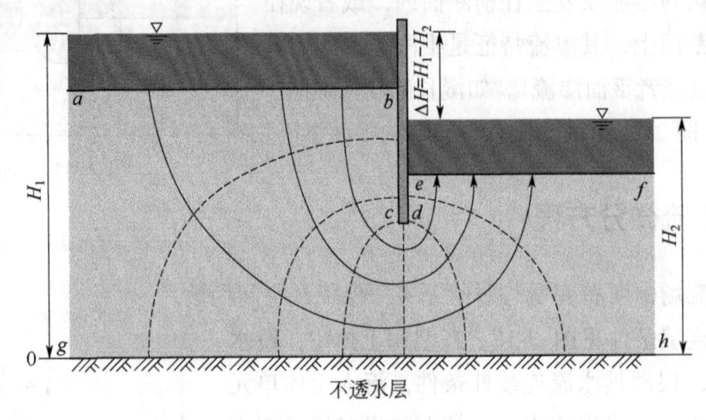

图2-13 流网绘制

流网具有如下特征：

① 等势线和流线必须正交；

② 为了方便，以等势线和流线为边界围成的网眼尽可能接近于正方形；

③ 由于在不透水边界上不会有水流穿过，所以不透水边界必定是流线（图2-13中的*gh*与*bcde*线）；

④ 静水位下的透水边界其上总水头相等，所以它们是等势线（图2-13中的*ab*和*ef*线）；

⑤ 任意两相邻等势线之间的水头损失相等；

⑥ 任意两相邻流线间的单位渗流量相等。

（2）流网的绘制方法

如图2-13所示，流网绘制步骤如下：

① 按照一定比例绘制出构筑物和土层的剖面图；

② 判定边界条件：等势线和流线；

③ 试绘若干条相互平行且缓和的流线，流线与进水面和出水面正交，并与不透水面接近平行，不交叉；

④ 绘制等势线，与流线正交，每个渗流区的形状接近方块。

2.8 渗透力

减少可能发生渗透破坏的土体中的水力坡降对于防止任何渗透破坏形式都是有效的，具体方法一般是在上游设置垂直防渗或水平防渗设施。垂直防渗设施有地下连续墙、板校、齿槽、帐幕灌浆等，水平防渗设施一般采用上游不透水铺盖。这些方法在水利工程中是经常采用的，其原理是增加渗径，减小水力梯度。

静水作用在土颗粒上的力称为静水压力，如图 2-14 所示，当 $h_2=h_1$ 时，即 $\Delta h=0$ 时，土体中的孔隙水处于静水状态，土骨架除自身重力外还会受到水的浮力作用。

当提升左侧储水器，使 $h_1>h_2$，如图 2-15 所示。由于土颗粒对水流产生了阻力，就出现水头差，土体中的水会通过土体的空隙产生自下而上的渗流。当水在土中发生渗流时，对土颗粒有推动、摩擦和拖拽作用，综合形成作用于土骨架的力，即渗透力（也叫动水力），通常用符号 G_d(kN/m^3)表示。同时渗流的水也会受到来自土颗粒骨架上的阻力 T（kN/m^3），T 与 G_d 大小相等，方向相反，即 $T=-G_d$。

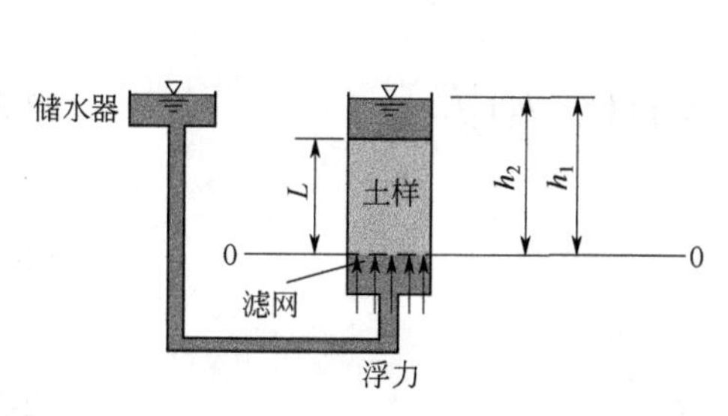

图 2-14　土在静水压力下的示意图

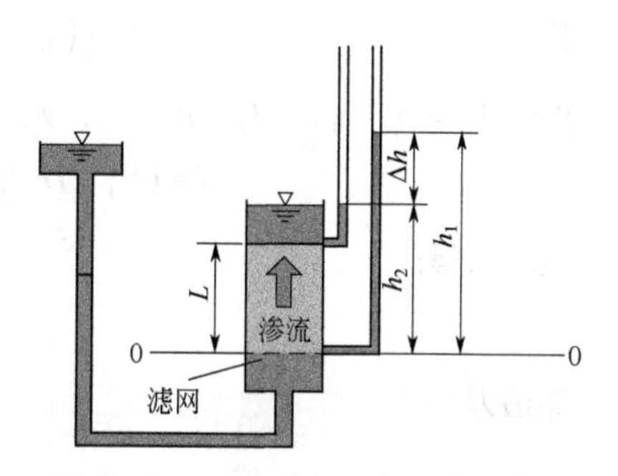

图 2-15　土在动水压力下的示意图

当饱和土体内有水头差存在时，水会在土的孔隙中流动。沿水流的渗流方向切取一个土柱体 ab，如图 2-16 所示。对该土柱进行受力分析，如图 2-17 所示。

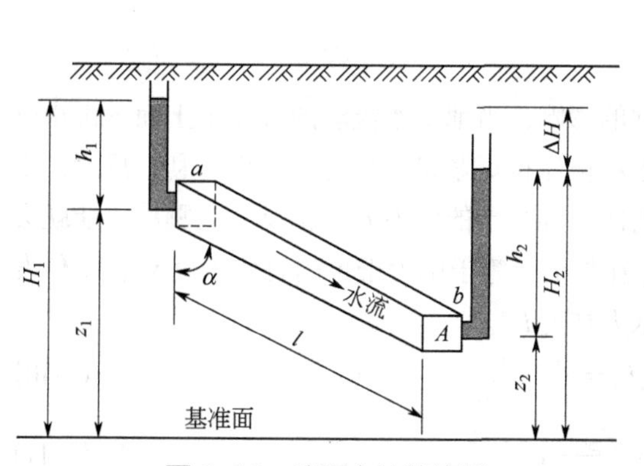

图 2-16　渗透力计算简图

l—土体柱长度；F—土体横截面面积；Z_1，Z_2—a，b 两点距基准面的高度；h_1，h_2—a，b 两点测压管水柱的高度；ΔH —水头差，$\Delta H=H_1-H_2$；H_1—h_1+z_1；H_2—h_2+z_2

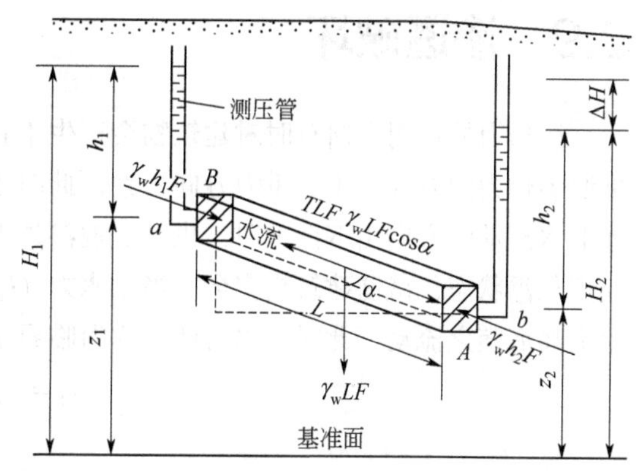

图 2-17　渗透力受力分析图

B 截面总水压力：

$$f_1=\gamma_w h_1 F \tag{2-30}$$

A 截面总水压力：

$$f_2=\gamma_w h_2 F \tag{2-31}$$

水流自重：

$$f_3 = \gamma_w LF \tag{2-32}$$

土的颗粒骨架对水的总阻力：

$$f_4 = TLF \tag{2-33}$$

沿渗流水柱 BA 流线方向上力的平衡方程为：

$$\gamma_w h_1 F + \gamma_w LF\cos\alpha - \gamma_w h_2 F - TFL = 0 \tag{2-34}$$

消去 F，将 $\cos\alpha = (z_1 - z_2)/L$ 代入式（2-29）中可求出：

$$\gamma_w h_1 + \gamma_w (z_1 - z_2) - \gamma_w h_2 - TL = 0 \tag{2-35}$$

整理后：

$$\gamma_w [(z_1 - z_2) + (h_1 - h_2)] - TL = 0 \tag{2-36}$$

由于 $H_1 = h_1 + z_1$，$H_2 = h_2 + z_2$，则：

$$i = (H_1 - H_2)/L = [(z_1 - z_2) + (h_1 - h_2)]/L \tag{2-37}$$

整理求得：

$$T = \gamma_w i \tag{2-38}$$

渗透力：

$$G_d = -\gamma_w i \tag{2-39}$$

由上述公式可知，渗透力是一种体积力，量纲与 γ_w 相同，大小与水力梯度成正比，方向与水流方向一致。

2.9 渗透破坏

渗透力的作用方向有时对建筑物会产生不利的影响，当地下水流动的方向由上而下，也就是说渗透力的方向与土的重力方向一致，此时土粒被压得更紧密，相对于工程有利；反之，当地下水流动的方向由下而上时，也就是说渗透力的方向与土的重力方向相反，土颗粒可能就会处于悬浮状态，威胁建筑物安全。当动水力 G_d 在数值上等于或大于土的有效重度 γ'，土体发生上浮而随之流动，此时的水力梯度称为临界水力梯度 i_{cr}。

$$G_d = \gamma_w i_{cr} = \gamma' \tag{2-40}$$

$$i_{cr} = \frac{\gamma'}{\gamma_w} = \frac{\gamma_{sat}}{\gamma_w} - 1 \tag{2-41}$$

式中 γ'——土的有效重度，kN/m^3；

γ_{sat}——土的饱和重度，kN/m^3；

γ_w——水的重度，kN/m^3。

建筑物及地基由于渗透作用而出现变形或破坏，称为渗透变形或渗透破坏。

渗透破坏主要表现为：在渗透水流作用下的地面隆起、土层剥落、土颗粒悬浮、细颗粒流失等。渗透破坏是地基破坏最常见形式之一。单一土层渗透破坏的两种基本形式为流砂（流土）和管涌。

2.9.1　流砂（流土）

当向上的动水力克服了土颗粒向下的重力时，土颗粒呈悬浮状态，并随水一起流动上涌，表面土层像液体一样，完全失去抗剪强度，土层遭到破坏，工程场地受到严重影响。这种现象称为流砂（流土），如图 2-18 所示。

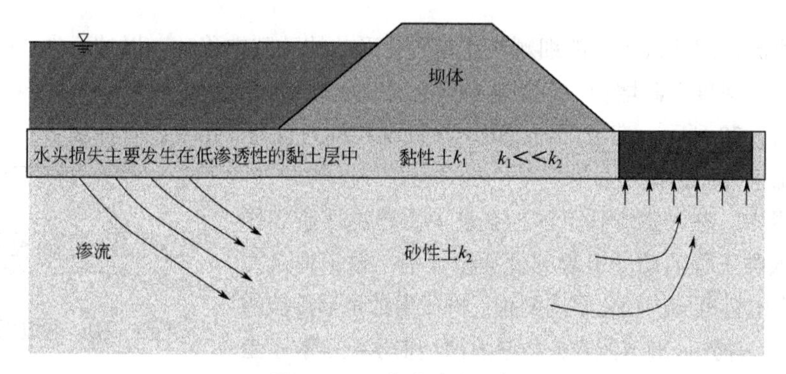

图 2-18　流砂（流土）

（1）流砂（流土）的形成条件

流砂（流土）的形成不仅与动水力（渗流压力）有关，且与土颗粒大小、颗粒级配等土的性质密切相关。

① 颗粒级配。当土颗粒级配的不均匀系数 $C_u < 10$，孔隙率 n 较大，在粗颗粒之间，细颗粒填料（$d < 2$mm)占 30%～35%，且土质疏松，渗透性大时，易发生流砂（流土）。

② 水动力条件。当 $i \geqslant i_{cr} = \dfrac{\gamma'}{\gamma_w}$ 时，发生流砂（流土）。

（2）流砂（流土）的防止措施

为满足 $i < i_{cr} = \dfrac{\gamma'}{\gamma_w}$，降低水头差 Δh，延长渗流路径 L，可以降低水力梯度 i。

施工上采取特殊技术措施，改变渗流条件，降低地下水位，减少水头差。如打钢板桩或设防渗墙等加固坑壁。

【例 2-1】 如图 2-19 所示，某基坑下黏土层厚 5m，下有承压水，测压管的水压高度 9m。施工时，通过降水使坑内基坑底面地下水保持在基坑底面下 0.5m，黏土的天然重度和饱和重度分别为 $\gamma = 17\text{kN/m}^3$，$\gamma_{sat} = 18.6\text{kN/m}^3$，试判断基坑底面是否发生隆起破坏。

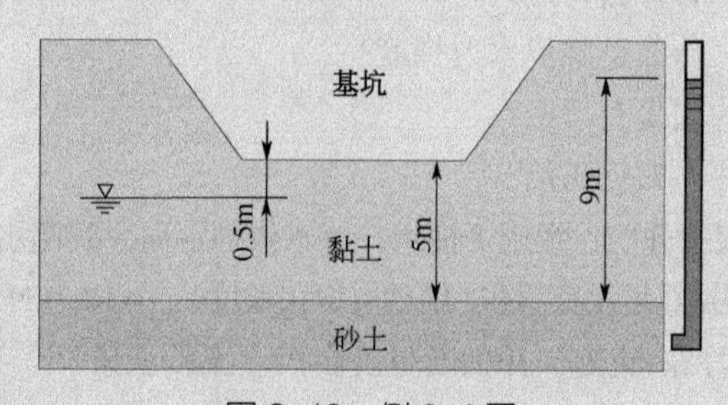

图 2-19　例 2-1 图

解：$\gamma_w H_w = 9.8 \times 9 = 88.2(\text{kPa})$

$\sum r_i h_i = 17 \times 0.5 + 18.6 \times 4.5 = 92.2(\text{kPa})$

各层土的自重应力之和$\sum r_i h_i$大于承压水的水压力$\gamma_w H_w$，故基坑底面不会发生隆起。

2.9.2　管涌

在渗透水流作用下，土中的细颗粒在粗颗粒形成的孔隙中移动，以致流失；随着土的孔隙不断扩大，渗透速度不断增加，较粗的颗粒也相继被水流带走，最终导致土体内形成贯通的渗流管道，如图 2-20 所示，造成土体塌陷，这种现象称为管涌。可见，管涌破坏一般有个发展过程，是一种渐进性质的破坏。

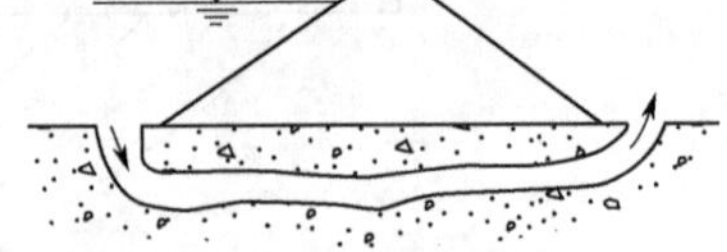

图 2-20　通过坝基的管涌

在自然界中，在一定条件下同样会发生上述渗透破坏作用，为了与人类工程活动所引起的管涌相区别，通常称之为潜蚀。潜蚀作用有机械的和化学的两种。机械潜蚀是指渗流的机械力将细土粒冲走而形成洞穴；化学潜蚀是指水流溶解了土中的易溶盐或胶结物使土变松散，细土粒被水冲走而形成洞穴，这两种作用往往是同时存在的。

（1）管涌的形成条件

土是否发生管涌，首先取决于土的性质，管涌多发生在砂性土中，其特征是颗粒大小差别较大，往往缺少某种粒径，孔隙直径大且相互连通。无黏性土产生管涌必须具备两个条件：

① 几何条件。土中粗颗粒所构成的孔隙直径必须大于细颗粒的直径，这是必要条件。

② 水力条件。渗透力能够带动细颗粒在孔隙间滚动或移动是发生管涌的水力条件，可用管涌的水力梯度来表示。但管涌临界水力梯度的计算至今尚未成熟。对于重大工程，应尽量由试验确定。

（2）管涌的防治措施

防治管涌现象，一般可从下列两个方面采取措施：

① 改变几何条件，在渗流逸出部位铺设反滤层是防止管涌破坏的有效措施。

② 改变水力条件，降低水力梯度，如打板桩。

思考题与习题

2-1　什么是土的毛细性？什么是土的毛细现象？土的毛细现象对工程有什么影响？

2-2　何为达西定律？有什么特点？

2-3　什么是动水力？什么是临界水力梯度？

2-4　影响渗透系数的因素有哪些？

2-5　渗透破坏有哪些？如何防治？

2-6　某基坑在细砂层中开挖，经施工抽水，待水位稳定后，实测水位从初始水位 5.5m 降到 3.0m。渗流路径长 10m。根据场地勘察报告：细砂层饱和重度$\gamma_{sat} = 18.7\text{kN/m}^3$，$k = 4.5 \times 10^{-2}\text{mm/s}$。试求渗透水流的平均速度和渗流力，并判断是否会产生流砂现象。

第3章
地基中的应力

3.1 概述

土体在自重、建筑物荷载、交通荷载及其他因素（如渗流、波浪、潮汐、地震等）的作用下，均可产生应力变化。土中的应力变化必然会引起土体以及地基的变形，从而使建筑物或构筑物（如土坝、路堤或路基等）产生沉降、倾斜或者水平位移。当土体或地基的变形过大时，就会影响到建筑物或构筑物的正常使用；另一方面，当地基中应力过大时，还会导致建筑物地基发生剪切破坏，最终造成承载力不足或整体失稳。

地基中应力按其产生的原因可分为自重应力和附加应力两部分。土中自重应力是由土体本身自重引起的应力；土中附加应力是指土体受到外荷载作用而附加产生的应力增量，它是引起土体变形或地基沉降的主要原因。因此研究土的变形、强度及稳定性问题时，都必须掌握土中原有的应力状态及其变化，土中应力的分布规律和计算方法是土力学的基本内容之一。

地基中总应力按其作用原理和传递方式可分为有效应力和孔隙应力两种。有效应力是指土固体颗粒间所传递的粒间应力，它是决定土的强度和变形的控制性因素。土体中孔隙应力是指其中的气体和水所传递的应力，相应地被称作孔隙气压力和孔隙水压力。对于饱和土体而言，土体中总应力、有效应力和孔隙水压力之间的关系就是有效应力原理，它是现代土力学变形和强度计算的基础理论。

本章将介绍地基中自重应力、基底压力、基底附加压力和附加应力的计算及有效应力原理。

3.2 土中自重应力

由土体自身的重量而产生的应力叫自重应力。地面起伏土体的自重应力计算是相当复杂的，其中最简单和常用的是地基土的自重应力。土体中的自重应力包括竖直方向的自重应力 σ_{cz} 和水平方向的自重应力 σ_{cx}、σ_{cy}。

3.2.1 竖向自重应力

在计算土体中自重应力时，假设天然土体为水平均质各向同性半无限体，各土层分界面为水平面。土体在自重应力下只产生竖向变形，没有侧向位移及剪切变形，所以在任意竖直面和水平面上均无剪应力存在。自重应力等于单位面积上土体的重量。

3.2.1.1 均质土的自重应力

如图 3-1 所示，如果天然地面下土质均匀，土的天然重度为 γ(kN/m^3)，则在天然地面下任意深度 z(m)处 a—a 水平面上任意点的竖向自重应力 σ_{cz} (kPa)，可取作用于该水平面任一单位面积上的土柱体自重 $\gamma z\times 1$，计算如下：

$$\sigma_{cz}=\gamma z \tag{3-1}$$

式中 σ_{cz}——竖直方向的自重应力，kPa；

γ——土的天然重度，kN/m^3。

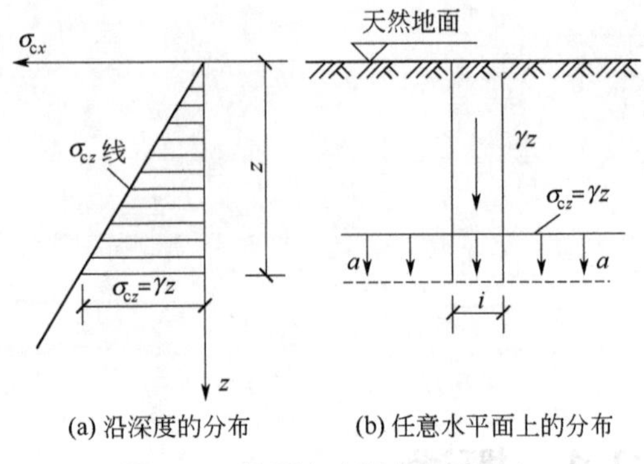

图 3-1 均质土中竖向自重应力

由式（3-1）可看出，σ_{cz} 沿水平面均匀分布，且随深度 z 按直线规律分布。

3.2.1.2 成层土的自重应力

在工程实际中，大部分都不是均质土层，而是由不同土层组成的。地基土往往是成层的，因而各层土具有不同的重度。如地下水位位于同一土层中，计算自重应力时，地下水位面也应作为分层的界面。如图 3-2 所示，天然地面以下任意深度处的自重应力等于 z 深度范围内各层土的土柱重量之和，即

$$\sigma_{cz}=\gamma_1 h_1+\gamma_2 h_2+\cdots=\sum_{i=1}^{n}\gamma_i h_i \tag{3-2}$$

式中 σ_{cz}——天然地面下任意深度 z 处的竖向有效自重应力，kPa；

n——深度 z 范围内的土层总数；

h_i——第 i 层土的厚度，m；

γ_i——第 i 层土的天然重度，对地下水位以下的土层取浮重度 γ_i'，kN/m^3。

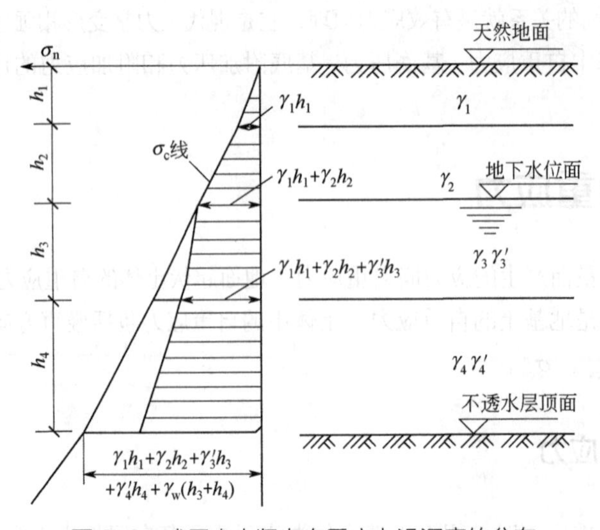

图 3-2 成层土中竖向自重应力沿深度的分布

对于有地下水的情况，仍可采用式（3-2）计算，但地下水位以下需要把天然重度换为有效重度（浮重度），即 $\gamma' = \gamma_{sat} - \gamma_w$，如图 3-3 所示。

当地下水位以下存在不透水层时，由于不透水层中不存在自由水，不能传递静水压力，所以上覆土层中水的重量只能由不透水层来承担，故在不透水层的界面上会出现应力突变，如图 3-4 所示。

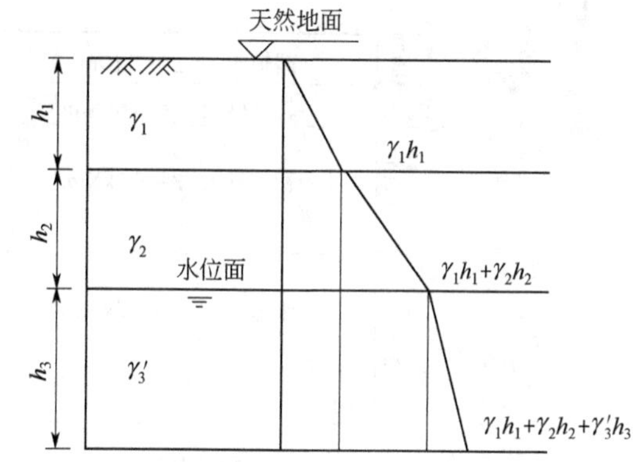

图 3-3　有地下水位时自重应力分布图

地下水位升降，使地基土中自重应力也相应发生变化。图 3-5（a）为地下水位下降的情况，如在软土地区，因大量抽取地下水，以致地下水位长期大幅度下降，使地基中有效自重应力增加，从而引起地面大面积沉降的严重后果。图 3-5（b）为地下水位长期上升的情况，如在人工抬高蓄水水位地区（如筑坝蓄水）或工业废水大量渗入地下的地区。水位上升会引起地基承载力的减小、湿陷性土的塌陷现象，必须引起注意。

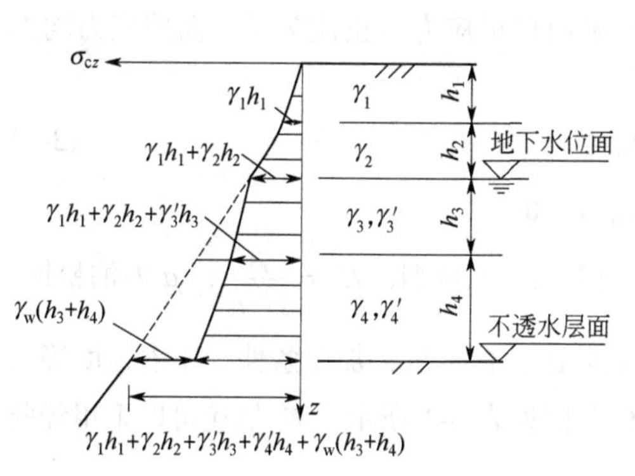

图 3-4　有不透水层时自重应力分布图

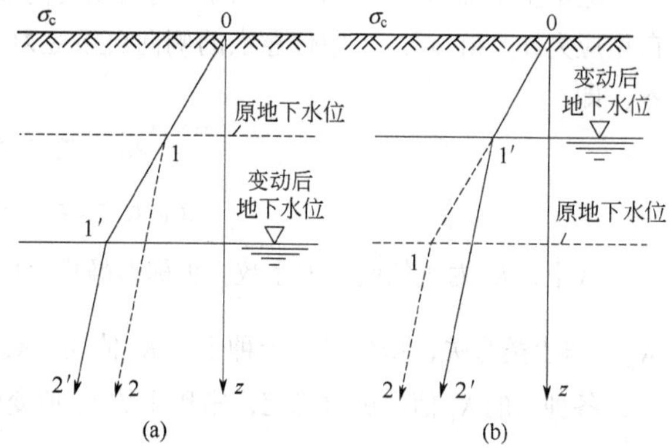

图 3-5　地下水位升降对土中自重应力的影响

0-1-2 线—原来自重应力的分布；
0-1′-2′ 线—地下水位变动后自重应力的分布

【例 3-1】 某地质剖面图如图 3-6（a）所示，地下水位在地面下 1.1m 处，试计算土层的自重应力并绘制自重应力沿深度的分布图。若细砂层底面是不透水的硬塑黏土层，其自重应力沿深度的分布图会有怎样的变化？

解：耕植土层底面处：$\sigma_{cz} = \gamma_1 h_1 = 17.0 \times 0.6 = 10.2\ (\text{kPa})$

地下水位处：$\sigma_{cz} = \gamma_1 h_1 + \gamma_2 h_2 = 10.2 + 18.6 \times 0.5 = 19.5\ (\text{kPa})$

粉质砂土底面处：$\sigma_{cz} = \gamma_1 h_1 + \gamma_2 h_2 + \gamma_2' h_3 = 19.5 + (19.7 - 10) \times 1.5 = 34.05 (\text{kPa})$

细砂层底面处：$\sigma_{cz} = \gamma_1 h_1 + \gamma_2 h_2 + \gamma_2' h_3 + \gamma_3 h_4 = 34.05 + (16.5 - 10) \times 2.0 = 47.05 (\text{kPa})$

若细砂层底面是不透水的硬塑黏土层，在其底面处还应该承担上覆水的重量，其水的重量 $\sigma_w = \gamma_w (h_3 + h_4) = 10 \times (1.5 + 2.0) = 35\ (\text{kPa})$，所以总应力为：$\sigma = \sigma_{cz} + \sigma_w = 47.05 + 35 = 82.05\ (\text{kPa})$。

其自重应力分布曲线如图 3-6（b）所示。

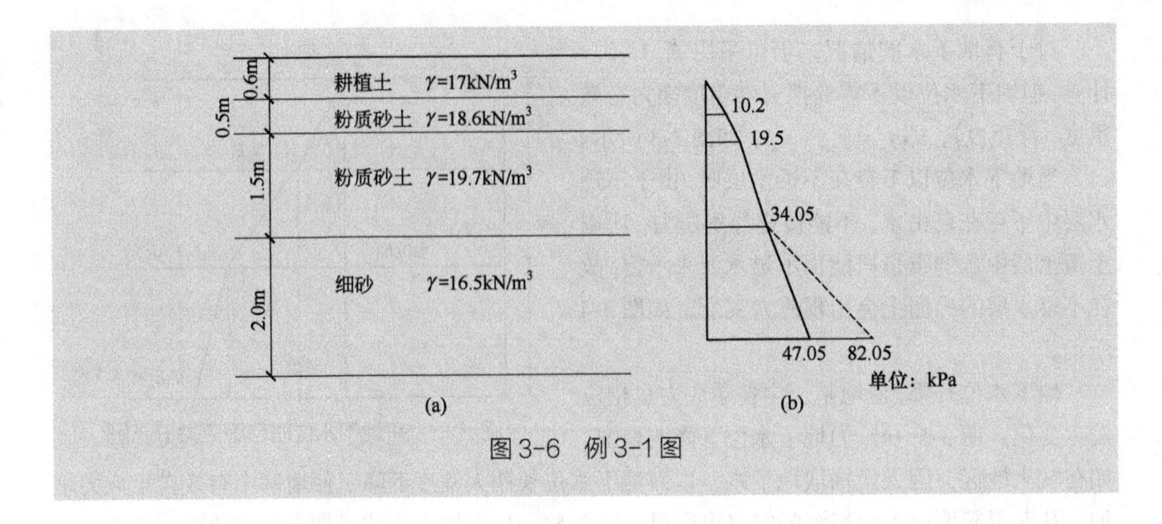

图3-6 例3-1图

3.2.2 水平向自重应力

地基土中除有作用于水平面的竖向自重应力 σ_{cz} 外，还有作用于竖直面的侧向（水平向）自重应力 σ_{cx} 和 σ_{cy}。土中任意点的侧向自重应力与竖向自重应力成正比关系，而剪应力均为零，即

$$\sigma_{cx}=\sigma_{cy}=K_0\sigma_{cz} \tag{3-3}$$

$$\tau_{xy}=\tau_{yx}=\tau_{yz}=\tau_{zy}=\tau_{zx}=\tau_{xz}=0$$

式中，K_0 为土的侧压力系数，也称为静止土压力系数，无量纲，$K_0=\dfrac{\mu}{1-\mu}$；μ 为泊松比。K_0 值与土类有关，即使是同一种土，K_0 值还与其孔隙比、含水量、加压条件、压缩程度等有关，各种土的 K_0 值由试验确定，常用土的 K_0 值变化范围如表 3-1 所示。K_0 值还可以采用经验公式计算。

$$K_0=1-\sin\varphi' \tag{3-4}$$

式中 φ'——土的有效内摩擦角，（°）。

表3-1 土的 K_0 和 μ 的参考值

土的类别	土的状态	K_0	μ
卵砾土		0.18～0.25	0.15～0.20
砾 土		0.25～0.33	0.20～0.25
粉 土		0.25	0.20
粉质黏土	坚硬	0.33	0.25
	可塑	0.43	0.30
	软塑或流塑	0.53	0.35
黏 土	坚硬	0.33	0.25
	可塑	0.54	0.35
	软塑或流塑	0.72	0.42

3.3　基底压力

基础是建筑物结构的地下部分，它将建筑物的荷载传递到地基上。作用在基底表面的各种分布荷载，都是通过建筑物的基础传到地基中的，称基础底面传递给地基表面的压力为基底压力。由于基底压力作用于基础与地基的接触面上，故也称基底接触压力，它既是基础作用于地基的基底压力，同时又是地基反作用于基础的基底反力。

基底压力既是计算地基中附加应力的外荷载，也是计算基础结构内力的外荷载，因此，在计算地基附加应力和基础内力时，都必须首先研究基底压力的分布规律和计算方法。

3.3.1　基底压力的分布

精确地确定基底压力的大小与分布形式是一个很复杂的问题，它涉及上部结构、基础、地基三者间的共同作用问题，试验和理论证明基底压力的大小不仅与基础的大小、形状、埋置深度、刚度以及基础所受荷载的大小和分布有关，还和地基土的性质等有关。所以，确定基底压力的大小是一个非常复杂的问题。

若基础的刚度较小，在荷载作用下没有抵抗弯曲变形的能力，所以基础和地基一起变形，基底压力的分布与作用在基底上的荷载分布相似，如图 3-7 所示。在中心荷载作用下，则基底压力为均匀分布。

若基础的刚度较大，如素混凝土基础，则基底压力会随着荷载大小和地基土的性质不同而变化。如果地基土为砂土，基础的埋置深度比较小，在荷载作用下由于基础周围土体的约束力很小，同时地基是砂土，基底边缘的砂粒很容易侧向挤出，塑性变形区随着荷载的增加迅速开展，基底压力分布趋于抛物线型，如图 3-8（a）所示。如果地基土为黏性土，基础埋置深度又比较大，在荷载作用下，基础周围土体的约束力较大，同时基础边缘的黏土颗粒具有较大的黏结力，可以承受一定的压力，所以随着荷载的增加，基底压力的分布趋于马鞍型，如图 3-8（b）所示。如果基础埋深很大，基底压力趋于均匀分布。

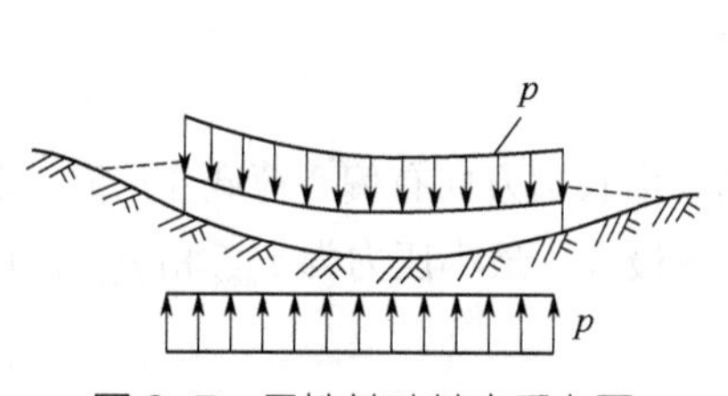

图 3-7　柔性基础基底反力图

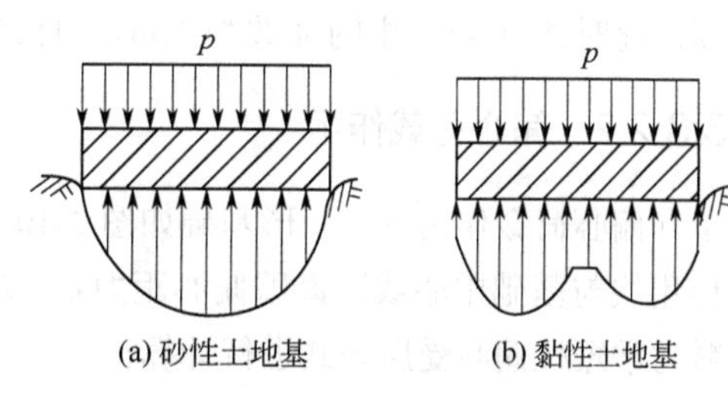

图 3-8　刚性基础基底反力图

在实际的工程中，大部分基础都有较大的刚度和一定的埋置深度，所以基底压力大部分都属于马鞍型分布，其发展趋于均匀分布，因此在实用计算中，可以近似地认为基底压力是按直线规律变化的。

3.3.2 基底压力的简化计算

3.3.2.1 中心荷载作用下的基底压力

中心荷载下的基础，其所受荷载的合力通过基底形心。基底压力假定为均匀分布（图 3-9），此时基底平均压力 p（kPa），按下式计算：

$$p=\frac{F+G}{A} \tag{3-5}$$

式中　p——基底压力，kPa；

F——上部结构传至基础顶面的垂直荷载，kN；

G——基础及其上回填土的总重力，kN，$G=\gamma_G Ad$，γ_G为基础及回填土的平均重度，一般取 20kN/m³，但地下水位以下部分应扣去浮力 10kN/m³，d 为基础埋深（m），必须从设计地面或室内外平均设计地面算起［图 3-9（b）］；

A——基础底面积，$A=lb$，其中 l 为矩形基础的长度，b 为矩形基础的宽度，m²。

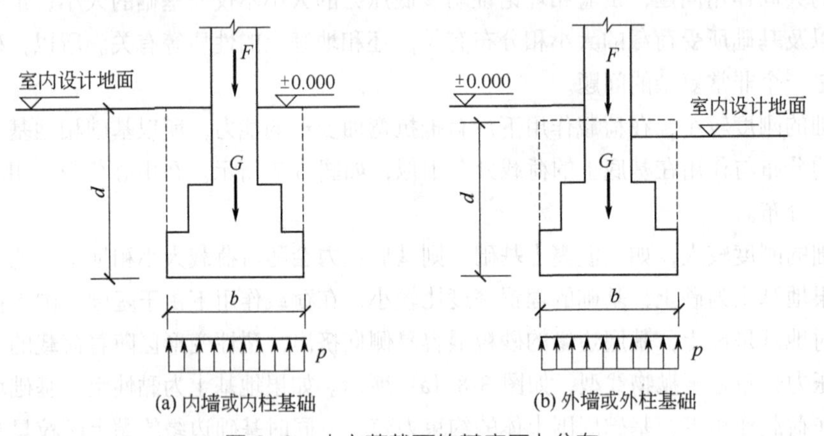

图 3-9　中心荷载下的基底压力分布

对于荷载均匀分布的条形基础，则沿长度方向截取一单位长度的截条进行基底平均压力 p 的计算，此时式（3-5）中的 A 改为 b(m)，而 F 及 G 则为基础截条内的相应值（kN/m）。

3.3.2.2 偏心荷载作用

单向偏心荷载作用下的矩形基础如图 3-10 所示。当在沿长边方向有偏心荷载作用时，设荷载的作用线与基础中心线距离即偏心距为 e，基底两边缘最大、最小压力为 p_{max} 和 p_{min}，可按照材料力学短柱偏心受压公式进行计算：

$$p_{\substack{max\\min}}=\frac{F+G}{A}\pm\frac{M}{W}=\frac{F+G}{A}\left(1\pm\frac{6e}{l}\right) \tag{3-6}$$

式中　p_{max}——基础最大边缘压力，kPa；

p_{min}——基础最小边缘压力，kPa；

e——荷载偏心距，$e=\dfrac{M}{F+G}$，m；

M——作用于基础底面的偏心矩，kN·m；

W——基础底面的抵抗矩，对于矩形基础 $W=\frac{1}{6}bl^2$，m³。

从式（3-6）中可以看出，随着偏心距 e 的不同，基底压力可以出现三种不同的情况：

（1）当偏心距 $e<\frac{l}{6}$ 时，$p_{min}>0$，基底压力呈梯形分布，如图 3-10（a）所示。

（2）当偏心距 $e=\frac{l}{6}$ 时，$p_{min}=0$，基底压力呈三角形分布，如图 3-10（b）所示。

（3）当偏心距 $e>\frac{l}{6}$ 时，$p_{min}<0$，也即出现了拉应力，如图 3-10（c）所示。

实际上地基和基础之间是不能承受拉应力的，此时基础底面和地基脱离，脱离部分也常称为“零应力区”，致使基底压力出现了应力重分布。根据偏心荷载与基底反力平衡的条件，得出基底三角形压力的合力（作用点为三角形的形心），必定与外荷载（$F+G$）大小相等、方向相反，由此得出边缘的最大压应力为：

$$p_{max}=\frac{2(F+G)}{3b(l/2-e)} \tag{3-7}$$

3.3.2.3 基底附加压力

在建筑物建造之前，地基中的自重应力已经存在，基底附加压力是指作用在基础底面的压力与基础底面处原有的自重应力之差，它是引起地基土附加应力及变形的直接因素。在工程实践中，一般浅基础总是置于天然地基下的一定深度处，该处原有土中存在竖向初始自重应力。由于基坑的开挖而卸载，在其上修建建筑物后，只有扣除基底标高处原有土体的自重应力后才是基底平面处新增加的荷载，也称为基底附加压力，可按下式计算（图 3-11）：

$$p_0=p-\sigma_{ch}=p-\gamma_m d \tag{3-8}$$

式中　σ_{ch}——基底处土的自重应力，kPa；

γ_m——基础底面标高以上天然土层的加权平均重度，其地下水位以下取有效重度；

d——从天然地面（不是新填地面或设计地面）算起的基础埋深。

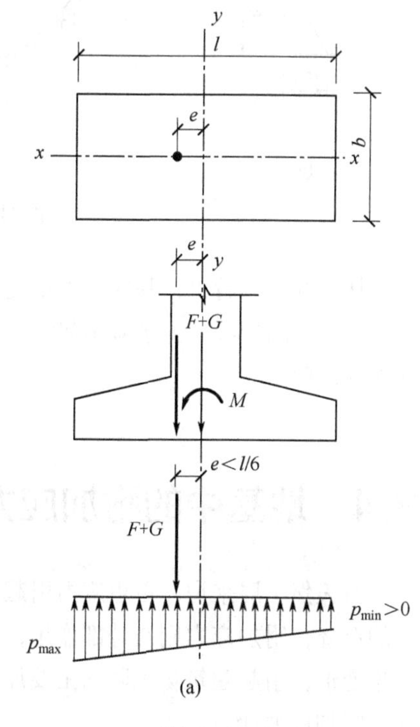

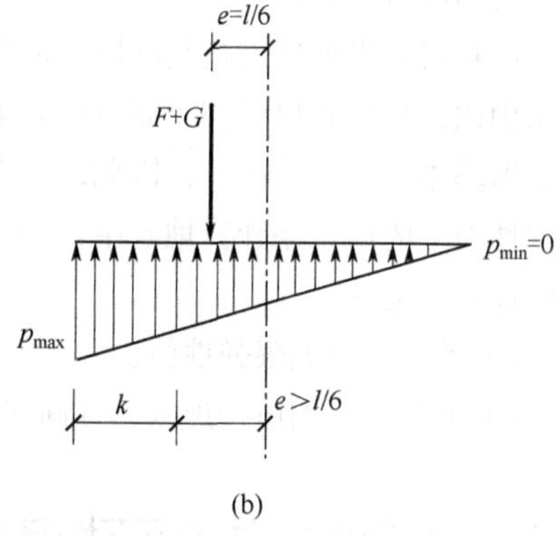

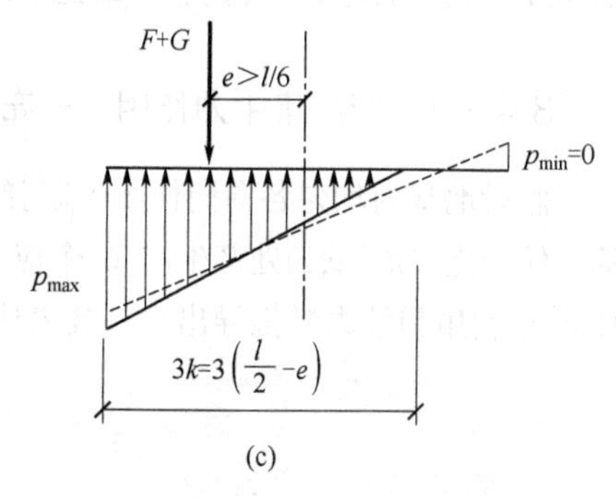

图 3-10　单向偏心荷载下的基底压力分布

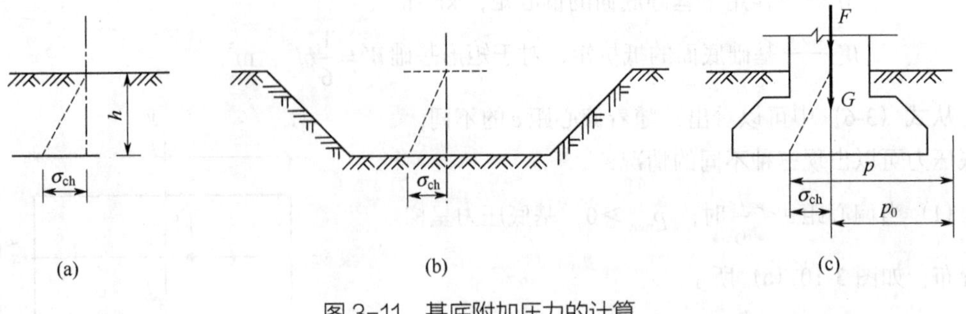

图 3-11 基底附加压力的计算

从上式可以看出，基底压力不变，埋深越大，基底附加应力就越小，在工程中如遇到地基承载力较小的情况，为了减小建筑物的沉降，可通过加大埋深来减小附加应力。补偿基础也是这样的道理。

3.4 地基中的附加应力

对天然土层来说，自重应力引起的压缩变形一般在其地质历史上早已完成，不会再引起地基的沉降，附加应力则是外部作用，例如修建建筑物以后在地基内新增加的应力，它是使地基发生变形，引起建筑物沉降的主要原因。本节将介绍地表上作用不同形式荷载时，在地基内引起的附加应力计算。

地基中的附加应力是基底以下地基中任何一点处由基底附加压力引起的应力。地基与基底面积相比，在基础以下的土体可视为半无限体。同时，实践表明，当外荷载不大时，地基受荷与变形基本上呈直线关系，因此，在理论上可把地基视为半无限的直线变形体，这样就可以应用弹性力学的理论来计算地基中任一点处的附加应力。所以目前附加应力的计算都是以下面两点假设为前提的：

① 地基是半无限弹性体；

② 地基土是均质、连续、各向同性的。

3.4.1 竖向集中力作用下地基中的附加应力计算

3.4.1.1 竖向集中力作用——布辛涅斯克解

假设地基为均匀各向同性半无限弹性体，在地表上作用一竖向集中力 P（见图 3-12），在地基中任一点 $M(x, y, z)$处产生的 6 个应力分量和 3 个位移分量首先由法国数学家布辛涅斯克于 1885 年利用弹性力学推导出来，其表达式分别如下：

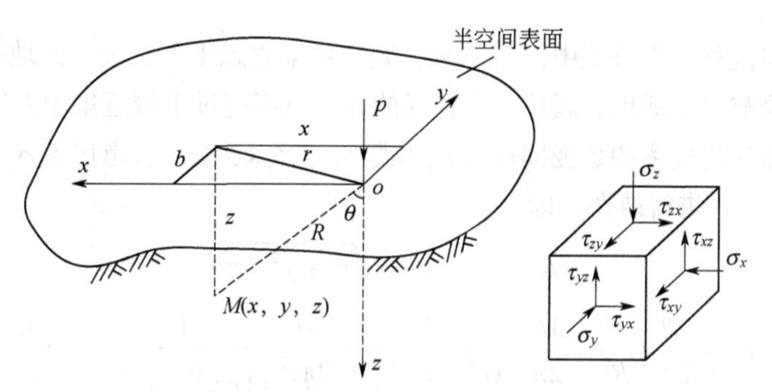

(a) 半空间中任意点 $M(x, y, z)$　　(b) M 点处的单元体

图 3-12　一个竖向集中力作用下所引起的应力

$$\sigma_x = \frac{3P}{2\pi}\left\{\frac{x^2 z}{R^5} + \frac{1-2\mu}{3}\left[\frac{R^2 - Rz - z^2}{R^3(R+z)} - \frac{x^2(2R+z)}{R^3(R+z)^2}\right]\right\} \tag{3-9a}$$

$$\sigma_y = \frac{3P}{2\pi}\left\{\frac{y^2 z}{R^5} + \frac{1-2\mu}{3}\left[\frac{R^2 - Rz - z^2}{R^3(R+z)} - \frac{y^2(2R+z)}{R^3(R+z)^2}\right]\right\} \tag{3-9b}$$

$$\sigma_z = \frac{3P}{2\pi} \times \frac{z^3}{R^5} = \frac{3P}{2\pi R^2}\cos^3\beta \tag{3-9c}$$

$$\tau_{xy} = \tau_{yx} = \frac{3P}{2\pi}\left[\frac{xyz}{R^5} - \frac{1-3\mu}{3} \times \frac{xy(2R+z)}{R^3(R+z)^2}\right] \tag{3-10a}$$

$$\tau_{yz} = \tau_{zy} = \frac{3P}{2\pi} \times \frac{yz^2}{R^5} = \frac{3Py}{2\pi R^3}\cos^2\beta \tag{3-10b}$$

$$\tau_{zx} = \tau_{xz} = \frac{3P}{2\pi} \times \frac{xz^2}{R^5} = \frac{3Px}{2\pi R^3}\cos^2\beta \tag{3-10c}$$

$$u = \frac{P(1+\mu)}{2\pi E}\left[\frac{xz}{R^3} - (1-2\mu)\frac{x}{R(R+z)}\right] \tag{3-11a}$$

$$v = \frac{P(1+\mu)}{2\pi E}\left[\frac{yz}{R^3} - (1-2\mu)\frac{y}{R(R+z)}\right] \tag{3-11b}$$

$$w = \frac{P(1+\mu)}{2\pi E}\left[\frac{z^3}{R^3} + 2(1-\mu)\frac{1}{R}\right] \tag{3-11c}$$

式中 σ_x、σ_y、σ_z——M 点平行于 x，y，z 轴的正应力，kPa；

τ_{xy}、τ_{yz}、τ_{zx}——M 点单元体上的剪应力，kPa；

u, v, w——M 点沿 x，y，z 轴的位移，m；

R——集中力作用点至 M 点的距离，$R = \sqrt{x^2 + y^2 + z^2} = \sqrt{r^2 + z^2} = \dfrac{z}{\cos\theta}$；

θ——R 线与 z 轴的夹角，(°)；

r——集中力作用点与 M 点的水平距离，m；

E——土的弹性模量，MPa；

μ——土的泊松比。

在上述应力与位移计算公式中，若 R=0，则其结果将趋于无穷大，即地基土已发生了塑性变形，按弹性理论解已不适用。因此，所选择的计算点不应过于接近集中力的作用点。

在工程实践中应用最多的是竖向应力 σ_z 及竖向位移 w，下面着重讨论 σ_z 的计算。为了应用方便，可对式（3-9c）进行改造，即

$$R=\sqrt{r^2+z^2}=\sqrt{x^2+y^2+z^2}$$

$$\sigma_z=\frac{3P}{2\pi}\times\frac{z^3}{R^5}=\frac{3P}{2\pi}\times\frac{z^3}{(r^2+z^2)^{5/2}}=\frac{3P}{2\pi z^2}\frac{1}{\left[(r/z)^2+1\right]^{5/2}}=\alpha\frac{P}{z^2} \tag{3-12}$$

其中

$$\alpha=\frac{3}{2\pi}\times\frac{1}{\left[(r/z)^2+1\right]^{5/2}}$$

α 称为集中力作用下的地基竖向应力系数，是 r/z 的函数，由表 3-2 查取。

表 3-2 集中荷载下竖向附加应力系数 α

$\frac{r}{z}$	α	$\frac{r}{z}$	α	$\frac{r}{z}$	α	$\frac{r}{z}$	α	$\frac{r}{z}$	α
0.00	0.4775	0.40	0.3294	0.80	0.1386	1.20	0.0513	1.60	0.0200
0.01	0.4773	0.41	0.3238	0.81	0.1353	1.21	0.0501	1.61	0.0195
0.02	0.4770	0.42	0.3183	0.82	0.1320	1.22	0.0489	1.62	0.0191
0.03	0.4764	0.43	0.3124	0.83	0.1288	1.23	0.0477	1.63	0.0187
0.04	0.4756	0.44	0.3068	0.84	0.1257	1.24	0.0466	1.64	0.0183
0.05	0.4745	0.45	0.3011	0.85	0.1226	1.25	0.0454	1.65	0.0179
0.06	0.4732	0.46	0.2955	0.86	0.1196	1.26	0.0443	1.66	0.0175
0.07	0.4717	0.47	0.2899	0.87	0.1166	1.27	0.0433	1.67	0.0171
0.08	0.4699	0.48	0.2843	0.88	0.1138	1.28	0.0422	1.68	0.0167
0.09	0.4679	0.49	0.2788	0.89	0.1110	1.29	0.0412	1.69	0.0163
0.10	0.4657	0.50	0.2733	0.90	0.1083	1.30	0.0402	1.70	0.0160
0.11	0.4633	0.51	0.2679	0.91	0.1057	1.31	0.0393	1.72	0.0153
0.12	0.4607	0.52	0.2625	0.92	0.1031	1.32	0.0384	1.74	0.0147
0.13	0.4579	0.53	0.2571	0.93	0.1005	1.33	0.0374	1.76	0.0141
0.14	0.4548	0.54	0.2518	0.94	0.0981	1.34	0.0365	1.78	0.0135
0.15	0.4516	0.55	0.2466	0.95	0.0956	1.35	0.0357	1.80	0.0129
0.16	0.4482	0.56	0.2414	0.96	0.0933	1.36	0.0348	1.82	0.0124
0.17	0.4446	0.57	0.2363	0.97	0.0910	1.37	0.0340	1.84	0.0119
0.18	0.4409	0.58	0.2313	0.98	0.0887	1.38	0.0332	1.86	0.0114
0.19	0.4370	0.59	0.2263	0.99	0.0865	1.39	0.0324	1.88	0.0109
0.20	0.4329	0.60	0.2214	1.00	0.0844	1.40	0.0317	1.90	0.0105

续表

$\frac{r}{z}$	α	$\frac{r}{z}$	α	$\frac{r}{z}$	α	$\frac{r}{z}$	α	$\frac{r}{z}$	α
0.21	0.4286	0.61	0.2165	1.01	0.0823	1.41	0.0309	1.92	0.0101
0.22	0.4242	0.62	0.2117	1.02	0.0803	1.42	0.0302	1.94	0.0097
0.23	0.4197	0.63	0.2070	1.03	0.0783	1.43	0.0295	1.96	0.0093
0.24	0.4151	0.64	0.2024	1.04	0.0764	1.44	0.0288	1.98	0.0089
0.25	0.4103	0.65	0.1998	1.05	0.0744	1.45	0.0282	2.00	0.0085
0.26	0.4054	0.66	0.1934	1.06	0.0727	1.46	0.0275	2.10	0.0070
0.27	0.4004	0.67	0.1889	1.07	0.0709	1.47	0.0269	2.20	0.0058
0.28	0.3954	0.68	0.1846	1.08	0.0691	1.48	0.0263	2.30	0.0048
0.29	0.3902	0.69	0.1804	1.09	0.0674	1.49	0.0257	2.40	0.0040
0.30	0.3849	0.70	0.1762	1.10	0.0658	1.50	0.0251	2.50	0.0034
0.31	0.3796	0.71	0.1721	1.11	0.0641	1.51	0.0245	2.60	0.0029
0.32	0.3742	0.72	0.1681	1.12	0.0626	1.52	0.0240	2.70	0.0024
0.33	0.3687	0.73	0.1641	1.13	0.0610	1.53	0.0234	2.80	0.0021
0.34	0.3632	0.74	0.1603	1.14	0.0595	1.54	0.0229	2.90	0.0017
0.35	0.3577	0.75	0.1565	1.15	0.0581	1.55	0.0224	3.00	0.0015
0.36	0.3521	0.76	0.1527	1.16	0.0567	1.56	0.0219	3.50	0.0007
0.37	0.3465	0.77	0.1491	1.17	0.0553	1.57	0.0214	4.00	0.0004
0.38	0.3408	0.78	0.1455	1.18	0.0359	1.58	0.0209	4.50	0.0002
0.39	0.3351	0.79	0.1420	1.19	0.0526	1.59	0.0204	5.00	0.0001

3.4.1.2　σ_z的分布规律

① 在竖向集中荷载作用线上（即$r=0$），当$z=0$时，$\sigma_z=\infty$，表明地基土已发生塑性变形，弹性理论解已经不适用，所以布辛涅斯克解所选的计算点不应过于接近集中荷载的作用点；$z=\infty$时，$\sigma_z=0$，说明随着深度的增加，附加应力减小，如图3-13所示。

② 在任意水平面上，σ_z值在集中荷载作用线上最大，随着r的增加而逐渐减小，随着z的增加，水平面上的应力σ_z趋于均匀分布，如图3-14所示。

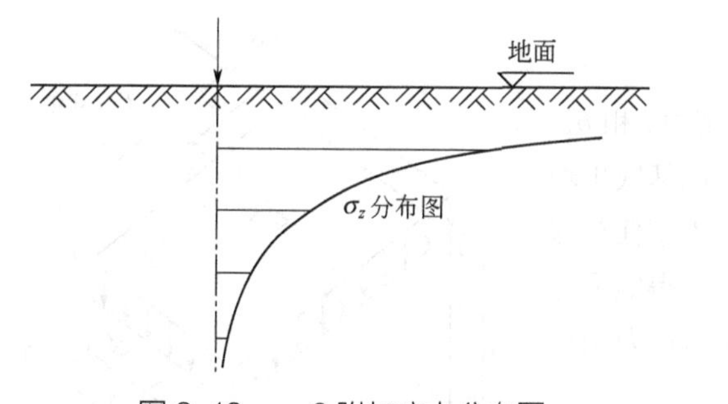

图3-13　r=0附加应力分布图

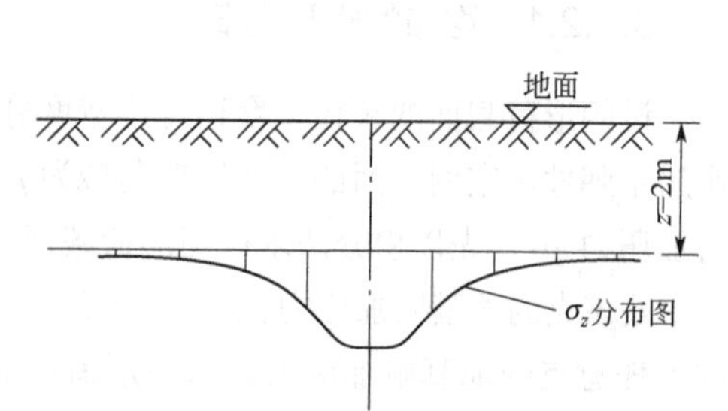

图3-14　同一深度处附加应力分布图

③ 若在空间上，把σ_z相同的点相连，便可绘制出如图3-15所示的等应力线图，也称为应力泡。

通过上述对附加应力σ_z分布规律的讨论，可以建立起土中应力分布的正确概念：集中荷载P在地基中引起的附加应力σ_z的分布是向下、向四周无限扩散的，其特性与杆件中应力的传递完全不一样。

若干个竖向集中力 p_i（i=1, 2, ⋯, n）作用在地基表面上，可按等代荷载法，即按叠加原理，则地面下 z 深度处某点 M 的附加应力 σ_z 应为各集中力单独作用时在 M 点所引起的附加应力总和，即

$$\sigma_z = \sum_{i=1}^{n} \alpha_i \frac{p_i}{z^2} = \frac{1}{z^2} \sum_{i=1}^{n} \alpha_i p_i \tag{3-13}$$

式中，α_i 为第 i 个集中应力系数，在计算中 r_i 是第 i 个集中荷载作用点到 M 点的水平距离。

当局部荷载的平面形状或分布情况不规则时，可将荷载面（或基础底面）分成若干个形状规则（如矩形）的单元面积（图 3-16），每个单元面积上的分布荷载近似地以作用在单元面积形心上的集中力来代替，这样就可以利用式（3-13）求算地基中某点 M 的附加应力。由于集中力作用点附近的 σ_z 为无限大，所以这种方法不适用于过于靠近荷载面的计算点。它的计算精确度取决于单元面积的大小。一般当矩形单元面积的长边小于面积形心到计算点的距离的 1/2、1/3 或 1/4 时，所算得附加应力的误差分别不大于 6%、3%或 2%。

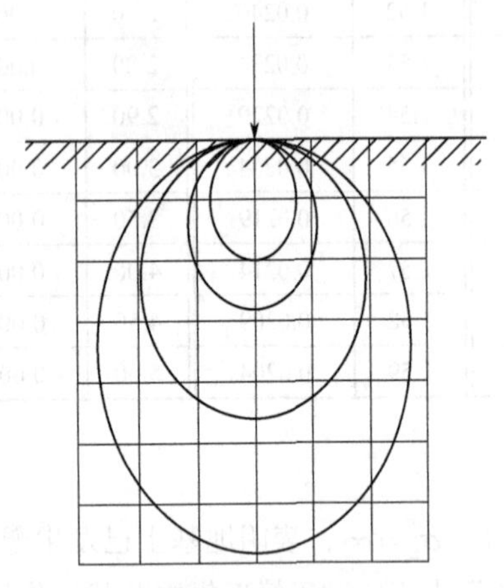

图 3-15　等应力线图（应力泡）

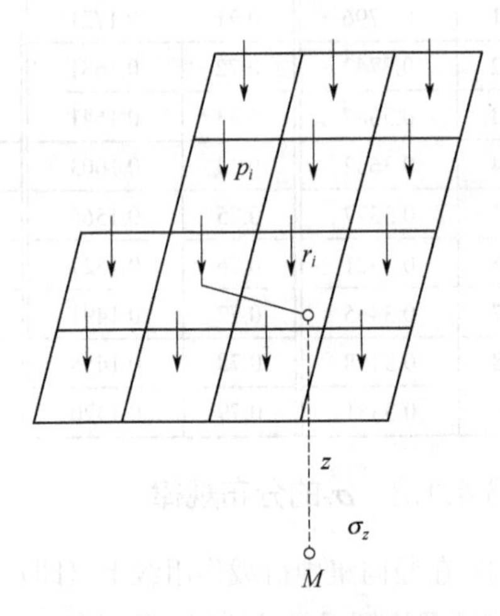

图 3-16　以等代荷载法计算 σ_z

3.4.2　矩形荷载和圆形荷载作用时的地基附加应力

3.4.2.1　均布的矩形荷载

设矩形荷载面的长边宽度和短边宽度分别为 l 和 b，作用于弹性半空间表面的竖向均布荷载为 p（或基底平均附加压力 p）。先以积分法求得矩形荷载面角点下任意深度 z 处该点的地基附加应力，然后运用角点法求得矩形荷载下任意点的地基附加应力。以矩形荷载面角点为坐标原点 O（图 3-17）。

在荷载面内坐标为（x, y）处取一微单元面积 dxdy，并将其上的均布荷载以集中力 pdxdy 来代替，则在角点 O 下任意深度 z 的 M 点处由该集中力引起的竖向附加应力 dσ_z，按式（3-9c）为

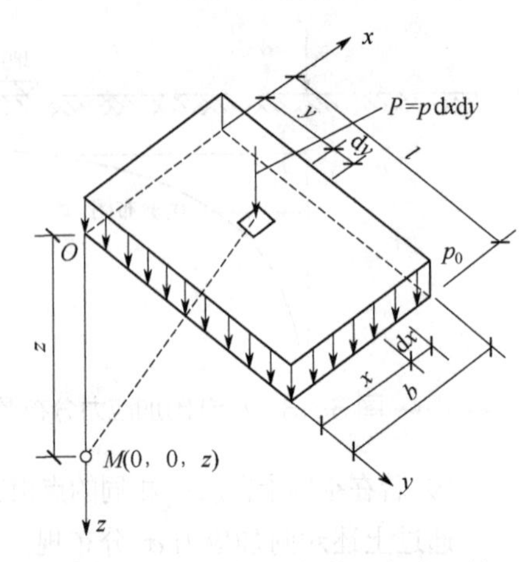

图 3-17　均布矩形荷载面角点下的附加应力 σ_z

$$d\sigma_z = \frac{3dP}{2\pi} \times \frac{z^3}{R^5} = \frac{3p_0}{2\pi} \times \frac{z^3}{(x^2+y^2+z^2)^{5/2}} dxdy \tag{3-14}$$

将式（3-14）沿整个矩形面积积分，即可得出矩形面积上均布矩形荷载 p_0 在 M 点引起的附加应力 σ_z：

$$\begin{aligned} \sigma_z &= \int_0^l \int_0^b \frac{3p_0}{2\pi} \times \frac{z^3}{(x^2+y^2+z^2)^{5/2}} dxdy \\ &= \frac{p_0}{2\pi}\left[\arctan\frac{m}{n\sqrt{1+m^2+n^2}} + \frac{mn}{\sqrt{1+m^2+n^2}}\left(\frac{1}{m^2+n^2}+\frac{1}{1+n^2}\right)\right] \end{aligned} \tag{3-15}$$

式中，$m=\dfrac{l}{b}$；$n=\dfrac{z}{b}$。其中，l 为矩形的长边；b 为矩形的短边。

为了计算方便，可将式（3-15）简写成

$$\sigma_z = \alpha_c p_0 \tag{3-16}$$

式中，α_c 为矩形面积受竖直向均布荷载角点下的附加应力系数，α_c 是 l/b、z/b 的函数，可从表 3-3 中查得。

表 3-3　矩形面积受竖直均布荷载作用时角点下的应力系数 α_c

z/b	l/b											
	1.0	1.2	1.4	1.6	1.8	2.0	3.0	4.0	5.0	6.0	10.0	条形
0.0	0.250	0.250	0.250	0.250	0.250	0.250	0.250	0.250	0.250	0.250	0.250	0.250
0.2	0.249	0.249	0.249	0.249	0.249	0.249	0.249	0.249	0.249	0.249	0.249	0.249
0.4	0.240	0.242	0.243	0.243	0.244	0.244	0.244	0.244	0.244	0.244	0.244	0.244
0.6	0.223	0.228	0.230	0.232	0.232	0.233	0.234	0.234	0.234	0.234	0.234	0.234
0.8	0.200	0.207	0.212	0.215	0.216	0.218	0.220	0.220	0.220	0.220	0.220	0.220
1.0	0.175	0.185	0.191	0.195	0.198	0.200	0.203	0.204	0.204	0.204	0.205	0.205
1.2	0.152	0.163	0.171	0.176	0.179	0.182	0.187	0.188	0.189	0.189	0.189	0.189
1.4	0.131	0.142	0.151	0.157	0.161	0.164	0.171	0.173	0.174	0.174	0.174	0.174
1.6	0.112	0.124	0.133	0.140	0.145	0.148	0.157	0.159	0.160	0.160	0.160	0.160
1.8	0.097	0.108	0.177	0.124	0.129	0.133	0.143	0.146	0.147	0.148	0.148	0.148
2.0	0.084	0.095	0.103	0.110	0.116	0.120	0.131	0.135	0.136	0.137	0.137	0.137
2.2	0.073	0.083	0.092	0.098	0.104	0.108	0.121	0.125	0.126	0.127	0.128	0.128
2.4	0.064	0.073	0.081	0.088	0.093	0.098	0.111	0.116	0.118	0.118	0.119	0.119
2.6	0.057	0.065	0.072	0.079	0.084	0.089	0.102	0.107	0.110	0.111	0.112	0.112
2.8	0.050	0.058	0.065	0.071	0.076	0.080	0.094	0.100	0.102	0.104	0.105	0.105
3.0	0.045	0.052	0.058	0.064	0.069	0.073	0.087	0.093	0.096	0.097	0.099	0.099
3.2	0.040	0.047	0.053	0.058	0.063	0.067	0.081	0.087	0.090	0.092	0.093	0.094
3.4	0.036	0.042	0.048	0.053	0.057	0.061	0.075	0.081	0.085	0.086	0.088	0.089
3.6	0.033	0.038	0.043	0.048	0.052	0.056	0.069	0.076	0.080	0.082	0.084	0.084
3.8	0.030	0.035	0.040	0.044	0.048	0.052	0.065	0.072	0.075	0.077	0.080	0.080
4.0	0.027	0.032	0.036	0.040	0.044	0.048	0.060	0.067	0.071	0.073	0.076	0.076

续表

z/b	l/b											
	1.0	1.2	1.4	1.6	1.8	2.0	3.0	4.0	5.0	6.0	10.0	条形
4.2	0.025	0.029	0.033	0.037	0.041	0.044	0.056	0.063	0.067	0.070	0.072	0.073
4.4	0.023	0.027	0.031	0.034	0.038	0.041	0.053	0.060	0.064	0.066	0.069	0.070
4.6	0.021	0.025	0.028	0.032	0.035	0.038	0.049	0.056	0.061	0.063	0.066	0.067
4.8	0.019	0.023	0.026	0.029	0.032	0.035	0.046	0.053	0.058	0.060	0.064	0.064
5.0	0.018	0.021	0.024	0.027	0.030	0.033	0.043	0.050	0.055	0.057	0.061	0.062
6.0	0.013	0.015	0.017	0.020	0.022	0.024	0.033	0.039	0.043	0.046	0.051	0.052
7.0	0.009	0.011	0.013	0.015	0.016	0.018	0.025	0.031	0.035	0.038	0.043	0.045
8.0	0.007	0.009	0.010	0.011	0.013	0.014	0.020	0.025	0.028	0.031	0.037	0.039
9.0	0.006	0.007	0.008	0.009	0.010	0.011	0.016	0.020	0.024	0.026	0.032	0.035
10.0	0.005	0.006	0.007	0.007	0.008	0.009	0.013	0.017	0.020	0.022	0.028	0.032
12.0	0.003	0.004	0.005	0.005	0.006	0.006	0.009	0.012	0.014	0.017	0.022	0.026
14.0	0.002	0.003	0.003	0.004	0.004	0.005	0.007	0.009	0.011	0.013	0.018	0.023
16.0	0.002	0.002	0.003	0.003	0.003	0.004	0.005	0.007	0.009	0.010	0.014	0.020
18.0	0.001	0.002	0.002	0.002	0.003	0.003	0.004	0.006	0.007	0.008	0.012	0.018
20.0	0.001	0.001	0.002	0.002	0.002	0.002	0.004	0.005	0.006	0.007	0.010	0.016
25.0	0.001	0.001	0.001	0.001	0.001	0.002	0.002	0.003	0.004	0.004	0.007	0.013
30.0	0.001	0.001	0.001	0.001	0.001	0.001	0.002	0.002	0.003	0.002	0.005	0.011
35.0	0.000	0.000	0.001	0.001	0.001	0.001	0.001	0.002	0.002	0.002	0.004	0.009
40.0	0.000	0.000	0.000	0.000	0.001	0.001	0.001	0.001	0.001	0.002	0.003	0.008

注：l——基础长度，m；b——基础宽度，m；z——计算点离基础底面垂直距离，m。

对于均布矩形荷载附加应力计算点不在角点下的情况，就可利用式（3-19）以角点法求得。图 3-18 中列出计算点不在矩形荷载面角点下的四种情况（在图中 o 点以下任意深度 z 处）。计算时，通过 o 点把荷载面分成若干个矩形面积，这样，o 点就必然是划分出的各个矩形的公共角点，然后再按式（3-19）计算每个矩形角点下同一深度 z 处的附加应力 σ_z，并求其代数和。四种情况的算式分别如下：

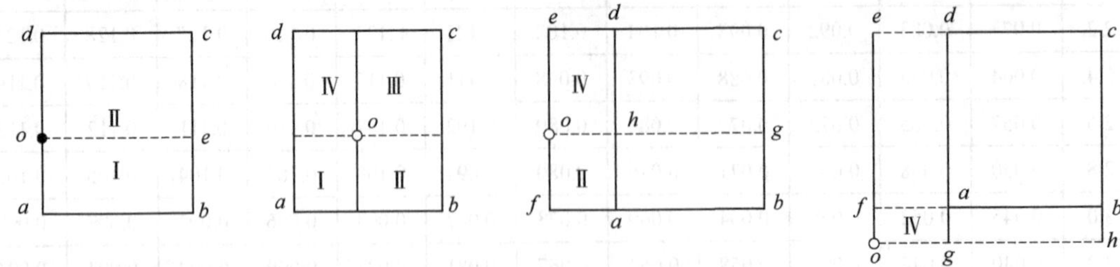

图 3-18　以角点法计算均布矩形荷载下的地基附加应力

① o 点在荷载面边缘［图 3-18（a）］

$$\sigma_z = \left(\alpha_{c\,\mathrm{I}} + \alpha_{c\,\mathrm{II}}\right) p$$

式中　$\alpha_{c\text{I}}$、$\alpha_{c\text{II}}$——分别表示相应于面积Ⅰ和Ⅱ的角点应力系数。

必须指出，查表3-3时所取用的 l 应为一个矩形荷载面的长边宽度，而 b 则为短边宽度，以下情况相同，不再赘述。

② o 点在荷载面内［图3-18（b）］

$$\sigma_z=\left(\alpha_{c\text{I}}+\alpha_{c\text{II}}+\alpha_{c\text{III}}+\alpha_{c\text{IV}}\right)p$$

如果 o 点位于荷载面中心，则 $\alpha_{c\text{I}}=\alpha_{c\text{II}}=\alpha_{c\text{III}}=\alpha_{c\text{IV}}$，得 $\sigma_z=4\alpha_{c\text{I}}p$，即利用角点法求均布的矩形荷载面中心点下 σ_z 的解。

③ o 点在荷载面边缘外侧［图3-18（c）］，此时荷载面 $abcd$ 可看成是由Ⅰ（$ofbg$）与Ⅱ（$ofah$）之差和Ⅲ（$oecg$）与Ⅳ（$oedh$）之差合成的，所以

$$\sigma_z=\left(\alpha_{c\text{I}}-\alpha_{c\text{II}}+\alpha_{c\text{III}}-\alpha_{c\text{IV}}\right)p$$

④ o 点在荷载面角点外侧［图3-18（d）］，把荷载面看成是由Ⅰ（$ohce$）、Ⅳ（$ogaf$）两个面积中扣除Ⅱ（$ohbf$）和Ⅲ（$ogde$）而成的，所以

$$\sigma_z=\left(\alpha_{c\text{I}}-\alpha_{c\text{II}}-\alpha_{c\text{III}}+\alpha_{c\text{IV}}\right)p$$

必须注意，在应用角点法计算每一块矩形面积时，b 恒为短边，l 恒为长边。

【例3-2】有一均布荷载 p=100kN/m²，荷载面积为2m×1m，如图3-19所示，求荷载面积上角点 A、边上一点 E、中心点 O 以及荷载面积外 F 点和 G 点等各点下 z=1m深度处的附加应力，并利用计算结果说明附加应力的扩散规律。

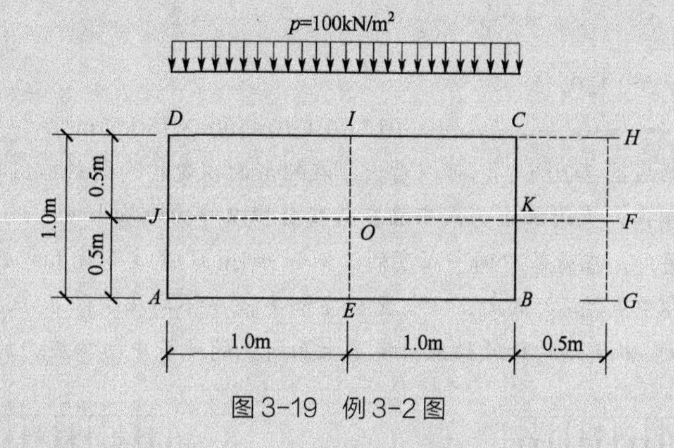

图3-19　例3-2图

解：（1）A 点下的附加应力

A 点是矩形 $ABCD$ 的角点，且 $m=l/b=2/1=2$；$n=z/b=1$，查表3-3得 α_c=0.200，故

$$\sigma_{zA}=\alpha_c p=0.2\times100=20(\text{kN/m}^2)$$

（2）E 点下的附加应力

通过 E 点将矩形荷载面积划分为两个相等的矩形 $EADI$ 和 $EBCI$。求 $EADI$ 的角点应力系数 α_c：

$$m=\frac{l}{b}=\frac{1}{1}=1;\quad n=\frac{z}{b}=\frac{1}{1}=1$$

查表3-3得 α_c=0.175，故 $\sigma_{zE}=2\alpha_c p=2\times0.175\times100=35(\text{kN/m}^2)$

（3）O 点下的附加应力

通过 O 点将原矩形分为4个相等的矩形 $OEAJ$，$OJDI$，$OICK$ 和 $OKBE$。求 $OEAJ$ 角点的

附加应力系数α_c：

$$m=\frac{l}{b}=\frac{1}{0.5}=2\text{；}\quad n=\frac{z}{b}=\frac{1}{0.5}=2\text{；}$$

查表 3-3 得α_c=0.120，故 $\sigma_{zO}=4\alpha_c p=4\times0.120\times100=48(\text{kN/m}^2)$

（4）F点下附加应力

过F点作矩形$FGAJ$，$FJDH$，$FGBK$和$FKCH$。假设α_{cI}为矩形$FGAJ$和$FJDH$的角点附加应力系数；α_{cII}为矩形$FGBK$和$FKCH$的角点附加应力系数。

求α_{cI}：
$$m=\frac{l}{b}=\frac{2.5}{0.5}=5;\quad n=\frac{z}{b}=\frac{1}{0.5}=2$$

查表 3-3 得α_{cI}=0.136。

求α_{cII}：
$$m=\frac{l}{b}=\frac{0.5}{0.5}=1\text{；}\quad n=\frac{z}{b}=\frac{1}{0.5}=2$$

查表 3-3 得α_{cII}=0.084。

故
$$\sigma_{zF}=2(\alpha_{cI}-\alpha_{cII})p_0=2\times(0.136-0.084)\times100=10.4(\text{kN/m}^2)$$

（5）G点下附加应力

通过G点作矩形$GADH$和$GBCH$，分别求出它们的角点附加应力系数α_{cI}和α_{cII}。

求α_{cI}：
$$m=\frac{l}{b}=\frac{2.5}{1}=2.5\text{；}\quad n=\frac{z}{b}=\frac{1}{1}=1$$

查表 3-3 得α_{cI}=0.2015。

求α_{cII}：
$$m=\frac{l}{b}=\frac{1}{0.5}=2\text{；}\quad n=\frac{z}{b}=\frac{1}{0.5}=2$$

查表 3-2 得α_{cII}=0.120。

故
$$\sigma_{zG}=(\alpha_{cI}-\alpha_{cII})p_0=(0.2015-0.120)\times100=8.15(\text{kN/m}^2)$$

将计算结果绘成图 3-20（a），可以看出，在矩形面积受均布荷载作用时，不仅在受荷面积垂直下方的范围内产生附加应力，而且在荷载面积以外的地基土中（F、G点下方）也会产生附加应力。另外，在地基中同一深度处（例如z=1m），离受荷面积中线愈远的点，其σ_z值愈小，矩形面积中点处σ_{zO}最大。将中点O下和F点下不同深度的σ_z求出并绘成曲线，如图 3-20（b）所示。本例题的计算结果证实了上面所述的地基中附加应力的扩散规律。

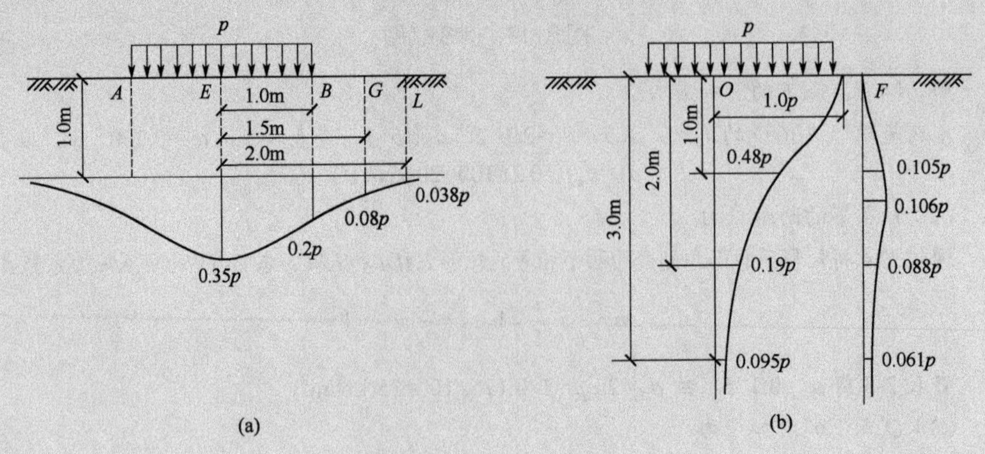

图 3-20　例 3-2 计算结果

3.4.2.2　三角形分布的矩形荷载

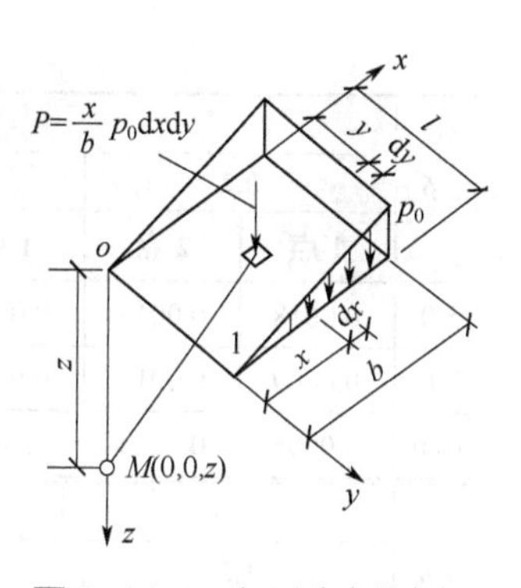

图 3-21　三角形分布的矩形荷载面角点下的 σ_z

设弹性半空间表面作用的竖向荷载沿矩形面积一边 b 方向上呈三角形分布（沿另一边 l 的荷载分布不变），荷载的最大值为 p，取荷载零值边的角点 1 为坐标原点（图 3-21），则可将荷载面内某点（x，y）处所取微单元面积 $\mathrm{d}x\mathrm{d}y$ 上的分布荷载以集中力 $P=\frac{x}{b}p_0\mathrm{d}x\mathrm{d}y$ 代替。

角点 1 下深度 z 处的 M 点由该集中力引起的附加应力 $\mathrm{d}\sigma_z$，按式（3-9c）为：

$$\mathrm{d}\sigma_z=\frac{3}{2\pi}\times\frac{pxz^3}{b\left(x^2+y^2+z^2\right)^{5/2}}\mathrm{d}x\mathrm{d}y \tag{3-17}$$

在整个矩形荷载面积进行积分后得角点 1 下任意深度 z 处竖向附加应力 σ_z：

$$\sigma_z=\alpha_{t1}p \tag{3-18}$$

$$\alpha_{t1}=\frac{mn}{2\pi}\left[\frac{1}{\sqrt{m^2+n^2}}-\frac{n^2}{(1+n^2)\sqrt{m^2+n^2+1}}\right]$$

同理，还可求得荷载最大值边的角点 2 下任意深度 z 处的竖向附加应用力 σ_z 为：

$$\sigma_z=\alpha_{t2}p=(\alpha_c-\alpha_{t1})p \tag{3-19}$$

α_{t1} 和 α_{t2} 均为 $m=l/b$ 和 $n=z/b$ 的函数，可由表 3-4 查用。必须注意，b 是沿三角形分布荷载方向的边长。

表 3-4　矩形面积三角形分布荷载下相应的附加应力系数 α_t

z/b	l/b									
	0.2		0.4		0.6		0.8		1.0	
	1 点	2 点	1 点	2 点	1 点	2 点	1 点	2 点	1 点	2 点
0.0	0.0000	0.2500	0.0000	0.2500	0.0000	0.2500	0.0000	0.2500	0.0000	0.2500
0.2	0.0223	0.1821	0.0280	0.2115	0.0296	0.2165	0.0301	0.2178	0.0304	0.2182
0.4	0.0269	0.1094	0.0420	0.1604	0.0487	0.1781	0.0517	0.1844	0.0531	0.1870
0.6	0.0259	0.0700	0.0448	0.1165	0.0560	0.1405	0.0621	0.1520	0.0654	0.1575
0.8	0.0232	0.0480	0.0421	0.0853	0.0553	0.1093	0.0637	0.1232	0.0688	0.1311
1.0	0.0201	0.0346	0.0375	0.0638	0.0508	0.0805	0.0602	0.0996	0.0666	0.1086
1.2	0.0171	0.0260	0.0324	0.0491	0.0450	0.0673	0.0546	0.0807	0.0615	0.0901
1.4	0.0145	0.0202	0.0278	0.0386	0.0392	0.0540	0.0483	0.0661	0.0554	0.0751
1.6	0.0123	0.0160	0.0238	0.0310	0.0339	0.0440	0.0424	0.0547	0.0492	0.0628
1.8	0.0105	0.0130	0.0204	0.0254	0.0294	0.0363	0.0371	0.0457	0.0435	0.0534
2.0	0.0090	0.0108	0.0176	0.0211	0.0255	0.0304	0.0324	0.0387	0.0384	0.0456
2.5	0.0063	0.0072	0.0125	0.0140	0.0183	0.0205	0.0236	0.0265	0.0284	0.0318
3.0	0.0046	0.0051	0.0092	0.0100	0.0135	0.0148	0.0176	0.0192	0.0214	0.0233

续表

z/b	l/b 0.2 1点	0.2 2点	0.4 1点	0.4 2点	0.6 1点	0.6 2点	0.8 1点	0.8 2点	1.0 1点	1.0 2点
5.0	0.0018	0.0019	0.0036	0.0038	0.0054	0.0056	0.0071	0.0074	0.0088	0.0091
7.0	0.0009	0.0010	0.0019	0.0019	0.0028	0.0029	0.0038	0.0038	0.0047	0.0047
10.0	0.0005	0.0004	0.0009	0.0010	0.0014	0.0014	0.0019	0.0019	0.0023	0.0024

z/b	l/b 1.2 1点	1.2 2点	1.4 1点	1.4 2点	1.6 1点	1.6 2点	1.8 1点	1.8 2点	2.0 1点	2.0 2点
0.0	0.0000	0.2500	0.0000	0.2500	0.0000	0.2500	0.0000	0.2500	0.0000	0.2500
0.2	0.0305	0.2184	0.0305	0.2185	0.0306	0.2185	0.0306	0.2185	0.0306	0.2185
0.4	0.0539	0.1881	0.0543	0.1886	0.0545	0.1889	0.0546	0.1891	0.0547	0.1892
0.6	0.0673	0.1602	0.0684	0.1616	0.0690	0.1625	0.0694	0.1630	0.0696	0.1633
0.8	0.0720	0.1355	0.0739	0.1381	0.0751	0.1396	0.0759	0.1405	0.0764	0.1412
1.0	0.0708	0.1143	0.0735	0.1176	0.0753	0.1202	0.0766	0.1215	0.0774	0.1225
1.2	0.0664	0.0962	0.0698	0.1007	0.0721	0.1037	0.0738	0.1055	0.0749	0.1069
1.4	0.0606	0.0817	0.0644	0.0864	0.0672	0.0897	0.0692	0.0921	0.0707	0.0937
1.6	0.0545	0.0696	0.0586	0.0743	0.0616	0.0780	0.0639	0.0806	0.0656	0.0826
1.8	0.0487	0.0596	0.0528	0.0644	0.0560	0.0681	0.0585	0.0709	0.0604	0.0730
2.0	0.0434	0.0513	0.0474	0.0560	0.0507	0.0596	0.0533	0.0625	0.0553	0.0649
2.5	0.0326	0.0365	0.0362	0.0405	0.0393	0.0440	0.0419	0.0469	0.0440	0.0491
3.0	0.0249	0.0270	0.0280	0.0303	0.0307	0.0333	0.0331	0.0359	0.0352	0.0380
5.0	0.0104	0.0108	0.0120	0.0123	0.0135	0.0139	0.0148	0.0154	0.0161	0.0167
7.0	0.0056	0.0056	0.0064	0.0066	0.0073	0.0074	0.0081	0.0083	0.0089	0.0091
10.0	0.0028	0.0028	0.0033	0.0032	0.0037	0.0037	0.0041	0.0042	0.0046	0.0046

z/b	l/b 3.0 1点	3.0 2点	4.0 1点	4.0 2点	6.0 1点	6.0 2点	8.0 1点	8.0 2点	10.0 1点	10.0 2点
0.0	0.0000	0.2500	0.0000	0.2500	0.0000	0.2500	0.0000	0.2500	0.0000	0.2500
0.2	0.0306	0.2186	0.0306	0.2186	0.0306	0.2186	0.0306	0.2186	0.0306	0.2186
0.4	0.0548	0.1894	0.0549	0.1894	0.0549	0.1894	0.0549	0.1894	0.0549	0.1894
0.6	0.0701	0.1638	0.0702	0.1639	0.0702	0.1640	0.0702	0.1640	0.0702	0.1640
0.8	0.0773	0.1423	0.0776	0.1424	0.0776	0.1426	0.0776	0.1426	0.0776	0.1426
1.0	0.0790	0.1244	0.0794	0.1248	0.0795	0.1250	0.0796	0.1250	0.0796	0.1250
1.2	0.0774	0.1096	0.0779	0.1103	0.0782	0.1105	0.0783	0.1105	0.0783	0.1105
1.4	0.0739	0.0973	0.0748	0.0986	0.0752	0.0986	0.0752	0.0987	0.0753	0.0987
1.6	0.0697	0.0870	0.0708	0.0882	0.0714	0.0887	0.0715	0.0888	0.0715	0.0889
1.8	0.0652	0.0782	0.0666	0.0797	0.0673	0.0805	0.0675	0.0806	0.0675	0.0808

续表

z/b	l/b									
	3.0		4.0		6.0		8.0		10.0	
	1 点	2 点	1 点	2 点	1 点	2 点	1 点	2 点	1 点	2 点
2.0	0.0607	0.0707	0.0624	0.0726	0.0634	0.0734	0.0636	0.0736	0.0636	0.0738
2.5	0.0504	0.0559	0.0529	0.0585	0.0543	0.0601	0.0547	0.0604	0.0548	0.0605
3.0	0.0419	0.0451	0.0449	0.0482	0.0469	0.0504	0.0474	0.0509	0.0476	0.0511
5.0	0.0214	0.0221	0.0248	0.0256	0.0253	0.0290	0.0296	0.0303	0.0301	0.0309
7.0	0.0124	0.0126	0.0152	0.0154	0.0186	0.0190	0.0204	0.0207	0.0212	0.0216
10.0	0.0066	0.0066	0.0084	0.0083	0.0111	0.0111	0.0123	0.0130	0.0139	0.0141

3.4.2.3　均布的圆形荷载

设圆形荷载面积的半径为 r_0，作用于弹性半空间表面的竖向均布荷载为 p，如以圆形荷载面的中心点为坐标原点 O（图 3-22），并在荷载面积上取微面积 $\mathrm{d}A=r\mathrm{d}\theta\mathrm{d}r$，以集中力 $p\mathrm{d}A$ 代替微面积上的分布荷载，则可运用式（3-9c）以积分法求得均布圆形荷载中点下任意深度 z 处 M 点的 σ_z 如下：

$$\sigma_z=\iint_A \mathrm{d}\sigma_z=\frac{3pz^3}{2\pi}\int_0^{2\pi}\int_0^{r_0}\frac{r\mathrm{d}\theta\mathrm{d}r}{\left(r^2+z^2\right)^{5/2}}=p\left[1-\frac{z^3}{\left(r_0^2+z^2\right)^{3/2}}\right]$$

$$=p\left[1-\frac{z^3}{\left(\dfrac{1}{z^2/r_0^2}+1\right)^{3/2}}\right]=\alpha_r p \tag{3-20}$$

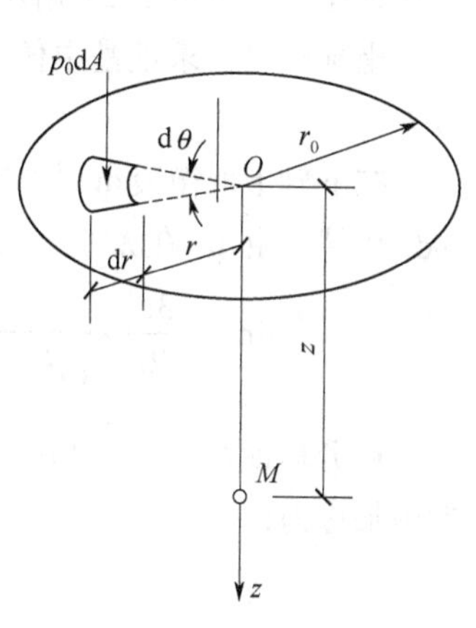

图 3-22　均布圆形荷载面中点下的 σ_z

式中　α_r——均布的圆形荷载面中心点下的附加应力系数，由表 3-5 查得。

表 3-5　均布的圆形荷载面中点下的附加应力系数 α_r

z/r_0	α_r	z/r_0	α_r	z/r_0	α_r	z/r_0	α_r	z/r_0	α_r	z/r_0	α_r
0.0	1.000	0.8	0.756	1.6	0.390	2.4	0.213	3.2	0.130	4.0	0.087
0.1	0.999	0.9	0.701	1.7	0.360	2.5	0.200	3.3	0.124	4.2	0.079
0.2	0.992	1.0	0.647	1.8	0.332	2.6	0.187	3.4	0.117	4.4	0.073
0.3	0.976	1.1	0.595	1.9	0.307	2.7	0.175	3.5	0.111	4.6	0.067
0.4	0.949	1.2	0.547	2.0	0.285	2.8	0.165	3.6	0.106	4.8	0.062
0.5	0.911	1.3	0.502	2.1	0.264	2.9	0.155	3.7	0.101	5.0	0.057
0.6	0.864	1.4	0.461	2.2	0.245	3.0	0.146	3.8	0.096	6.0	0.040
0.7	0.811	1.5	0.424	2.3	0.229	3.1	0.138	3.9	0.091	10.0	0.015

3.4.3　线荷载和条形荷载作用时的地基附加应力

设在弹性半空间表面上作用有无限长的条形荷载，且荷载沿宽度可按任何形式分布，但沿长度方向则不变，此时地基中产生的应力状态属于平面应变问题。如荷载面为条形，其宽度有限而长度很大。当其受到沿长度相同的分布荷载时，在土中垂直于长度方向的某截面上，附加应力的分布规律和其他任一平行截面的相同，就称为平面问题。因此，只要计算出一个截面上的附加应力分布，就可代表其他平行截面的了。

在实际工程中，条形荷载不可能无限长，但当荷载面积的长宽比$l/b \geqslant 10$时，计算的附加应力与按$l/b=\infty$时的解极为接近。因此，实践中常把墙基、路基、坝基、挡土墙基础等视为平面问题计算。

3.4.3.1 均布线荷载作用下

线荷载是在弹性半空间表面上一条无限长直线上的均布荷载。如图 3-23 所示，设一竖向线荷载p作用在y坐标轴上，求地基中任一点M处由p引起的附加应力。

在y轴上取微段$\mathrm{d}y$上的分布荷载以集中荷载$\mathrm{d}F=p\mathrm{d}y$代替，由$\mathrm{d}F$在M点所引起的竖向附加应力为：

$$\mathrm{d}\sigma_z=\frac{3z^3}{2\pi}\times\frac{p}{\left(x^2+y^2+z^2\right)^{5/2}}\mathrm{d}y \tag{3-21}$$

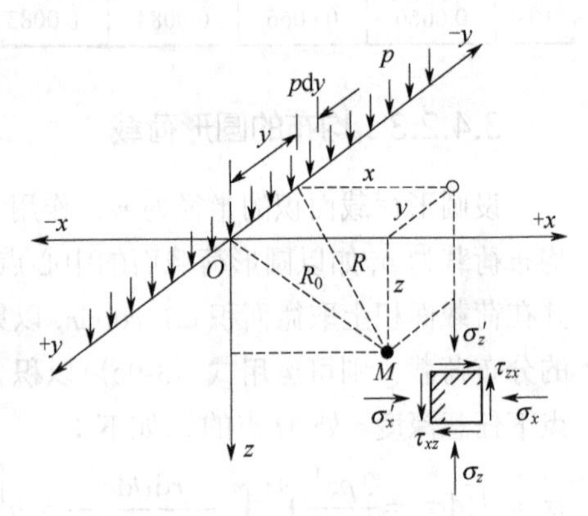

图 3-23 竖直线荷载作用下的应力状态

积分后即可得到地基中任一点M处由p引起的竖向附加应力：

$$\sigma_z=\frac{3z^3}{2\pi}\int_{-\infty}^{+\infty}\frac{p\mathrm{d}y}{\left(x^2+y^2+z^2\right)^{5/2}}=\frac{2pz^3}{\pi R_0^4} \tag{3-22}$$

同理可得：

$$\sigma_x=\frac{2px^2z}{\pi R_0^4} \tag{3-23}$$

$$\tau_{xz}=\frac{2pxz^2}{\pi R_0^4} \tag{3-24}$$

此计算方法是 1892 年由费拉曼（Flamant）提出的，其解称为费拉曼解。

3.4.3.2 条形基础均布荷载作用下

在实际工程中，线荷载很少见到，经常碰到有限宽度的条形基础的情况，如图 3-24 所示。在均布条形荷载p作用下宽度为b的基础上，求地基中任一点M处由p引起的竖向附加应力。

在x轴上取微段$\mathrm{d}\xi$上的分布荷载以集中荷载$\mathrm{d}F=p\mathrm{d}\xi$代替，由$\mathrm{d}F$在$M$点所引起的竖向附加应力为：

$$\mathrm{d}\sigma_z=\frac{2z^3}{\pi}\times\frac{\mathrm{d}p}{R_0^4}=\frac{2z^3}{\pi}\times\frac{p}{R_0^4}\mathrm{d}\xi \tag{3-25}$$

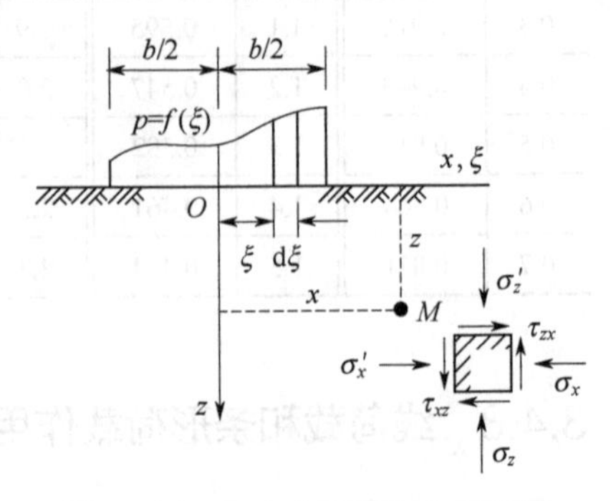

图 3-24 均布条形荷载作用下的应力状态

积分后即可得到地基中任一点M处由均布条形荷载p

引起的竖向附加应力：

$$\sigma_z = \int_{-\frac{b}{2}}^{\frac{b}{2}} \frac{2z^3}{\pi} \times \frac{p}{R_0^4} \mathrm{d}\xi = \alpha_z^{\mathrm{s}} p_0 \tag{3-26}$$

$$\alpha_z^{\mathrm{s}} = \alpha_z^{\mathrm{s}}\left(x/b, z/b\right)$$

式中 α_z^{s}条形荷载作用下地基附加应力系数，查表3-6得。

表3-6 条形基础均布荷载作用下地基中的附加应力系数 α_z^{s}

m=x/b	n=z/b										
	0.01	0.1	0.2	0.4	0.6	0.8	1.0	1.2	1.4	2.0	3.0
0	0.500	0.499	0.498	0.489	0.468	0.440	0.409	0.375	0.348	0.275	0.198
0.25	0.999	0.988	0.936	0.797	0.679	0.586	0.511	0.450	0.401	0.298	0.206
0.50	0.999	0.997	0.978	0.881	0.756	0.642	0.549	0.478	0.420	0.306	0.208
0.75	0.999	0.988	0.936	0.797	0.679	0.586	0.511	0.450	0.401	0.298	0.206
1.00	0.500	0.499	0.498	0.489	0.468	0.440	0.409	0.375	0.348	0.275	0.198
1.25	0.000	0.001	0.091	0.174	0.243	0.276	0.288	0.281	0.279	0.242	0.186
1.50	0.000	0.002	0.011	0.056	0.111	0.155	0.186	0.202	0.210	0.205	0.055
−0.25	−0.00	−0.011	−0.091	−0.174	−0.243	−0.276	−0.288	−0.287	−0.279	−0.242	−0.186
−0.50	0.000	−0.002	−0.011	−0.056	−0.111	−0.155	−0.186	−0.202	−0.210	−0.205	−0.071

【例3-3】某条形基础底面宽度$b=1.4\mathrm{m}$，作用于基底的平均附加应力$p_0=200\mathrm{kPa}$，要求确定：（1）均布条形荷载中点o下的地基附加应力σ_z；（2）深度$z=1.4\mathrm{m}$和2.8m处水平面上的σ_z分布；（3）在均布条形荷载边缘以外1.4m处o_1点下的σ_z分布。

解：（1）计算σ_z时选用z/b=0.5、1、1.5、2、3、4各项的α_z^{s}，反算出深度z=0.7m、1.4m、2.1m、2.8m、4.2m、5.6m处的σ_z值，参见式（3-26），计算结果列于表3-7中，并绘制出分布规律，如图3-25所示。

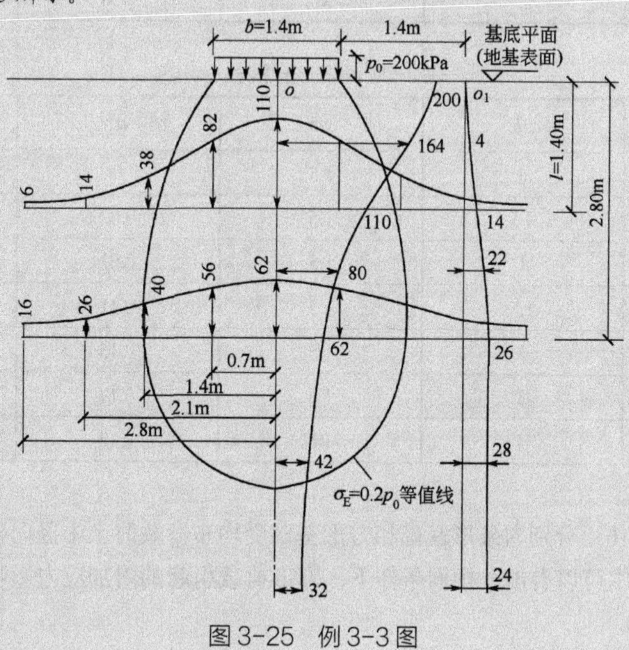

图3-25 例3-3图

（2）和（3）的计算结果列于表3-8、表3-9中，分布规律如图3-26所示。

表3-7 例3-3计算表（a）

x/b	z/b	z/m	α_z^s	$\sigma_z(=\alpha_z^s p_0)$/kPa
0	0	0	1.00	200
0	0.5	0.7	0.82	164
0	1	1.4	0.55	110
0	1.5	2.1	0.40	80
0	2	2.8	0.31	62
0	3	4.2	0.21	42
0	4	5.6	0.16	32

表3-8 例3-3计算表（b）

z/m	z/b	x/b	α_z^s	$\sigma_z(=\alpha_z^s p_0)$/kPa
1.4	1	0	0.55	110
1.4	1	0.5	0.41	82
1.4	1	1	0.19	38
1.4	1	1.5	0.07	14
1.4	1	2	0.03	6
2.8	2	0	0.31	62
2.8	2	0.5	0.28	56
2.8	2	1	0.20	40
2.8	2	1.5	0.13	26
2.8	2	2	0.08	16

表3-9 例3-3计算表（c）

z/m	z/b	x/b	α_z^s	$\sigma_z(=\alpha_z^s p_0)$/kPa
0	0	1.5	0	0
0.7	0.5	1.5	0.02	4
1.4	1	1.5	0.07	14
2.1	1.5	1.5	0.11	22
2.8	2	1.5	0.13	26
4.2	3	1.5	0.14	28
5.6	4	1.5	0.12	24

图3-26（a）、（b）分别为条形基础和方形基础受均布荷载时土中竖向附加应力的等值线图（即应力泡）。从图中可以看出，相同条件下，方形荷载引起的附加应力影响深度要比条形荷载小得多。

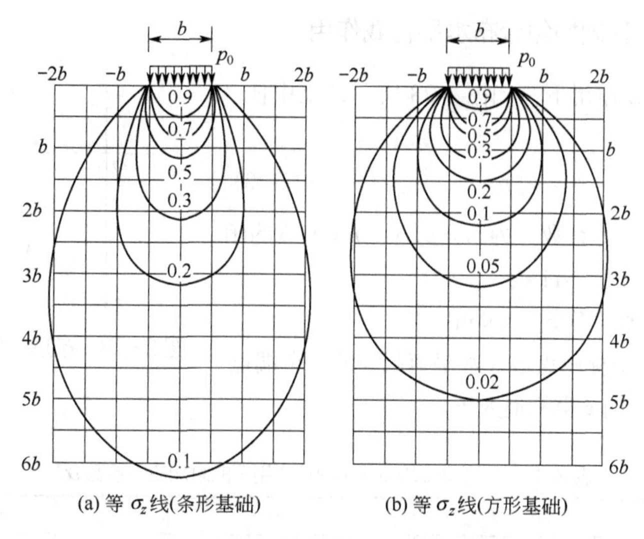

图 3-26　地基中附加应力等值线图

3.4.3.3　条形基础三角形荷载作用下

如图 3-27 所示，当条形荷载沿作用面积宽度方向呈三角形分布，且沿长度方向不变时，可以按照上述均布条形荷载的推导方法，解得地基中任意点 M 的附加应力，计算公式为：

$$\sigma_z^s=\frac{p}{\pi}\left[n\left(\arctan\frac{n}{m}-\arctan\frac{n-1}{m}\right)-\frac{m(n-1)}{(n-1)^2+m^2}\right]=\alpha_t^s p \quad (3\text{-}27)$$

式中　n——从计算点到荷载强度零点的水平距离 x 与荷载宽度 b 的比值，$n=x/b$；

m——计算点的深度 z 与荷载宽度 b 的比值，$m=z/b$；

α_t^s——三角形分布荷载下的附加应力系数，查表 3-10 得。

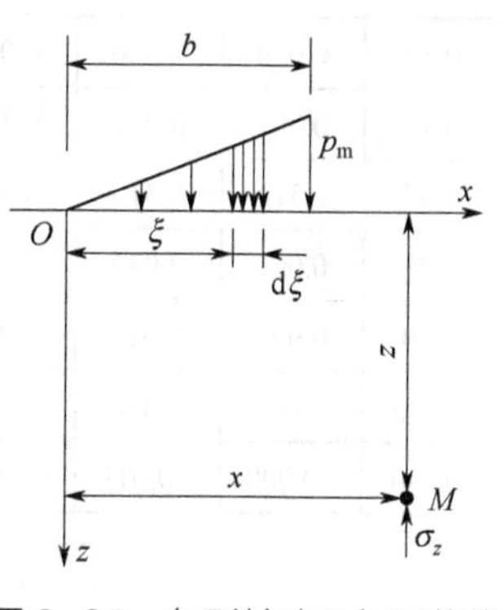

图 3-27　条形基础三角形荷载

表 3-10　条形基础三角形分布荷载下的附加应力系数 α_t^s

m=x/b	n=z/b										
	0.01	0.1	0.2	0.4	0.6	0.8	1.0	1.2	1.4	2.0	3.0
0	0.003	0.032	0.061	0.110	0.140	0.155	0.159	0.154	0.151	0.127	0.096
0.25	0.249	0.251	0.255	0.263	0.258	0.243	0.224	0.204	0.186	0.143	0.101
0.50	0.500	0.498	0.489	0.441	0.378	0.321	0.275	0.239	0.210	0.153	0.104
0.75	0.750	0.737	0.682	0.534	0.421	0.343	0.286	0.246	0.215	0.155	0.105
1.00	0.497	0.468	0.437	0.379	0.328	0.285	0.250	0.221	0.198	0.147	0.102
1.25	0.000	0.010	0.050	0.137	0.177	0.188	0.184	0.176	0.165	0.134	0.098
0.50	0.000	0.002	0.009	0.043	0.080	0.106	0.121	0.126	0.127	0.115	0.091
−0.25	0.000	0.002	0.009	0.036	0.066	0.089	0.104	0.111	0.114	0.108	0.088
−0.50	0.000	0.000	0.002	0.013	0.031	0.049	0.064	0.075	0.083	0.089	0.080

3.4.3.4 条形基础均匀分布水平荷载作用下

在均匀水平荷载作用下，如图3-28所示，土中任一点的附加应力为

$$\sigma_z = \alpha_h^s p_h \tag{3-28}$$

式中 α_h^s——附加应力系数，为$m = z/b$，$n = x/b$的函数，查表3-11得；

p_h——均布水平荷载，kN/m²。

需要注意的是，坐标原点取在水平荷载面的一个端点，顺水平荷载作用方向的x坐标值为正。

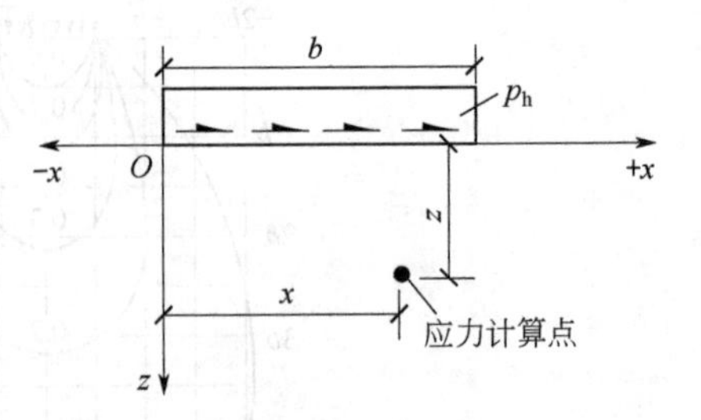

图3-28 条形基础均匀分布水平荷载

表3-11 条形基础均布水平荷载作用下的附加应力系数α_h^s

m=x/b	n=z/b										
	0.01	**0.1**	**0.2**	**0.4**	**0.6**	**0.8**	**1.0**	**1.2**	**1.4**	**2.0**	**3.0**
0	−0.318	−0.315	−0.306	−0.274	−0.234	−0.164	−0.159	−0.131	−0.108	−0.064	−0.032
0.25	−0.001	−0.039	−0.103	−0.159	−0.147	−0.121	−0.096	−0.078	−0.061	−0.034	−0.017
0.50	0.000	0.000	0.000	0.000	0.000	0.000	0.000	0.000	0.000	0.000	0.000
0.75	0.001	0.039	0.103	0.159	0.147	0.121	0.096	0.078	0.061	0.034	0.017
1.00	0.318	0.315	0.306	0.274	0.234	0.194	0.159	0.131	0.108	0.064	0.032
1.25	0.001	0.042	0.116	0.199	0.212	0.197	0.175	0.153	0.132	0.085	0.045
1.50	0.000	0.011	0.038	0.103	0.144	0.158	0.157	0.147	0.133	0.096	0.055
−0.25	−0.01	−0.042	−0.116	−0.199	−0.212	−0.197	−0.175	−0.153	−0.132	−0.085	−0.045
−0.50	−0.000	−0.011	−0.038	−0.103	−0.144	−0.158	−0.157	−0.147	−0.134	−0.096	−0.055

3.5 有效应力原理

计算土中应力的目的是研究土体受力后的变形和强度问题，但是土的体积变化和强度大小并不是直接决定于土体所受的全部应力，这是因为土是一种由三相物质构成的碎散材料，受力后存在着外力如何由这三相物质分担，它们之间如何传递与相互转化，以及它们和材料的变形与强度有什么关系等问题。太沙基在1923年发现并研究了这些问题，提出了土力学中最重要的饱和土体的有效应力原理和固结理论（详见第4章），可以说，有效应力原理的提出和应用阐明了多孔碎散颗粒材料与连续固体材料在应力-应变关系上的重大区别，是使土力学成为一门独立学科的重要标志。

3.5.1 饱和土中的两种应力

由于土体是由土颗粒构成的分散体系，土颗粒组成了土的骨架，土颗粒所包围的空间形成土的孔隙。所以土中任意截面积都包含土粒截面积和土中孔隙截面积。研究土体的受力就必须

考虑这两部分的应力分担问题。

如图 3-29 所示，当土体上施加应力 σ 时，通过土粒接触点传递的应力为 σ_s，其中土粒接触面积之和为 A_s。通过土中孔隙传递的应力称为孔隙应力，习惯上称为孔隙压力，包括孔隙气压力 u_a 和孔隙水压力 u，其中水的面积为 A_w，气体的面积为 A_a，由力的平衡条件可得：

$$\sigma A = \sigma_s A_s + uA_w + u_a A_a \tag{3-29}$$

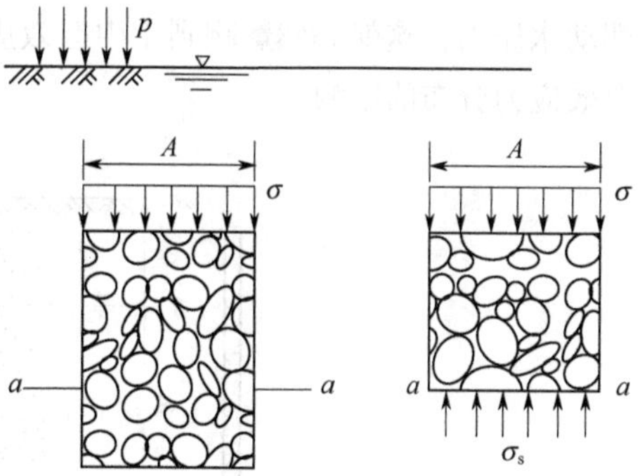

图 3-29　有效应力概念

由于非饱和土体的有效应力涉及孔隙气压力，计算较复杂，在这里我们仅介绍饱和土体的有效应力。当土体为饱和土体时，$A_a = 0$，则上式变为

$$\sigma A = \sigma_s A_s + uA_w \tag{3-30}$$

通过变换可以得到：

$$\sigma = \sigma_s \frac{A_s}{A} + u\frac{A - A_s}{A} \tag{3-31}$$

由于 A_s 很小，而 σ_s 又很大，所以上式可以等效为：

$$\sigma = \sigma_s \frac{A_s}{A} + u \tag{3-32}$$

上式第一项为接触面上的平均值，即通过骨架传递的应力，称为有效应力，记为 σ'。所以上式可表示为：

$$\sigma = \sigma' + u \tag{3-33}$$

上式即为太沙基提出的饱和土体有效应力原理。可以看到，饱和土体的总应力等于有效应力和孔隙水压力之和。由于水不能承受剪应力，孔隙水压力对土的强度没有直接的影响，它在各个方向相等，只能使土颗粒本身受到等向压力。由于颗粒本身压缩模量很大，故土粒本身压缩变形极小，因而孔隙水压力对变形也没有直接的影响，土体不会因为受到水压力的作用而变得密实。因此，土的变形与强度都只取决于有效应力。当总应力一定，若土体中孔隙水压力有所增减时，土体内的有效应力势必相应地减增，从而影响土体固结程度，这是研究土体固结和强度的重要理论基础。

3.5.2　土中的有效应力计算

如图 3-30（a）所示为一土层剖面，地下水位位于地面下深度 h_1 处，作用在 B 点的总应力 σ 应该为该点以上单位土柱的自重，即 γh_1，孔隙水压力为 0，所以有效应力 $\sigma' = \sigma$。作用在 C 点的总应力应该为该点以上单位土柱和水柱的自重，即 $\gamma h_1 + \gamma_{sat} h_2$，该点的静水压力即为孔隙水压力，即 $u = \gamma_w h_2$（h_2 为测压管水头高度），则该点的有效应力 $\sigma' = \sigma - u = \gamma h_1 + \gamma_{sat} h_2 - \gamma_w h_2 = \gamma h_2 + \gamma' h_2$（式中各符号意义与前述相同）。总应力、孔隙水压力、有效应力分布如图 3-30（a）所示。由此可见，在前面所求的有地下水时土体中的自重应力为有效应力。

上述为土体有地下水位但没有发生渗流的情况，如发生渗流，土中水将对土粒产生渗流力，即动水压力，这就必然影响到土中有效应力的分布，现通过两种情况说明土中水一维渗流时对有效应力分布的影响。

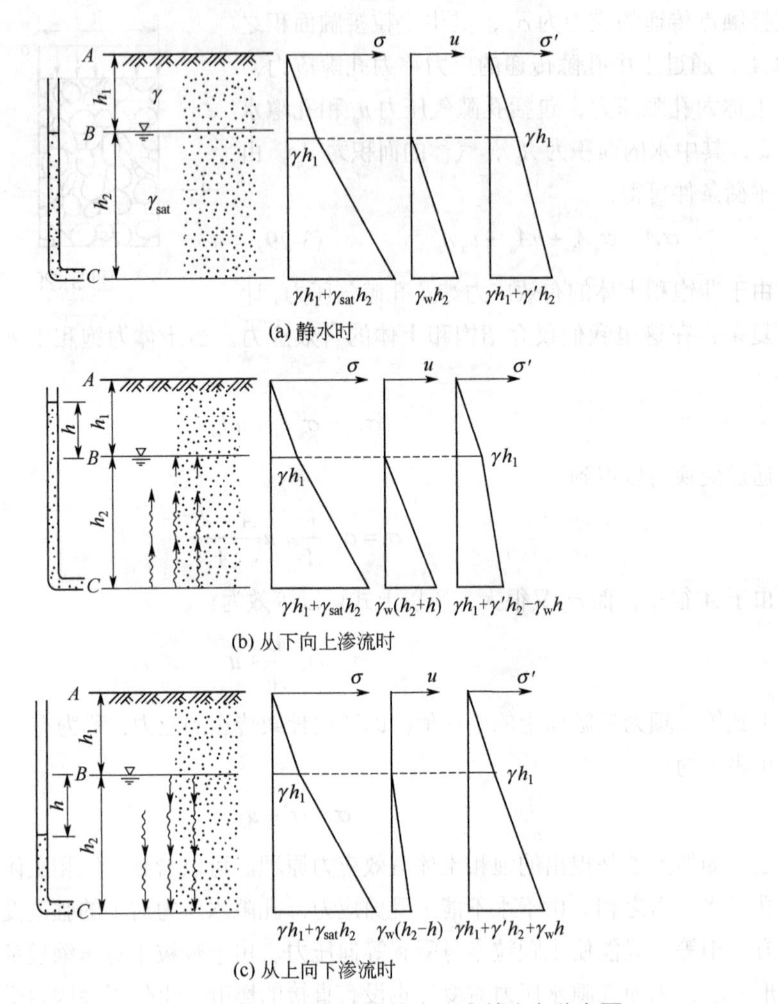

(a) 静水时

(b) 从下向上渗流时

(c) 从上向下渗流时

图 3-30　土中水渗流时总应力、孔隙水压力、有效应力分布图

3.5.2.1　当水从下向上渗流时

如图 3-30（b）所示，作用在 B 点的总应力 σ 应该为该点以上单位土柱的自重，即 γh_1；孔隙水压力为 0；所以有效应力 $\sigma' = \sigma$。作用在 C 点的总应力应该为该点以上单位土柱和水柱的自重，即 $\gamma h_1 + \gamma_{sat} h_2$；该点的静水压力即为孔隙水压力，即 $u = \gamma_w (h_2 + h)$（$h_2 + h$ 为测压管水头高度）。则该点的有效应力

$$\sigma' = \sigma - u = \gamma h_1 + \gamma_{sat} h_2 - \gamma_w (h_2 + h) = \gamma h_2 + \gamma' h_2 - \gamma_w h$$

式中各符号意义与前述相同。总应力、孔隙水压力、有效应力分布如图 3-30（b）所示。

3.5.2.2　当水从上向下渗流时

如图 3-30（c）所示，作用在 B 点的总应力 σ 应该为该点以上单位土柱的自重，即 γh_1；孔隙水压力为 0；所以有效应力 $\sigma' = \sigma$。作用在 C 点的总应力应该为该点以上单位土柱和水柱的

自重，即$\gamma h_1+\gamma_{sat}h_2$；该点的静水压力即为孔隙水压力，即$u=\gamma_w(h_2-h)$（$h_2-h$为测压管水头高度）。则该点的有效应力

$$\sigma'=\sigma-u=\gamma h_1+\gamma_{sat}h_2-\gamma_w(h_2-h)=\gamma h_2+\gamma' h_2+\gamma_w h$$

式中各符号意义与前述相同。总应力、孔隙水压力、有效应力分布如图3-30（c）所示。

由以上结论可看出：不同情况下土中总应力的分布是相同的，土中水的渗流不影响总应力值，但发生渗流时产生的渗流力即动水压力会使土体中的有效应力和孔隙水压力发生变化。需要注意的是，土中水从下向上渗流时，会导致土体中有效应力减小。在工程实际中，若地下有承压水，在基坑开挖时如果开挖深度过大，承压水顶部的不透水层厚度过小，有可能发生渗流破坏。

思考题与习题

3-1　何谓土中的应力？它有哪些分类和用途？

3-2　影响基底压力分布的因素有哪些？简化成直线分布的假设条件是什么？

3-3　地下水位的升降对土中自重应力有何影响？在工程实践中，有哪些问题应充分考虑其影响？

3-4　如何计算基底附加压力？在计算中为什么要减去自重应力？

3-5　土中附加应力的产生原因有哪些？在工程实用中应如何考虑？

3-6　某建筑场地的土层分布均匀，第一层杂填土厚1.5m，$\gamma=17\text{kN/m}^3$；第二层粉质黏土厚4m，$\gamma=19\text{kN/m}^3$，相对密度$d_s=2.73$，含水量$\omega=31\%$，地下水位在地面下2m深处；第三层淤泥质黏土厚8m，$\gamma=18.2\text{kN/m}^3$，相对密度$d_s=2.72$，含水量$\omega=41\%$；第四层淤泥质黏土厚3m，$\gamma=19.25\text{kN/m}^3$，相对密度$d_s=2.72$，含水量$\omega=27\%$；第五层砂岩未穿透。试绘出土层的自重应力沿深度的分布图。

3-7　某构筑物基础如图3-31所示，在设计地面标高处作用有偏心荷载680kN，作用位置距中心线1.31m，基础埋深为2m，底面尺寸为4m×2m。试求基底平均压力p和边缘最大压力p_{max}，并绘出沿偏心方向的基底压力分布图。

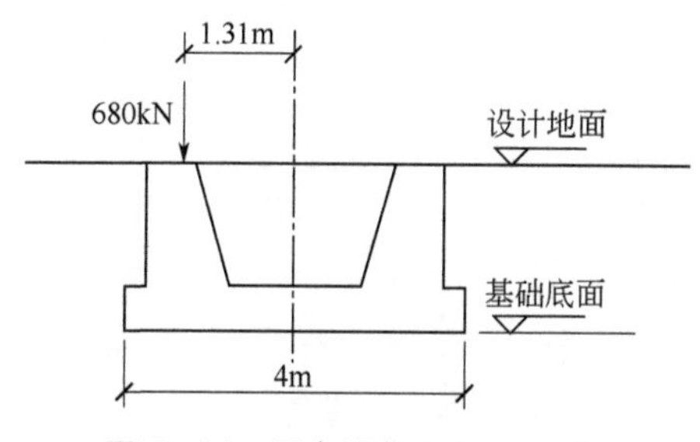

图3-31　思考题与习题3-7图

3-8　某方形基础底面宽$b=2\text{m}$，基础埋深为1m，深度范围内土的重度$\gamma=18.0\text{kN/m}^3$，上部荷载传至基础顶面的竖向荷载为600kN，弯矩$M=100\text{kN}\cdot\text{m}$，试计算基底最大压力边缘边角下深度$z=2\text{m}$处的附加应力。

3-9　试用最简单的方法计算图 3-32 所示荷载下，m 点深度 $z = 2\text{m}$ 处的附加应力。

3-10　某条形基础如图 3-33 所示，作用在基础上的荷载为 250kN/m，基础深度范围内的土的重度 $\gamma = 17.5\text{kN/m}^3$。试计算土中各点的附加应力，并绘制曲线。

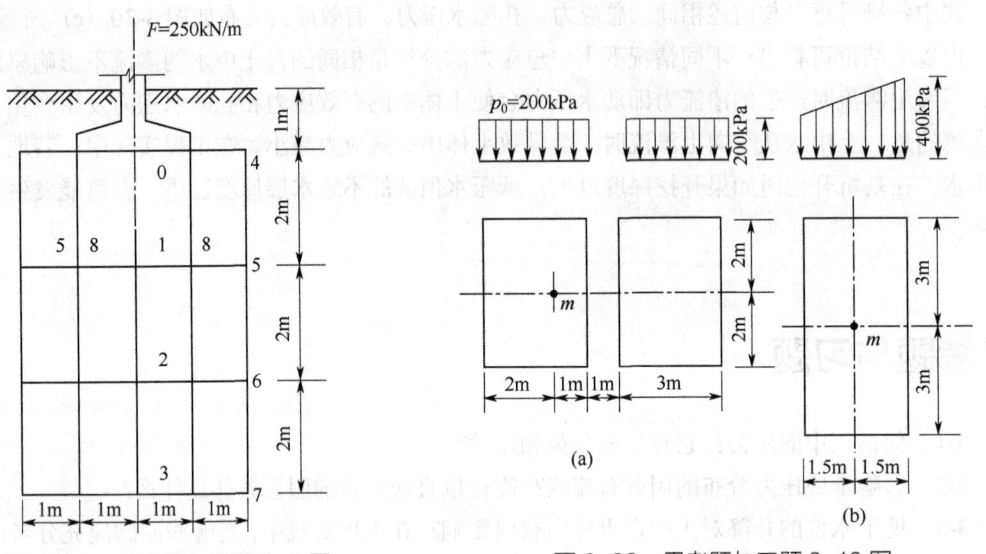

图 3-32　思考题与习题 3-9 图　　　　图 3-33　思考题与习题 3-10 图

3-11　某场地土层的分布自上而下为：砂土，层厚 2m，重度为 $\gamma = 17.5\text{kN/m}^3$；黏土，层厚 3m，饱和重度为 $\gamma_{sat} = 20.0\text{kN/m}^3$；砾石，层厚 3m，饱和重度为 $\gamma_{sat} = 20.0\text{kN/m}^3$。地下水位在黏土层处。试绘出这三个土层中总应力 σ、孔隙水压力 u 和有效应力 σ' 沿深度的分布图形。

第4章 土的压缩性与地基沉降计算

4.1 概述

天然土是由土颗粒、水、气组成的三相体。土颗粒相互接触或胶结形成土骨架，而水和气则存在于土骨架内（或颗粒间）的孔隙中，因此土是一种多孔介质材料。在压力作用下，土骨架将随着孔隙中水和气的压缩和排出而发生变形，土体体积将缩小。土的这种特性称为土的压缩性。

在上部建筑物重量等永久荷载及可变荷载的作用下，地基所产生的变形包括竖向变形和侧向变形，向下的竖向变形亦称为沉降，其中压缩变形一般占主要部分。地基的沉降，特别是由于荷载不同、压缩层厚度不同或土层压缩性不同而引起的建筑物差异沉降，会使建筑物的上部结构（尤其是超静定结构）产生附加应力，影响建筑物结构的安全和建筑物的正常使用。为了保证建筑物的安全和正常使用，在设计时必须预估可能发生的变形，使其变形量控制在规范允许的范围内。如果超出建筑物所要求的范围，就必须采取措施改善地基条件或修改建筑方案，以保证其使用的安全性。

在建筑物荷载作用下，地基变形的主要原因是土体本身所具有的压缩性，因此，研究土的压缩性和固结规律是合理计算地基变形的前提。为了计算出在建筑物荷载作用下地基的变形量就要求我们必须清楚土体的压缩性，了解土的压缩性指标，在此基础上学习地基的最终沉降量和饱和土体沉降随时间的变化。

4.2 土的压缩性

4.2.1 基本概念

土的压缩性是指土在压力作用下体积缩小的性能。在荷载作用下，土发生压缩变形的过程就是土体体积缩小的过程。土是由固、液、气三相物质组成的，土体体积的缩小必然是土的三相组成部分中各部分体积缩小的结果。

土的压缩变形由三部分组成：①土粒本身的压缩变形；②孔隙中不同形态的水和气体的压缩变形；③孔隙中水和气体部分被挤出，使孔隙体积减小。大量试验资料表明，在一般建筑物荷载（100～600kPa）作用下，土中固体颗粒的压缩量极小，不到土体总压缩量的1/400，水和气体通常被认为是不可压缩的。因此，土的压缩变形主要是由孔隙中的水和气体排出，孔隙体积减小而引起的。

土体在压力作用下，其压缩量随时间增加的过程称为固结。土体完成固结所需要的时间与土体的渗透性有关。对于无黏性土由于其颗粒较大，形成的孔隙也较大，渗透性较强，所以水从孔隙中排出所需要的时间较短，压缩稳定所需要的时间就短。对于黏性土，其颗粒之间的孔隙较小，同时大量结合水的黏滞阻力使得其渗透性较弱，土体中的水从孔隙中排出所需要的时间就长，有的需要几年甚至几十年才能固结稳定。

土的压缩性常用土的压缩系数 a 或压缩指数 C_c、压缩模量 E_s 等指标来评价。土体压缩性指标的合理确定是正确计算地基沉降的关键，可以通过室内和现场试验来测定。试验条件与地基土的应力历史和在实际荷载下的工作状态越接近，测得的指标就越可靠。对于一般情况，常用限制土样侧向变形的室内压缩试验测定土的压缩性指标。

4.2.2 压缩试验和压缩性指标

4.2.2.1 压缩试验

研究土的压缩性大小及其特征的室内试验方法称为压缩试验，亦称固结试验。

室内压缩试验是取土样放入压缩仪内进行试验，压缩仪的构造如图4-1所示。由于土样受到环刀和护环等刚性护壁的约束，在压缩过程中只能发生竖向压缩，没有侧向膨胀，所以又叫侧限压缩试验。

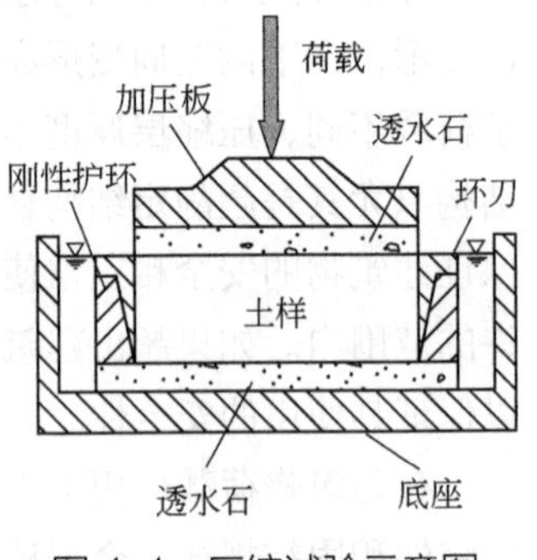

图4-1 压缩试验示意图

试验时，用金属环刀取高为20mm、直径为50mm（或30mm）的土样，置于压缩仪的刚性护环内。土样的上下面均放有透水石，以允许土样受压后土中的孔隙水自由排出。在上透水石顶面装有金属圆形加压板，以便施加荷载传递压力。试验中压力是按规定逐级施加的，通过加荷装置和加压板将压力均匀地施加到土样上（图4-1），每加一级荷载 p_i，要等到土样压缩相对稳定后，才施加下一级荷载。土样的压缩量可通过位移传感器测量，并根据每一级压力下的稳定变形量 s_i，计算出各级压力下相应的稳定孔隙比 e_i。

如图4-2所示，若试验前试样的横截面积为 A，土样的原始高度为 H_0，原始孔隙比为 e_0，当加压 p 后，土样的压缩量为 s，土样高度 H_1，相应的孔隙比由 e_0 减至 e，整个过程中土粒体积和土样横截面面积不变。设土粒体积 $V_s=1$，受压前土样横截面面积 $A_1=\dfrac{1+e_0}{H_0}$，受压后土样横截面面积 $A_2=\dfrac{1+e}{H_1}$，故有：

$$\frac{1+e_0}{H_0}=\frac{1+e}{H_1}=\frac{1+e}{H_0-s} \tag{4-1}$$

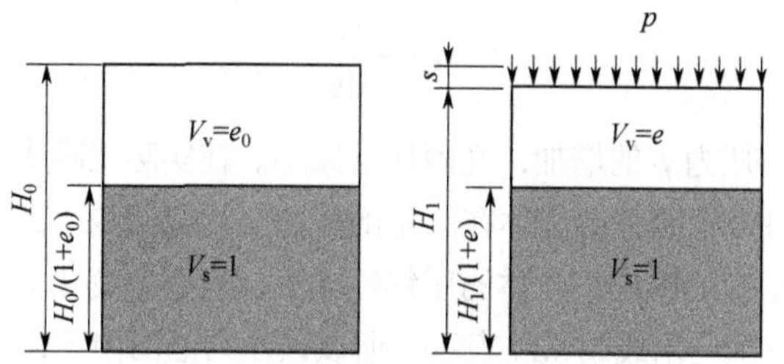

图 4-2　压缩试验土样变形示意图

即
$$e=e_0-\frac{s}{H_0}(1+e_0) \tag{4-2}$$

式中　e_0——初始孔隙比，$e_0=\dfrac{d_s(1+w_0)\rho_w}{\rho}-1$。

e_0 与 H_0 为已知，s 可由位移传感器测得，由式（4-2）可求得各级压力作用下的孔隙比（一般为 3～5 级荷载）。求得各级压力下的孔隙比后，即可以孔隙比 e 为纵坐标，压力 p 为横坐标，根据压缩试验成果绘制孔隙比与压力的关系曲线，称为压缩曲线，压缩曲线的绘制方式有两种：一种是采用普通直角坐标绘制，称为 e-p 曲线［图 4-3（a）］：另一种采用半对数（指常用对数）坐标绘制，称为 e-lg$p$ 曲线［图 4-3（b）］。

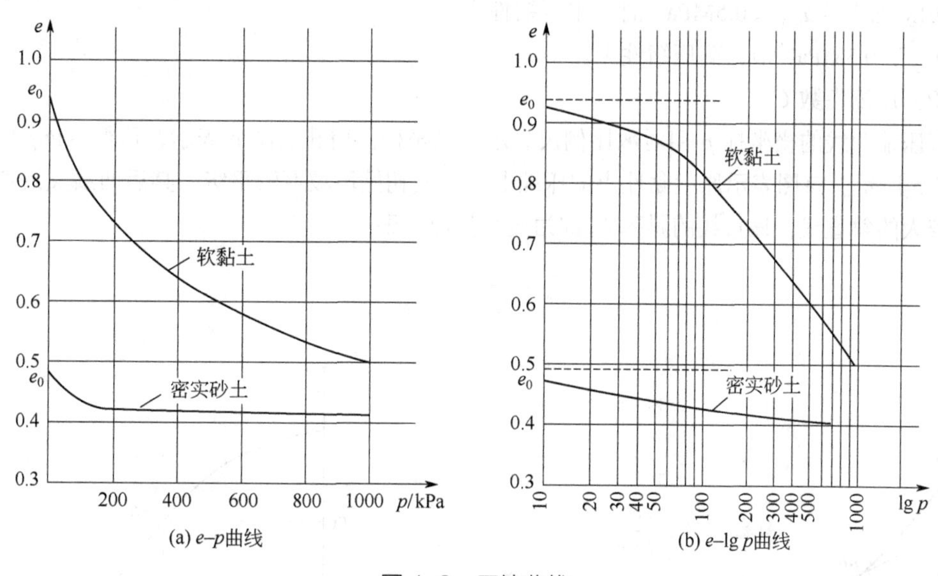

图 4-3　压缩曲线

从图 4-3 中可看出，不同的土压缩曲线不同，软黏土压缩曲线较陡，说明压力增加时，土的孔隙比减小显著，其压缩性较高；反之，对于密实砂土，压缩曲线较平缓，其压缩性较低。因此，压缩曲线的形状可以形象地说明土体压缩性的大小。

4.2.2.2　压缩性指标

为了能够评价土体的压缩性，引入下列土的压缩性指标。

（1）压缩系数 a

压缩曲线上任一点的切线斜率 a 就表示相应于压力 p 作用下的压缩性，称为土的压缩系数，即

$$a=-\frac{\mathrm{d}e}{\mathrm{d}p} \tag{4-3}$$

式中，负号表示随着压力 p 的增加，孔隙比 e 减小。在实际工程中，我们并不关心某点压力下所对应的土体的压缩性，而是关心土体在一定的压力变化范围内（即压力从自重应力增加到自重应力和附加应力之和这个范围内）土体的压缩性大小。当压力变化范围不大时，土体的压缩曲线可近似地用图 4-4 中所示的割线 M_1M_2 表示，所以该压力范围内土体的压缩性大小可表示为：

$$a=\frac{e_1-e_2}{p_2-p_1} \tag{4-4}$$

式中 a——土的压缩系数，$\mathrm{MPa^{-1}}$；

p_1——增压前使试样压缩稳定的应力，kPa；

p_2——增压后试样所受的应力，kPa；

e_1——相应于 p_1 作用下压缩稳定后土的孔隙比；

e_2——相应于 p_2 作用下压缩稳定后土的孔隙比。

在实际工程中，通常采用压力间隔由 $p_1=100\mathrm{kPa}$ 增加到 $p_2=200\mathrm{kPa}$ 所得的压缩系数 a_{1-2} 来评定土的压缩性高低：

$a_{1-2}<0.1\mathrm{MPa^{-1}}$ 时，低压缩性土；

$0.1\mathrm{MPa^{-1}}\leqslant a_{1-2}<0.5\mathrm{MPa^{-1}}$ 时，中压缩性土；

$a_{1-2}\geqslant 0.5\mathrm{MPa^{-1}}$ 时，高压缩性土。

（2）压缩指数 C_c

若压缩曲线的横坐标 p 用对数比例尺表示，纵坐标仍用孔隙比 e 表示，可得 e-$\lg p$ 曲线，如图 4-5 所示。该图表示原状黏性土的压缩曲线，其初始段坡度较平缓，其后曲线又近似地呈坡度较大的斜直线，该直线的斜率 C_c 称为压缩指数，即

$$C_c=\frac{e_1-e_2}{\lg p_1-\lg p_2} \tag{4-5}$$

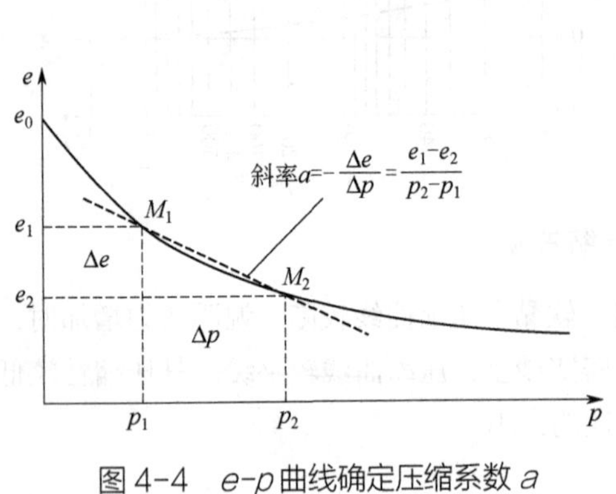

图 4-4 e-p 曲线确定压缩系数 a

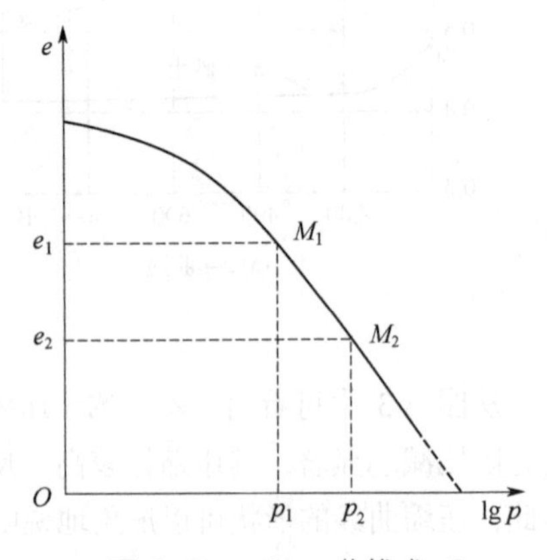

图 4-5 e-$\lg p$ 曲线求 C_c

C_c 为无量纲数值，与压缩系数是土的压缩性指标的两种不同的表示形式，主要利用它来分

析应力历史对土的压缩性的影响，也可利用其判断土体的压缩性大小，一般认为：

$C_c < 0.2$ 时，低压缩性土；

$C_c = 0.2 \sim 0.4$ 时，中压缩性土；

$C_c > 0.4$ 时，高压缩性土。

（3）压缩模量 E_s

压缩试验除了求得压缩系数 a 和压缩指数 C_c 外，还可求得另一个常用的压缩性指标——压缩模量 E_s（单位为 MPa 或 kPa）。E_s 是土在侧限条件下竖向附加应力增量 $\Delta\sigma_z$ 与相应的应变 $\Delta\varepsilon$ 之间的比值，即

$$E_s = \frac{\Delta\sigma_z}{\Delta\varepsilon} \tag{4-6}$$

因为 $\Delta\sigma_z = p_2 - p_1$，$\Delta\varepsilon = \dfrac{\Delta h_1}{h_0} = \dfrac{e_1 - e_2}{1 + e_1}$，故压缩模量 E_s 与压缩系数 a 之关系为

$$E_s = \frac{p_2 - p_1}{e_1 - e_2}(1 + e_1) = \frac{1 + e_1}{a} \tag{4-7}$$

压缩模量 E_s 是土体压缩性指标的又一表现形式，从上式可看出，压缩模量 E_s 与压缩系数 a 成反比，E_s 越大，a 越小，土的压缩性就越低。

4.2.3 土的静力载荷试验及变形模量 E_0

4.2.3.1 静力载荷试验

静力载荷试验，简称载荷试验。它是模拟建筑物基础工作条件的一种测试方法，其方法是在保持地基土的天然状态下，在一定面积的承压板上向地基土逐级施加荷载，并观测每级荷载下地基土的变形特性。测试所反映的是承压板以下 1.5～2 倍承压板宽的深度内土层的应力-应变-时间关系的综合情况。

载荷试验的主要优点是对地基土不产生扰动，利用其成果确定的地基承载力最可靠、最有代表性，可直接用于工程设计。其成果也可用于测定土的变形模量以及研究土的湿陷性质等。

载荷试验的设备由承压板、加荷装置及沉降观测装置等部件组合而成。加荷装置包括压力源、载荷台架或反力构架。加荷方式可分为两种，即重物加荷和油压千斤顶反力加荷。沉降观测仪表有百分表、沉降传感器或水准仪等。对承压板的要求是：要有足够的刚度，在加荷过程中承压板本身的变形要小，而且其中心和边缘不能产生弯曲和翘起；其形状宜为圆形（也有方形），承压板面积不应小于 $0.25m^2$，对于软土和粒径较大的填土不应小于 $0.5m^2$。

载荷试验一般在方形试坑中进行。试坑底的宽度应不小于承压板宽度（或直径）的 3 倍，以消除侧向土自重引起的超载影响，使其达到或接近地基的半空间平面问题边界条件的要求。试坑应布置在有代表性的地点，承压板底面应放置在基础底面标高处。

为了保持测试时地基土的天然湿度与原状结构，应做到以下几点：①测试之前，应在坑底预留 20～30cm 厚的原土层，待测试开始时再挖去，并立即放入载荷板。②对软黏土或饱和的松散砂，在承压板周围应预留 20～30cm 厚的原土作为保护层。③在试坑底板标高低于地下水位时，应先将水位降至坑底标高以下，并在坑底铺设 2cm 厚的砂垫层，再放下承压板等，待水位恢复后进行试验。

加荷分级不应小于 8 级，最大加荷量不应小于设计要求的 2 倍。每级加载后，按 10min，10min，10min，15min，15min 间隔测读一次沉降，以后间隔 0.5h 测读一次沉降量，当连续 2h 内，沉降量小于 0.1mm/h 时，则认为已经趋于稳定，可加下一级荷载。当出现下列情况之一时候，即可终止加载：

① 载荷板周围的土明显侧向挤出。

② 沉降 s 急剧增大，p-s 曲线出现陡降段。

③ 某级荷载下 24h 内沉降速度不能达到稳定标准。

④ $s/d \geqslant 0.06$（d 为承压板宽度或直径）。

满足前三种情况之一时，其对应的前一级荷载定为极限荷载。

根据各级荷载及其相应的相对沉降的观测数值，即可采用适当的比例尺绘制荷载 p 与稳定沉降 s 的关系曲线，即 p-s 曲线，如图 4-6 所示。

当 p-s 曲线具有明显的直线段及转折点时，一般将直线段的终点（转折点）所对应的压力 p_{cr} 定为比例界限值，将曲线陡降段的渐近线和表示压力的横轴的交点定为极限荷载值 p_u。可以利用上述 p-s 曲线确定土体的变形模量。

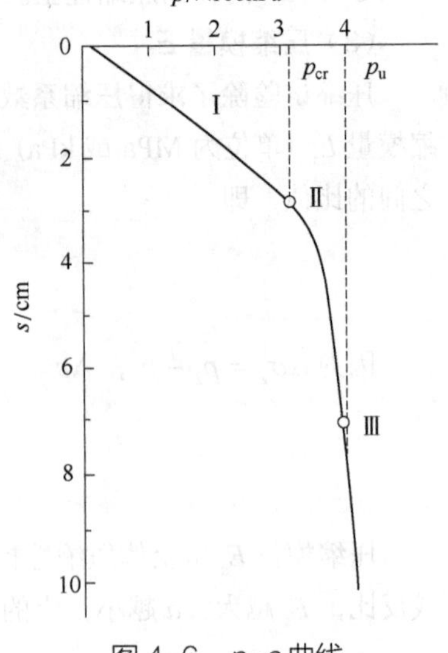

图 4-6　p-s 曲线

4.2.3.2　变形模量 E_0

土的变形模量是指土体在部分侧限条件下单轴受压时的应力与应变之比，用符号 E_0 表示。一般地基承载力标准值取接近于或稍超过此比例界限值。所以通常将地基的变形按直线变形阶段以弹性力学公式来反求地基土的变形模量。在荷载-沉降曲线的直线段上任取一点，可求出变形模量，即

$$E_0 = \omega(1-\mu^2)\frac{p_1 b}{s_1} \tag{4-8}$$

式中　E_0——弹性力学中指土的弹性模量，这里专指变形模量 E_0，MPa；

p_1——载荷试验 p-s 曲线的直线段末尾（比例界限）对应的荷载，kPa；

ω——沉降系数，方形承压板取 0.88，圆形承压板取 0.79；

μ——土的泊松比，参考表 4-1；

b——承压板的边长或直径，cm。

土的变形模量随土的性状而异，软黏土的 E_0 约为几兆帕，甚至低于 1MPa，硬黏土的 E_0 在 20～30MPa 之间，而密实砂土和砾石的 E_0 可达 40MPa 以上。

4.2.3.3　变形模量与压缩模量的关系

变形模量 E_0 与压缩模量 E_s 在土力学中经常用到，而两者概念上是有所区别的。E_0 是在现场通过载荷试验测得，土体压缩过程中部分侧限；而 E_s 是通过室内压缩试验获得，土体是在完全侧限条件下压缩。它们与其他建筑材料的弹性模量不同，都包含了相当部分不可恢复的残余变形。但理论上 E_0 与 E_s 有如下换算关系：

$$E_0 = \beta E_s \tag{4-9}$$

式（4-9）证明：

① 据压缩模量定义 $E_s=\dfrac{\sigma_z}{\varepsilon_z}$ 得竖向应变：

$$\varepsilon_z=\frac{\sigma_z}{E_s} \tag{4-10}$$

② 根据广义胡克定律，在三向受力的情况下应变为：

$$\varepsilon_x=\frac{\sigma_x}{E_0}-\mu\frac{\sigma_y}{E_0}-\mu\frac{\sigma_z}{E_0}=\frac{\sigma_x}{E_0}-\frac{\mu}{E_0}\left(\sigma_y+\sigma_z\right) \tag{4-11a}$$

$$\varepsilon_y=\frac{\sigma_y}{E_0}-\frac{\mu}{E_0}\left(\sigma_z+\sigma_x\right) \tag{4-11b}$$

$$\varepsilon_z=\frac{\sigma_z}{E_0}-\frac{\mu}{E_0}\left(\sigma_x+\sigma_y\right) \tag{4-11c}$$

注意：负号表示伸长。

③ 在侧限条件下，$\varepsilon_x=\varepsilon_y=0$，由式（4-11a）、式（4-11b）可得：

$$\sigma_x=\sigma_y=\frac{\mu}{1-\mu}\sigma_z \tag{4-12}$$

或

$$\sigma_x=\sigma_y=k_0\sigma_z \tag{4-13}$$

式中　k_0——土的侧压力系数或静止土压力系数（侧限条件下的侧向与竖向有效应力之比）。

通过试验测定，当无试验条件时，可采用表 4-1 经验值。其值一般小于 1，如果地面是经过地质剥蚀作用遗留下来的，或者所考虑的土层曾受过超固结作用，则 k_0 值也可能大于 1。

表 4-1　k_0、μ、β 的经验值

土的种类和状态		k_0	μ	β
碎石土		0.18～0.33	0.15～0.25	0.95～0.83
砂土		0.33～0.43	0.25～0.30	0.83～0.74
粉土		0.43	0.30	0.74
粉质黏土	坚硬状态	0.33	0.25	0.83
	可塑状态	0.43	0.30	0.74
	软塑及流塑状态	0.53	0.35	0.62
黏土	坚硬状态	0.33	0.25	0.83
	可塑状态	0.53	0.35	0.62
	软塑及流塑状态	0.72	0.42	0.39

将式（4-12）代入式（4-11c）得：

$$\varepsilon_z=\left(1-\frac{2\mu^2}{1-\mu}\right)\frac{\sigma_z}{E_0} \tag{4-14}$$

比较式（4-10）与式（4-14）得：

$$\frac{1}{E_s}=\left(1-\frac{2\mu^2}{1-\mu}\right)\frac{1}{E_0}$$

即
$$E_0=\left(1-\frac{2\mu^2}{1-\mu}\right)E_s=\beta E_s$$

必须指出，上式只不过是 E_0 与 E_s 之间的理论关系。实际上，由于现场载荷试验测定 E_0 和室内压缩试验测定 E_s 时，各有些无法考虑到的因素，上式不能准确反映 E_0 与 E_s 之间的实际关系。这些因素主要有：压缩试验的土样容易受到扰动（尤其是低压缩性土）；荷载试验与压缩试验的加荷速率、压缩稳定的标准都不一样；μ 值不易精确确定等。

4.2.4 回弹曲线和再压缩曲线

土样在室内压缩试验中，一次性逐级加载至土样压缩稳定测得的曲线称为压缩曲线，如图 4-7（a）中曲线 *ab* 所示。但如果加压到 p_i 后不再加压，而是逐级卸载到零，可观察到土样发生回弹，测定各级压力下土样回弹稳定后的孔隙比，绘制出相应的孔隙比与压力的关系曲线，即图 4-7（a）中曲线 *bc*，称为回弹曲线，其斜率称为土的回弹指数，记为 C_s。从曲线中可以看出，回弹曲线并不是沿着压缩曲线 *ab* 回升至 *a* 点，而是沿着 *bc* 与纵坐标交于 *c* 点。说明土样卸荷后并不能完全恢复到原始孔隙比，变形大部分不能恢复，我们把不能恢复的变形称为残余变形，而可恢复的变形称为弹性变形。

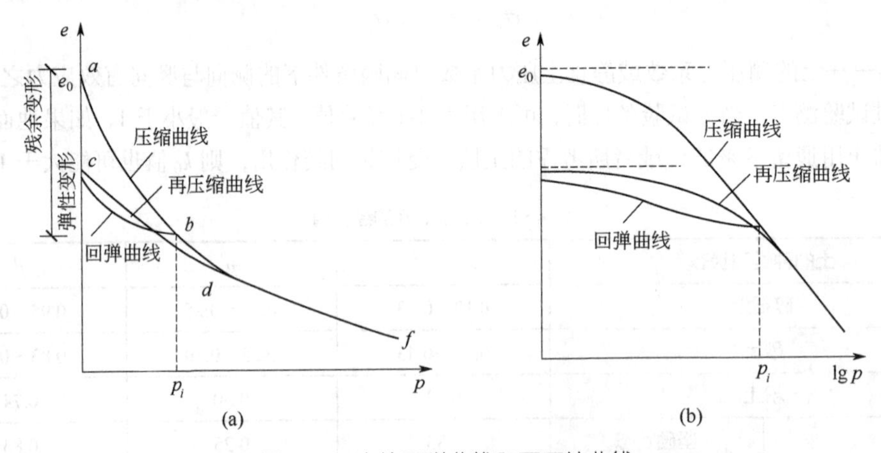

图 4-7 土的回弹曲线和再压缩曲线

如果卸载后重新逐级加压至 p_i，可测得土样在各级压力下再压缩稳定后的孔隙比，从而绘制出再压缩曲线，如图 4-7（a）中曲线 *cdf*，其中 *df* 段趋向于 *ab* 的延续。利用 e-$\lg p$ 曲线也可以得到此现象，如图 4-7（b）所示。利用 e-$\lg p$ 曲线可以分析应力历史对土的压缩性的影响。

4.3 地基最终沉降量的计算

地基的最终沉降量是指地基土在建筑物荷载作用下压缩稳定后基础底面或地基表面的沉降量。地基的最终沉降量是建筑物地基基础设计的重要内容，计算地基最终沉降量的方法有多种，我们主要介绍以下两种：分层总和法和《建筑地基基础设计规范》（GB 50007—2011）推荐的方法，也称为规范法。

4.3.1　单一压缩土层的沉降量计算

如图 4-8 所示，地基中仅有一层有限深度的压缩土层，厚度为 H_1，在无限均布竖向荷载作用下，土层被压缩，压缩稳定后的厚度为 H_2，因此土层的压缩量 s 为：

$$s = H_1 - H_2 \tag{4-15}$$

式中，H_1 可通过勘察资料得到，H_2 可通过换算得到，其过程如下所述。

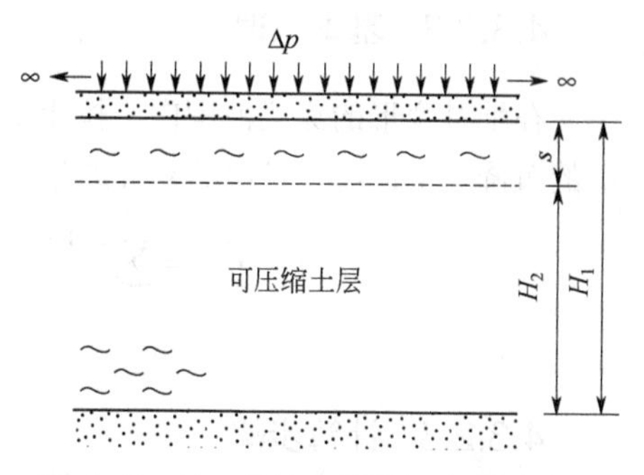

图 4-8　单一压缩土层的沉降量计算图

由于在无限均布荷载作用下只须考虑土体的竖向变形，土体的工作条件与室内压缩试验相同。土样在压缩前后变形量为 s，整个过程中土粒体积和土样横截面面积不变。设土粒体积 $V_s = 1$，土样受压前土样横截面面积 $A_1 = \dfrac{1+e_1}{H_1}$，土样受压后土样横截面面积 $A_2 = \dfrac{1+e_2}{H_2}$，则有：$\dfrac{1+e_1}{H_1} = \dfrac{1+e_2}{H_2}$。

$$H_2 = \frac{1+e_2}{1+e_1} H_1 \tag{4-16}$$

将式（4-16）代入式（4-15）得：

$$s = H_1 - H_2 = \frac{e_1 - e_2}{1+e_1} H_1 \tag{4-17}$$

式中　e_1——土层与初始应力 p_1 所对应的初始孔隙比；

e_2——土层与最终应力 p_2 所对应的最终孔隙比。

通过室内压缩试验测得 e-p 曲线后，即可得到相应的孔隙比 e_1、e_2，从而便可通过式（4-17）计算得到在无限均布荷载作用下土体的沉降量。

通过前面的内容可知，$e_1 - e_2 = a\left(p_2 - p_1\right)$，式（4-17）通过变换可得：

$$s = \frac{e_1 - e_2}{1+e_1} H_1 = \frac{a\left(p_2 - p_1\right)}{1+e_1} H_1 = \frac{p_2 - p_1}{\dfrac{1+e_1}{a}} H_1 = \frac{p_2 - p_1}{E_s} H_1 \tag{4-18}$$

在实际工程中，地层分布往往是很复杂的，单一压缩土层很少或者几乎不存在，在一般的情况下基础都是有一定的形状的，作用于地基上的荷载也是局部的，在局部荷载作用下，土体不仅发生竖向变形，也会发生侧向变形，这种情况地基沉降量的常用计算方法为分层总和法。

4.3.2　分层总和法

4.3.2.1　基本假定

① 地基土的每一分层为一均匀、连续、各向同性的半无限空间弹性体。在建筑物荷载作用下，土中的应力和应变呈直线关系，可用弹性理论方法计算地基中的附加应力。

② 地基土的变形条件为完全侧限条件，即在建筑物荷载作用下，地基土层只发生竖向变形，没有侧向变形，计算沉降时可采用室内压缩试验测定的压缩性指标。

③ 地基沉降量计算采用基础中心点处的附加应力。

4.3.2.2 基本原理

在地基变形的深度范围内，按土的特性和应力状态的变化分层，再按式（4-18）计算各分层的沉降量s_i，再将各层的s_i叠加起来，即得出地基的最终沉降量s。

$$s=\sum_{i=1}^{n}s_i=\sum_{i=1}^{n}\frac{a_i\left(p_{2i}-p_{1i}\right)}{1+e_{1i}}H_i=\sum_{i=1}^{n}\frac{p_{2i}-p_{1i}}{\dfrac{1+e_{1i}}{a_i}}H_i=\sum_{i=1}^{n}\frac{p_{2i}-p_{1i}}{E_{si}} \tag{4-19}$$

4.3.2.3 计算步骤

① 根据地基资料划分计算土层。将压缩层厚度分层，分层的原则是：a．不同土层的分界面；b．地下水位处应分层；c．为了保证每一分层内，σ_z的分布线段接近于直线，以便求出该分层内的σ_z的平均值，分层厚度应适当，每一分层厚度不宜大于0.4b（b为基础宽度）。

② 计算基底附加压力。

③ 计算基底中心点下每一分层处土的自重应力和附加应力，并绘出自重应力和附加应力分布曲线。

④ 确定地基沉降计算深度。附加应力随深度递减，自重应力随深度增加，在一定深度处，附加应力相对于该处原有的自重应力已经很小，引起的压缩变形可以忽略不计，此处即为计算深度。一般取附加应力σ_z与自重应力σ_{cz}的比值为0.2（一般土）或0.1（软土）的深度（即压缩层厚度）处作为沉降计算深度的界限，即$\dfrac{\sigma_z}{\sigma_{cz}}\leqslant 0.2$（对软土≤0.1）。

⑤ 计算各分层土的平均自重应力和平均附加应力。如图4-9所示为基底中心点下每一分层处土的自重应力和附加应力分布曲线，为了得到孔隙比e_{1i}、e_{2i}，我们需要计算每一分层处的平均自重应力$\bar{\sigma}_{czi}$和平均附加应力$\bar{\sigma}_{zi}$，即

$$\bar{\sigma}_{czi}=\frac{\sigma_{czi-1}+\sigma_{czi}}{2}$$

$$\bar{\sigma}_{zi}=\frac{\sigma_{zi-1}+\sigma_{zi}}{2}$$

⑥ 令$p_{1i}=\bar{\sigma}_{czi}$，$p_{2i}=\bar{\sigma}_{czi}+\bar{\sigma}_{zi}$，从土层的压缩曲线中查出$e_{1i}$、$e_{2i}$。

⑦ 按式（4-19）计算每一分层土的沉降量和地基的最终沉降量。

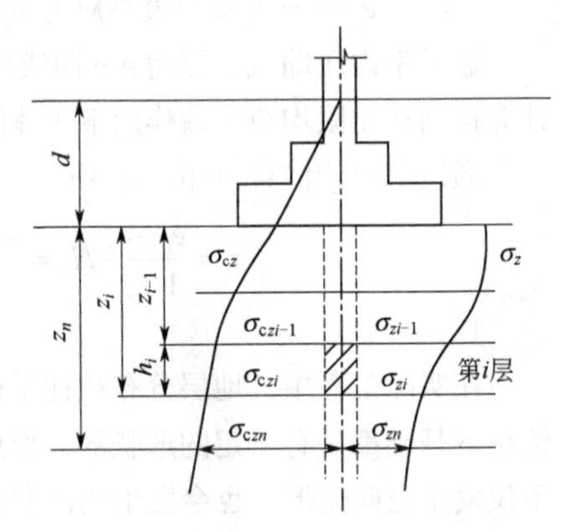

图4-9 基础下自重应力和附加应力分布曲线

【例4-1】某厂房柱下单独方形基础，已知基础底面积尺寸为4m×4m，埋深$d=1.0\text{m}$，地基为粉质黏土，地下水位距天然地面2.4m。上部荷载传至基础顶面$F=1440\text{ kN}$，土的天然重度$\gamma=16.0\text{kN/m}^3$，饱和重度$\gamma_{\text{sat}}=17.2\text{kN/m}^3$，有关计算资料如图4-10。试用分层总和法

计算地基的最终沉降量。

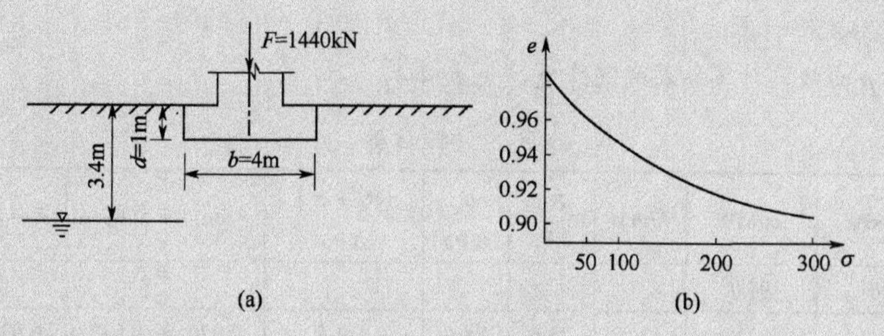

图 4-10　例 4-1 图

解：（1）计算分层厚度。

每层厚度 $h_i < 0.4b = 1.6\text{m}$，地下水位以上分两层，各 1.2m，地下水位以下按 1.6m 分层。

（2）计算地基土的自重应力。

自重应力从天然地面起算，z 的取值从基底面起算。表 4-2 为地基土在不同深度 z 处的自重应力 σ_{cz} 值。

表 4-2　例 4-1 表（a）

z/m	0	1.2	2.4	4.0	5.6	7.2
σ_{cz}/kPa	16	35.2	54.4	65.9	77.4	89

（3）计算基底压力。

$$G = \gamma_G A d = 20 \times 16 \times 1 = 320(\text{kN})$$

$$p = \frac{F+G}{A} = \frac{1440+320}{16} = 110(\text{kPa})$$

（4）计算基底附加压力。

$$p_0 = p - \gamma d = 110 - 16 \times 1 = 94(\text{kPa})$$

（5）计算基础中心点下地基中的附加应力。

用角点法计算，通过基础底面中心点将荷载面四等分，计算边长 $l = b = 2\text{m}$，$\sigma_z = 4\alpha_c p_0$，α_c 值见表 4-3。

表 4-3　例 4-1 表（b）

z/m	z/b	α_c	σ_z/kPa	σ_{cz}/kPa	σ_z/σ_{cz}	z_n/m
0	0	0.2500	94.0	16		
1.2	0.6	0.2229	83.8	35.2		
2.4	1.2	0.1516	57.0	54.4		
4.0	2.0	0.0840	31.6	65.9		
5.6	2.8	0.0502	18.9	77.4	0.24	
7.2	3.6	0.0326	12.3	89.0	0.14	7.2

（6）确定沉降计算深度 z_n。

根据 $\sigma_z = 0.2\sigma_{cz}$ 的确定原则，由计算结果，取 $z_n = 7.2\text{m}$ 。

（7）最终沉降计算。

根据 e-p 曲线，计算各层的沉降量，见表 4-4。

表4-4　例4-1表（c）

z/m	σ_{cz}/kPa	σ_z/kPa	h/mm	$\bar{\sigma}_{cz}$ /kPa	$\bar{\sigma}_z$ /kPa	$(\bar{\sigma}_{cz}+\bar{\sigma}_z)$ /kPa	e_{1i}	e_{2i}	$e_{1i}-e_{2i}$	s_i/mm
0	16	94.0								
1.2	35.2	83.8	1200	25.6	88.9	114.5	0.970	0.937	0.033	20.2
2.4	54．4	57.0	1200	44.8	70.4	115.2	0.960	0.936	0.024	14.6
4.0	65.9	31.6	1600	60.2	44.3	104.5	0.954	0.940	0.014	11.5
5.6	77.4	18.9	1600	71.7	25.3	97.0	0.948	0.942	0.006	5.0
7.2	89.0	12.3	1600	83.2	15.6	98.8	0.944	0.940	0.004	3.4

按分层总和法求得基础最终沉降量为 $s = \sum s_i = 54.7\text{mm}$ 。

4.3.3　规范法

采用上述分层总和法来计算建筑物的沉降，多年来通过大量建筑物沉降观测并与理论计算相对比，结果发现两者的数值往往不同，有的相差很大。坚实地基，用分层总和法计算的沉降值比实测值显著偏大；软弱地基，则计算值比实测值偏小。分析沉降计算值与实测值不符的原因，一方面由于分层总和法在理论上的假定条件与实际情况不完全符合；另一方面由于取土的代表性不够，取原状土的技术以及室内压缩试验的准确度等问题。此外，在沉降计算中，没有考虑地基基础与上部结构的共同作用，这些因素导致了计算值与实测值之间的差异。为了使计算值与实测沉降值相符合，并减少分层总和法的计算工作，在总结大量实践经验的基础上，经统计引入沉降计算经验系数 ψ_s ，对分层总和法的计算结果进行修正。

因此，产生了《建筑地基基础设计规范》（GB 50007—2011）所推荐的地基最终沉降计算方法（以下简称规范法），是另一种形式的分层总和法。它采用侧限条件下的土体压缩性指标，并应用平均附加应力系数计算，对分层求和得到的地基压缩量采用沉降计算经验系数进行修正，使计算结果更接近实测值。

4.3.3.1　计算原理

假设地基土是均质的，在侧限条件下的压缩模量 E_s 不随深度而变，则从基底某点下至地基深度范围内的压缩量 s' 计算如下（图 4-11）：

利用分层总和法计算第 i 层土体的压缩量为：

$$\Delta s' = \frac{\bar{\sigma}_{zi}}{E_{si}} h_i \tag{4-20}$$

也可以表示为：

$$\Delta s' = \int_{z_{i-1}}^{z_i} \frac{\sigma_z}{E_{si}} \mathrm{d}z = \frac{1}{E_{si}} \int_{z_{i-1}}^{z_i} \sigma_z \mathrm{d}z = \frac{1}{E_{si}} \left(\int_0^{z_i} \sigma_z \mathrm{d}z - \int_0^{z_{i-1}} \sigma_z \mathrm{d}z \right) \tag{4-21}$$

式中　$\int_0^{z_i}\sigma_z\mathrm{d}z$——基底中心点至任意深度 z_i 范围内的附加应力面积，用 A_i 来表示，即 $A_i=\int_0^{z_i}\sigma_z\mathrm{d}z$，如图 4-11 中 1234 的面积；

$\int_0^{z_{i-1}}\sigma_z\mathrm{d}z$——基底中心点至任意深度 z_{i-1} 范围内的附加应力面积，用 A_{i-1} 来表示，即 $A_{i-1}=\int_0^{z_{i-1}}\sigma_z\mathrm{d}z$，如图 4-11 中 1256 的面积。

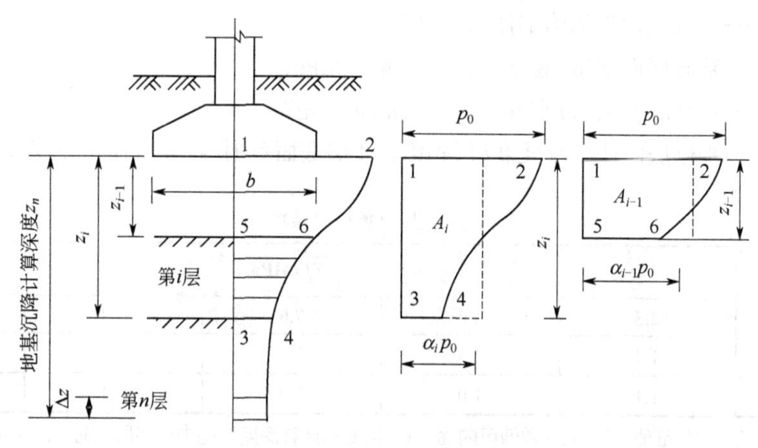

图 4-11　规范法公式推导图

则式（4-21）可表示为：

$$\Delta s'=\frac{A_i-A_{i-1}}{E_{si}} \tag{4-22}$$

由上一章的知识可知 $\sigma_z=\alpha p_0$，分别代入到附加应力面积中得：

$$A_i=\int_0^{z_i}\sigma_z\mathrm{d}z=p_0\int_0^{z_i}\alpha\mathrm{d}z \tag{4-23}$$

$$A_{i-1}=\int_0^{z_i}\sigma_z\mathrm{d}z=p_0\int_0^{z_{i-1}}\alpha\mathrm{d}z \tag{4-24}$$

为了计算方便，引入平均附加应力系数 $\bar{\alpha}=\dfrac{A}{p_0 z}$，则式（4-23）、式（4-24）可表示为：$A_i=p_0 z_i\bar{\alpha}_i$，$A_{i-1}=p_0 z_{i-1}\bar{\alpha}_{i-1}$，分别代入式（4-22）中，可得：

$$\Delta s'=\frac{A_i-A_{i-1}}{E_{si}}=\frac{p_0 z_i\bar{\alpha}_i-p_0 z_{i-1}\bar{\alpha}_{i-1}}{E_{si}}=\frac{p_0}{E_{si}}\left(z_i\bar{\alpha}_i-z_{i-1}\bar{\alpha}_{i-1}\right) \tag{4-25}$$

最终沉降量为：

$$s'=\sum_{i=1}^{n}\Delta s'=\sum_{i=1}^{n}\frac{p_0}{E_{si}}(z_i\bar{\alpha}_i-z_{i-1}\bar{\alpha}_{i-1}) \tag{4-26}$$

4.3.3.2　沉降计算经验系数和沉降计算

由于 s' 推导时做了近似假定和近似处理，而且对某些复杂因素也难以综合反映，因此将其计算结果与大量沉降观察资料结果进行比较后发现，低压缩性的地基土，s'计算值偏大；反之，高压缩性的地基土，s'计算值偏小，为此，规范法沉降计算公式为分层总和法所求的沉降量即式（4-26）乘以沉降计算经验系数 ψ_s，即为：

$$s = \psi_s s' = \psi_s \sum_{i=1}^{n} \frac{p_0}{E_{si}} (z_i \overline{\alpha}_i - z_{i-1} \overline{\alpha}_{i-1}) \tag{4-27}$$

式中 s——地基最终沉降量，mm；

ψ_s——沉降计算经验系数，应根据同类地区已有房屋和构筑物实测最终沉降量与计算降量对比确定，一般采用表 4-5 的数值；

n——地基压缩层（即受压层）范围内所划分的土层数；

p_0——基础底面处的附加压力，kPa；

E_{si}——基础底面下第 i 层土的压缩模量，MPa；

z_i、z_{i-1}——基础底面至第 i 层和第 $i-1$ 层底面的距离，m；

$\overline{\alpha}_i$、$\overline{\alpha}_{i-1}$——基础底面计算点至第 i 层和第 $i-1$ 层底面范围内平均附加应力系数，可查表 4-6。

表 4-5 沉降计算经验系数 ψ_s

基底附加压力	$\overline{E}_s$ /MPa				
	2.5	4.0	7.0	15.0	20.0
$p_0 \geqslant f_{ak}$	1.4	1.3	1.0	0.4	0.2
$p_0 \leqslant 0.75 f_{ak}$	1.1	1.0	0.7	0.4	0.2

注：1. f_{ak} 系地基承载力特征值；2. 表列数值可内插；3. 当变形计算深度范围内有多层土时，E_s 可按附加应力面积 A 的加权平均值采用，即 $E_s = \dfrac{\sum A_i}{\sum \dfrac{A_i}{E_{si}}}$。

表 4-6 矩形面积上均布荷载作用下角点的平均附加应力系数 $\overline{\alpha}_i$

z/b	l/b												
	1.0	1.2	1.4	1.6	1.8	2.0	2.4	2.8	3.2	3.6	4.0	5.0	10.0
0.0	0.2500	0.2500	0.2500	0.2500	0.2500	0.2500	0.2500	0.2500	0.2500	0.2500	0.2500	0.2500	0.2500
0.2	0.2496	0.2497	0.2497	0.2498	0.2498	0.2498	0.2498	0.2498	0.2498	0.2498	0.2498	0.2498	0.2498
0.4	0.2474	0.2479	0.2481	0.2483	0.2483	0.2484	0.2485	0.2485	0.2485	0.2485	0.2485	0.2485	0.2485
0.6	0.2423	0.2437	0.2444	0.2448	0.2451	0.2452	0.2454	0.2455	0.2455	0.2455	0.2455	0.2455	0.2456
0.8	0.2346	0.2372	0.2387	0.2395	0.2400	0.2403	0.2407	0.2408	0.2409	0.2409	0.2410	0.2410	0.2410
1.0	0.2252	0.2291	0.2313	0.2326	0.2335	0.2340	0.2346	0.2349	0.2351	0.2352	0.2352	0.2353	0.2353
1.2	0.2149	0.2199	0.2229	0.2248	0.2260	0.2268	0.2278	0.2282	0.2285	0.2286	0.2287	0.2288	0.2289
1.4	0.2043	0.2102	0.2140	0.2164	0.2180	0.2191	0.2204	0.2211	0.2215	0.2217	0.2218	0.2220	0.2221
1.6	0.1939	0.2006	0.2049	0.2079	0.2099	0.2113	0.2130	0.2138	0.2143	0.2146	0.2148	0.2150	0.2152
1.8	0.1840	0.1912	0.1960	0.1994	0.2018	0.2034	0.2055	0.2066	0.2073	0.2077	0.2079	0.2082	0.2084
2.0	0.1746	0.1822	0.1875	0.1912	0.1938	0.1958	0.1982	0.1996	0.2004	0.2009	0.2012	0.2015	0.2018
2.2	0.1659	0.1737	0.1793	0.1833	0.1862	0.1883	0.1911	0.1927	0.1937	0.1943	0.1947	0.1952	0.1955
2.4	0.1578	0.1657	0.1715	0.1757	0.1789	0.1812	0.1843	0.1862	0.1873	0.1880	0.1885	0.1890	0.1895
2.6	0.1503	0.1583	0.1642	0.1686	0.1719	0.1745	0.1779	0.1799	0.1812	0.1820	0.1825	0.1832	0.1838
2.8	0.1433	0.1514	0.1574	0.1619	0.1654	0.1680	0.1717	0.1739	0.1753	0.1763	0.1769	0.1777	0.1784
3.0	0.1369	0.1449	0.1510	0.1556	0.1592	0.1619	0.1658	0.1682	0.1698	0.1708	0.1715	0.1725	0.1733

续表

z/b	l/b												
	1.0	1.2	1.4	1.6	1.8	2.0	2.4	2.8	3.2	3.6	4.0	5.0	10.0
3.2	0.1310	0.1390	0.1450	0.1497	0.1533	0.1562	0.1602	0.1628	0.1645	0.1657	0.1664	0.1675	0.1685
3.4	0.1256	0.1334	0.1394	0.1441	0.1478	0.1508	0.1550	0.1577	0.1595	0.1607	0.1616	0.1628	0.1639
3.6	0.1205	0.1282	0.1342	0.1389	0.1427	0.1456	0.1500	0.1528	0.1548	0.1561	0.1570	0.1583	0.1595
3.8	0.1158	0.1234	0.1293	0.1340	0.1378	0.1408	0.1452	0.1482	0.1502	0.1516	0.1526	0.1541	0.1554
4.0	0.1114	0.1189	0.1248	0.1294	0.1332	0.1362	0.1408	0.1438	0.1459	0.1474	0.1485	0.1500	0.1516
4.2	0.1073	0.1147	0.1205	0.1251	0.1289	0.1319	0.1365	0.1396	0.1418	0.1434	0.1445	0.1462	0.1479
4.4	0.1053	0.1107	0.1164	0.1210	0.1248	0.1279	0.1325	0.1357	0.1379	0.1396	0.1407	0.1425	0.1444
4.6	0.1000	0.1070	0.1127	0.1172	0.1209	0.1240	0.1287	0.1319	0.1342	0.1359	0.1371	0.1390	0.1410
4.8	0.0967	0.1036	0.1091	0.1136	0.1173	0.1204	0.1250	0.1283	0.1307	0.1324	0.1337	0.1357	0.1379
5.0	0.0935	0.1003	0.1057	0.1102	0.1139	0.1169	0.1216	0.1249	0.1273	0.1291	0.1304	0.1325	0.1348
5.2	0.0906	0.0972	0.1026	0.1070	0.1106	0.1136	0.1183	0.1217	0.1241	0.1259	0.1273	0.1295	0.1320
5.4	0.0878	0.0943	0.0996	0.1039	0.1075	0.1105	0.1152	0.1186	0.1211	0.1229	0.1243	0.1265	0.1292
5.6	0.0852	0.0916	0.0968	0.1010	0.1046	0.1076	0.1122	0.1156	0.1181	0.1200	0.1215	0.1238	0.1266
5.8	0.0828	0.0890	0.0941	0.0983	0.1018	0.1047	0.1094	0.1128	0.1153	0.1172	0.1187	0.1211	0.1240
6.0	0.0805	0.0866	0.0916	0.0957	0.0991	0.1021	0.1067	0.1101	0.1126	0.1146	0.1161	0.1185	0.1216
6.2	0.0783	0.0842	0.0891	0.0932	0.0966	0.0995	0.1041	0.1075	0.1101	0.1120	0.1136	0.1161	0.1193
6.4	0.0762	0.0820	0.0869	0.0909	0.0942	0.0971	0.1016	0.1050	0.1076	0.1096	0.1111	0.1137	0.1171
6.6	0.0742	0.0799	0.0847	0.0886	0.0919	0.0948	0.0993	0.1027	0.1053	0.1073	0.1088	0.1114	0.1149
6.8	0.0723	0.0779	0.0826	0.0865	0.0898	0.0926	0.0970	0.1004	0.1030	0.1050	0.1066	0.1092	0.1129
7.0	0.0705	0.0761	0.0806	0.0844	0.0877	0.0904	0.0949	0.0982	0.1008	0.1028	0.1044	0.1071	0.1109
7.2	0.0688	0.0742	0.0787	0.0825	0.0857	0.0884	0.0928	0.0962	0.0987	0.1008	0.1023	0.1051	0.1090
7.4	0.0672	0.0725	0.0769	0.0806	0.0838	0.0865	0.0908	0.0942	0.0967	0.0988	0.1004	0.1031	0.1071
7.6	0.0656	0.0709	0.0752	0.0789	0.0820	0.0846	0.0889	0.0922	0.0948	0.0968	0.0984	0.1012	0.1054
7.8	0.0642	0.0693	0.0736	0.0771	0.0802	0.0828	0.0871	0.0904	0.0929	0.0950	0.0966	0.0994	0.1036
8.0	0.0627	0.0678	0.0720	0.0755	0.0785	0.0811	0.0853	0.0886	0.0912	0.0932	0.0948	0.0976	0.1020
8.2	0.0614	0.0663	0.0705	0.0739	0.0769	0.0795	0.0837	0.0869	0.0894	0.0914	0.0931	0.0959	0.1004
8.4	0.0601	0.0649	0.0690	0.0724	0.0754	0.0779	0.0820	0.0852	0.0878	0.0893	0.0914	0.0943	0.0938
8.6	0.0588	0.0636	0.0676	0.0710	0.0739	0.0764	0.0805	0.0836	0.0862	0.0882	0.0898	0.0927	0.0973
8.8	0.0576	0.0623	0.0663	0.0696	0.0724	0.0749	0.0790	0.0821	0.0846	0.0866	0.0882	0.0912	0.0959
9.2	0.0554	0.0599	0.0637	0.0670	0.0697	0.0721	0.0761	0.0792	0.0817	0.0837	0.0853	0.0882	0.0931
9.6	0.0533	0.0577	0.0614	0.0645	0.0672	0.0696	0.0734	0.0765	0.0789	0.0809	0.0825	0.0855	0.0905
10.0	0.0514	0.0556	0.0592	0.0622	0.0649	0.0672	0.0710	0.0739	0.0763	0.0783	0.0799	0.0829	0.0880
10.4	0.0496	0.0537	0.0572	0.0601	0.0627	0.0649	0.0686	0.0716	0.0739	0.0759	0.0775	0.0804	0.0857
10.8	0.0479	0.0519	0.0553	0.0581	0.0606	0.0628	0.0664	0.0693	0.0717	0.0736	0.0751	0.0781	0.0834
11.2	0.0463	0.0502	0.0535	0.0563	0.0587	0.0609	0.0644	0.0672	0.0695	0.0714	0.0730	0.0759	0.0813

续表

z/b	l/b												
	1.0	1.2	1.4	1.6	1.8	2.0	2.4	2.8	3.2	3.6	4.0	5.0	10.0
11.6	0.0448	0.0486	0.0518	0.0545	0.0569	0.0590	0.0625	0.0652	0.0675	0.0694	0.0709	0.0738	0.0793
12.0	0.0435	0.0471	0.0502	0.0529	0.0552	0.0573	0.0606	0.0634	0.0656	0.0674	0.0690	0.0719	0.0774
12.8	0.0409	0.0444	0.0474	0.0499	0.0521	0.0541	0.0573	0.0599	0.0621	0.0639	0.0654	0.0682	0.0739
13.6	0.0387	0.0420	0.0448	0.0472	0.0493	0.0512	0.0543	0.0568	0.0589	0.0607	0.0621	0.0649	0.0707
14.4	0.0367	0.0398	0.0425	0.0448	0.0468	0.0486	0.0516	0.0540	0.0561	0.0577	0.0592	0.0619	0.0677
15.2	0.0349	0.0379	0.0404	0.0426	0.0446	0.0463	0.0492	0.0515	0.0535	0.0551	0.0565	0.0592	0.0650
16.0	0.0332	0.0361	0.0385	0.0407	0.0425	0.0442	0.0469	0.0492	0.0511	0.0527	0.0540	0.0567	0.0625
18.0	0.0297	0.0323	0.0345	0.0364	0.0381	0.0396	0.0422	0.0442	0.0460	0.0475	0.0487	0.0512	0.0570
20.0	0.0269	0.0292	0.0312	0.0330	0.0345	0.0359	0.0383	0.0402	0.0418	0.0432	0.0444	0.0468	0.0524

式中的经验系数 ψ_s 综合考虑了沉降计算公式中所不能反映的一些因素，如土的工程地质类型不同、选用的压缩模量与实际的出入、土层的非均质性对应力分布的影响、荷载性质的不同与上部结构对荷载分布的调整作用等。还应注意，平均附加应力系数 $\bar{\alpha}_i$ 系指基础底面计算点至第 i 层全部土层的附加应力系数平均值，而非地基中某一点的附加应力系数。

4.3.3.3 地基沉降计算深度 z_n

地基沉降计算深度 z_n 可按下述方法确定：

存在相邻荷载影响的情况下，应满足下式要求：

$$\Delta s_n' \leqslant 0.025\sum_{i=1}^{n}\Delta s_i' \tag{4-28}$$

式中 $\Delta s_n'$——在深度 z_n 处，向上取计算厚度为 Δz 的计算变形值，Δz 查表 4-7；

$\Delta s_i'$——在深度 z_n 范围内，第 i 层土的计算变形量。

表 4-7 Δz 取值

b/m	≤2	2＜b≤4	4＜b≤8	b＞8
Δz/m	0.3	0.6	0.8	1.0

对无相邻荷载的独立基础，可按下列简化的经验公式确定沉降计算深度 z_n：

$$z_n = b(2.5 - 0.4\ln b) \tag{4-29}$$

单向分层总和法计算地基最终沉降量，物理意义比较明确。规范法，应用附加应力面积系数的原理，考虑了单向分层总和法的理论简化所造成的计算值与实测沉降之间的差别，并进行了校正，因此，这种方法的计算结果更符合实际。在多层土地基沉降计算时，规范法可以节省计算工作量和时间。

【例 4-2】如图 4-12，基底尺寸为 4m×2m，埋深 1.5m，传至基础顶面的中心荷载 $F=$ 1190kN，地基的土层分层及各层土的压缩模量如图中所示，试用规范法计算基础中点下的最终沉降量。

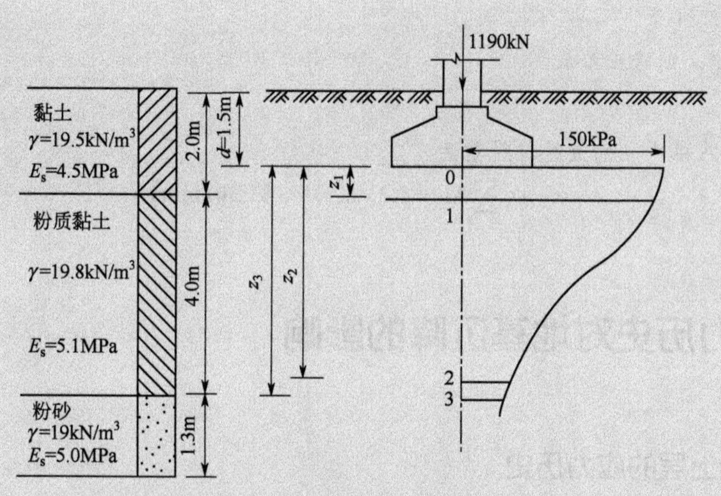

图4-12 例4-2图

解：（1）基底压力和基底附加压力。

基底压力：$p=\dfrac{F+G}{A}=\dfrac{1190+20\times4\times2\times1.5}{4\times2}=178.75(\text{kPa})\approx179(\text{kPa})$

基底附加压力：$p_0=p-\gamma d=179-18.5\times1.5=0.15(\text{MPa})$

（2）沉降计算深度。

$$z_n=b(2.5-0.4\ln b)=2\times(2.5-0.4\times\ln2)=4.5(\text{m})$$

（3）计算深度内土层压缩量，见表4-8。

表4-8 例4-2表

z_i /m	l/b	z/b	$\bar{\alpha}_i$	$(z_i\bar{\alpha}_i)$ /mm	$(z_i\bar{\alpha}_i-z_{i-1}\bar{\alpha}_{i-1})$ /mm	$\dfrac{p_0}{E_{si}}$	Δs_i /mm	$\dfrac{\Delta s_n}{\sum\Delta s_i}$
0	$\dfrac{4}{2}\div\dfrac{2}{2}=2$	0	4×0.2500=1.000	0				
0.5		0.5	4×0.2468=0.9872	493.60	493.60	0.033	16.29	
4.2		4.2	4×0.1319=0.5276	2215.92	1722.32	0.029	49.95	
4.5		4.5	4×0.1260=0.5040	2268.00	52.08	0.029	1.51	0.0223（≤0.025）

① 求$\bar{\alpha}$。使用表4-6时，因为它是角点下平均附加应力系数，而所需计算的则为基础中点下的沉降量，因此查表时要应用“角点法”，即将基础分为4块（面积相同），查表时按$\dfrac{l/2}{b/2}=l/b$、$\dfrac{z}{b/2}$查，查得的平均附加应力系数应乘以4。

② z_n校核。根据规范规定，由表4-7定下Δz=0.3m，计算出Δs_n=1.51mm，并除以$\Sigma\Delta s_i$（67.75mm），得0.0223（≤0.025），表明所取z_n=4.5m符合要求。

（4）压缩模量当量值。

$$\bar{E}_s=\frac{\sum A_i}{\sum(A_i/E_{si})}=\frac{p_0\sum(z_i\bar{\alpha}_i-z_{i-1}\bar{\alpha}_{i-1})}{p_0\sum[(z_i\bar{\alpha}_i-z_{i-1}\bar{\alpha}_{i-1})/E_{si}]}=\frac{493.60+1722.32+52.08}{\dfrac{493.60}{4.5}+\dfrac{1722.32}{5.1}+\dfrac{52.08}{5}}=4.95(\text{MPa})$$

（5）最终沉降量。

由 $p_0 = f_{ak}$，则修正系数：

$$\psi_s = 1.2$$

计算得到基础中点的最终沉降量为：

$$s = \psi_s \sum \Delta s_i = 1.2 \times 67.75 = 81.30(\text{mm})$$

4.4 应力历史对地基沉降的影响

4.4.1 天然土层的应力历史

土层的应力历史是指土在形成的年代中经受应力变化的情况。土层在形成和存在的过程中所经受的应力是不同的。土层在地质历史过程中受到的最大固结压力（包括自重和外荷）称为前期固结压力，以 p_c 表示，其与现今天然状态下土层自重应力（以 p_0 表示）之比，称为土的超固结比 OCR，其定义式为：

$$\text{OCR} = \frac{p_c}{p_0} \tag{4-30}$$

依据 OCR，天然土层可分为三种固结状态（见图 4-13）。

① OCR =1，即 $p_c = p_0$，称正常固结土，表征某一深度的土层在地质历史上所受过的最大压力 p_c 与现今的自重应力相等，土层处于正常固结状态。一般来说，这种土层沉积时间较长，在其自重应力作用下已达到了最终的固结，沉积后土层厚度没有什么变化，也没有受过侵蚀或其他卸荷作用等。

② OCR ＞1，即 $p_c > p_0$，称超固结土，表征土层曾经受到的最大压力比现今的自重应力要大，处于超固结状态。如土层在地质历史上有过相当厚的沉积物，后来由于地面上升或河流冲刷将上部土层剥蚀掉；或者古冰川下受过冰荷重的压缩，后来气候转暖冰川融化，压力减小；或者由于古老建筑物的拆毁、地下水位的长期变化以及土层的干缩；或者是人类工程活动如碾压、打桩等，这些都可以使土层成为超固结土。

③ OCR ＜1，即 $p_c < p_0$，称欠固结土，表征土层的固结程度尚未达到现有自重应力条件下的最终固结状态，处于欠固结状态。一般来说，这种土层的沉积时间较短，土层在其自重作用下还未完成固结，还处于继续压缩之中。如新近沉积的淤泥、冲填土等属欠固结土。

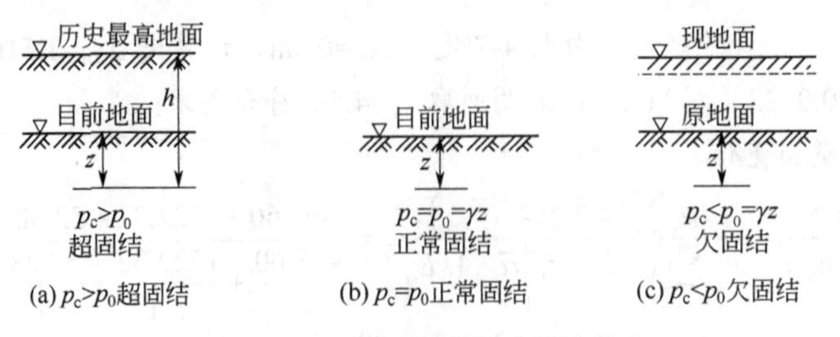

(a) p_c>p_0超固结　(b) p_c=p_0正常固结　(c) p_c<p_0欠固结

图 4-13　天然土层的三种固结状态

由此可见，前期固结压力是反映土层原始应力状态的一个指标。一般当施加于土层的荷重小于或等于土的前期固结压力时，土层的压缩变形将极小，甚至可以忽略不计。当荷重超过土的前期固结压力时，土层的压缩变形量将会发生很大的变化。当其他条件相同时，超固结土的压缩变形量常小于正常固结土的压缩量，而欠固结土的压缩量则大于正常固结土的压缩量。因此，在计算地基变形量时，必须首先弄清土层的受荷历史，以便分别考虑这三种不同固结状态的影响，使地基变形量的计算尽量符合实际情况。

为了判断天然土层的固结状态及应力历史对地基变形的影响，需要确定土的前期固结压力。

人们通过长期实践经验，摸索出了从压缩试验曲线中确定 p_c 的方法，实际中比较常用的是美国学者卡萨格兰德（A. Casagrade）的经验图解法，简称“C”法，其步骤如下：

① 取原状土做室内固结试验，绘出 $e-\lg p$ 曲线，如图 4-14 所示；

② 在 $e-\lg p$ 曲线的转折点处，找出相应最小曲率半径的点 o，过 o 点作该曲线的切线 ob 和平行于横坐标的水平线 oc；

③ 作 $\angle boc$ 的角分线 od，延长 $e-\lg p$ 曲线后段的直线段与 od 线相交于 a 点，则 a 点所对应的有效固结压力 p_c 即为该原状土的前期固结压力。

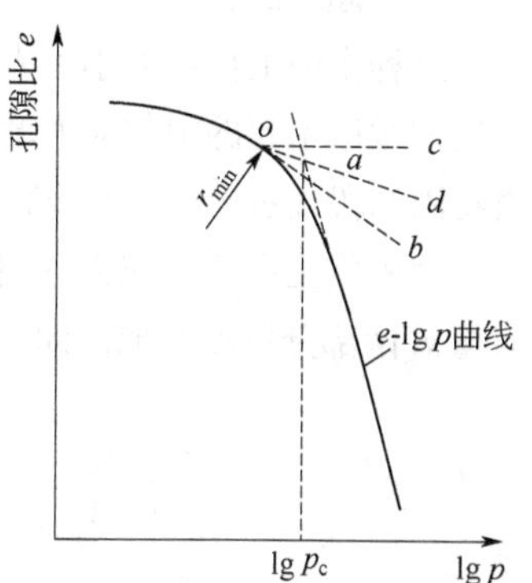

图 4-14　以 e-lg p 曲线求先期固结压力

上述图解法是目前最常用的一种简便方法。但应注意，若试验时采用的压缩稳定标准及绘制 $e-\lg p$ 曲线时采用的比例不同，对相应最小曲率半径的 o 点定得不准，都将影响 p_c 值的确定。因此，如何能确定较符合实际的前期固结压力，尚需进一步研究。

4.4.2　考虑应力历史的地基最终沉降量计算

4.4.2.1　单一压缩土层的沉降量计算

设地基中有一较薄的压缩土层，由上覆土自重所引起的初始应力为 p_0，基底沉降计算压力作用下，该土层中产生的平均压缩应力为 Δp，设只考虑地基土的竖向压缩变形，可推导出用 $e-\lg p$ 曲线和压缩指数 C_c 的土层沉降量计算公式如下：

$$s = \frac{H_1 C_c}{1+e_0} \lg \frac{p_0 + \Delta p}{p_0} \tag{4-31}$$

推导过程如下：

由压缩系数的定义 $C_c = \dfrac{e_1 - e_2}{\lg p_1 - \lg p_2}$ 可得：

$$-\Delta e = C_c \lg \frac{p_2}{p_1} = C_c \lg \frac{p_1 + \Delta p}{p_1} \tag{4-32}$$

又因

$$a = -\frac{\Delta e}{\Delta p}$$

所以

$$a = \frac{C_c}{\Delta p} \lg \frac{p_1 + \Delta p}{p_1}$$

由
$$s=\frac{a}{1+e_0}\sigma_z H$$

将上式代入即得。

上式中没有反映土的受荷和固结历史，须根据不同受荷历史和固结情况分别说明。

（1）正常固结土

土的上覆压力等于先期固结压力（$p_0=p_c$），所以

$$s=\frac{H_1 C_c}{1+e_0}\lg\frac{p_0+\Delta p}{p_0} \tag{4-33}$$

（2）超固结土

这种土的上覆压力小于先期固结压力（$p_0<p_c$），这种情况比正常固结土复杂，因为在建筑物荷载所引起的附加应力增量Δp段内，可能跨越土层的超固结和正常固结两部分。$p_0\sim p_c$段属超固结段，$p_c\sim(p_0+\Delta p)$段属正常固结段，两部分应分别计算然后求和。

超固结土在压缩应力Δp作用下的压缩量就必须由超固结段的压缩量s_1和正常固结段的压缩量s_2两部分总和而成，即

$$s=s_1+s_2 \tag{4-34}$$

$$s_1=H_1\frac{C_e}{1+e_0}\lg\frac{p_c}{p_0}$$

$$s_2=H_1\frac{C_c}{1+e_0}\lg\frac{p_0+\Delta p}{p_0}$$

所以
$$s=\frac{H_1}{1+e_0}\left(C_s\lg\frac{p_c}{p_0}+C_c\lg\frac{p_0+\Delta p}{p_0}\right) \tag{4-35}$$

式中　C_e——回弹或再压缩指数。

如果压缩应力Δp较小，$p_0+\Delta p$尚未超过先期固结压力p_c时，则土始终处于超固结阶段。这时土层的压缩量计算就简化为:

$$s=H_1\frac{C_e}{1+e_0}\lg\frac{p_0+\Delta p}{p_0} \tag{4-36}$$

（3）欠固结土

这种土在自重作用下尚未充分固结。在欠固结土层上修建建筑物，不但由建筑物荷载引起的压缩应力会使土层产生压缩，而且还有土层原来欠固结部分的自重应力也会引起土的压缩。欠固结土层压缩量的计算较复杂，可参阅有关专门论述。

4.4.2.2　分层总和法计算沉降量

利用$e-\lg p$曲线计算沉降量的方法步骤和前述利用$e-p$曲线相似。现分正常固结土和超固结土两种情况分别讨论。

（1）正常固结土

土的上覆压力等于先期固结压力（$p_0=p_c$）。

设地基中某一分层的初始应力为p_{0i}，在建筑物荷载下产生的附加应力为Δp_i，则可求得该分层的压缩量为:

$$s_i = \frac{H_{1i}C_{ci}}{1+e_0}\lg\frac{p_{0i}+\Delta p_i}{p_{0i}} \tag{4-37}$$

若求基底的最终沉降量：

$$s = \sum_{i=1}^{n} s_i = \sum_{i=1}^{n}\frac{H_{1i}C_{ci}}{1+e_0}\lg\frac{p_{0i}+\Delta p_i}{p_{0i}} \tag{4-38}$$

（2）超固结土

计算中分别按附加应力的大小按下列两种情况计算后叠加。

当满足 $p_0+\Delta p > p_c$ 的各分层的总固结沉降量为：

$$s_n = \sum_{i=1}^{n}\frac{H_{1i}}{1+e_{0i}}\left(C_{si}\lg\frac{p_{ci}}{p_{0i}} + C_{ci}\lg\frac{p_{0i}+\Delta p_i}{p_{0i}}\right) \tag{4-39}$$

式中　n——压缩土层中满足 $p_0+\Delta p > p_c$ 的分层数；

p_{ci}——第 i 层土的先期固结压力。

其余符号意义如前所述。

当满足 $p_0+\Delta p \leqslant p_c$ 的各分层的总固结沉降量为：

$$s_m = \sum_{i=1}^{m} H_{1i}\frac{C_{si}}{1+e_{0i}}\lg\frac{p_{0i}+\Delta p_i}{p_{0i}} \tag{4-40}$$

式中　m——压缩土层中满足 $p_0+\Delta p \leqslant p_c$ 的分层数。

其余符号意义如前所述。

总的沉降量即为两部分之和：

$$s = s_n + s_m \tag{4-41}$$

4.5　地基沉降和时间的关系

饱和黏土受荷载后，一般都要经历缓慢的渗透固结过程，压缩变形才能逐渐终止。上述沉降计算方法得出的是渗透固结稳定时达到的最终沉降量。在工程设计中，除了要知道最终沉降量之外，往往还需要知道沉降随时间的变化（增长）过程，亦即沉降与时间的关系。

4.5.1　饱和土的渗透固结

土的压缩是时间的函数，通常把土在外荷作用下，压缩量随时间增长的过程称为固结。我们知道饱和土体的压缩主要是由土在外荷作用下孔隙水被挤出，以致孔隙体积减小所引起的。孔隙中自由水排出的速度主要取决于土的渗透性和土的厚度，土的渗透性越低或土层越厚，孔隙水排出所需要的时间就越长，固结稳定所需要的时间就越长。

为了形象地说明饱和土体的渗透固结过程，太沙基于 1923 年提出一个力学模型，它可以模拟饱和土体中某点的渗透固结过程。模型如图 4-15 所示，在一个盛满水的容器中，水面放置一带孔的活塞，活塞又被弹簧所支承，整个模型表示饱和的土体，容器内的水表示土中的自由水，带孔的活塞表示土体的透水性，弹簧表示土的颗粒骨架。在外荷载总压力 σ 作用下，土中孔隙水所承担的压力称为孔隙水压力（可通过接测压管得到），以u表示；弹簧即土颗粒所承担的压力称为有效应力，以σ'表示。由有效应力原理可得：

$$\sigma=\sigma'+u \tag{4-42}$$

从上述分析中知道，土的压缩过程是时间的函数，那么随着时间的变化，孔隙水压力和有效应力对总应力的分担比例逐渐变化。

① 当$t=0$时，即活塞顶面受到压力σ的瞬间，由于水还来不及排出，弹簧没有任何变形，所以施加的压力将全部由孔隙水承担，即$u=\sigma$，$\sigma'=0$，如图 4-15（a）所示。

② 当 $t>0$ 时，即活塞顶面受到压力σ一段时间后，由于水受压后，筒中的水不断地从孔隙中排出，活塞下降，弹簧被压缩而开始受力，所以施加的压力将由孔隙水和有效应力共同承担，即$u>0$，$\sigma'>0$，如图 4-15（b）所示。

③ 当$t\to\infty$时，即水从孔隙中充分排出，孔隙水压力完全消散，活塞下降直至σ全部由弹簧所承担，表示饱和土的渗透固结完成，即$u=0$，$\sigma'=\sigma$，如图 4-15（c）所示。

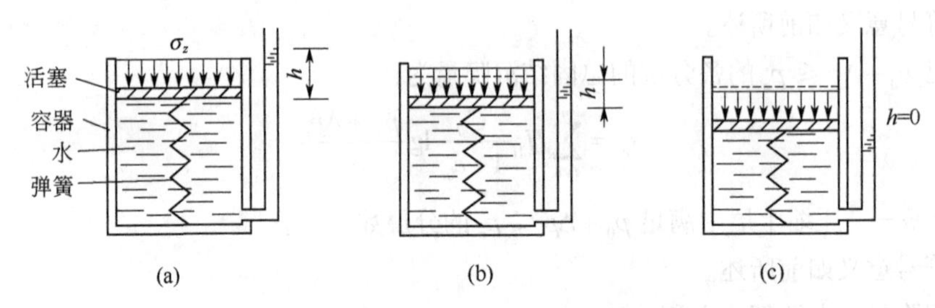

图 4-15　饱和土的渗透固结模型

由此可见，饱和土的渗透固结过程就是孔隙水压力向有效应力转化的过程。只有有效应力才能使土骨架产生压缩，从而使地基产生变形。土体中某点的有效应力的增长程度反映该点土的固结完成程度。

4.5.2　太沙基一维固结理论

当可压缩土层的上面或者下面有排水砂层时，在土层表面外荷载作用下，该层中孔隙水主要沿着竖向排出，这种情况称为单向固结。为了求解饱和土层在单向渗透固结过程中某一时间的变形，通常采用太沙基提出的一维固结理论进行计算。

为了便于分析固结过程，太沙基做了如下假定：

① 土层是均质的、完全饱和的；

② 在固结过程中，土粒和水是不可压缩的；

③ 水的排出和土层的压缩只沿一个方向（竖向）发生；

④ 土的压缩速率不仅取决于自由水的排出速度，而且水的渗流遵从达西定律，渗透系数k保持不变；

⑤ 孔隙比的变化与有效应力的变化成正比，即$\dfrac{-\mathrm{d}e}{\mathrm{d}\sigma'}=a$，且压缩系数$a$保持不变。

⑥ 外荷载是一次瞬时施加的。

如图 4-16 所示，设厚度为H的饱和土层，顶面是透水的，底面是不透水和不可压缩层。

可压缩土层在自重应力下已固结完成，现在顶面一次骤然施加连续均布荷载 p_0，由于荷载面积远大于土层厚度，所以它所引起的附加应力不随深度而变，近似地看作矩形分布。

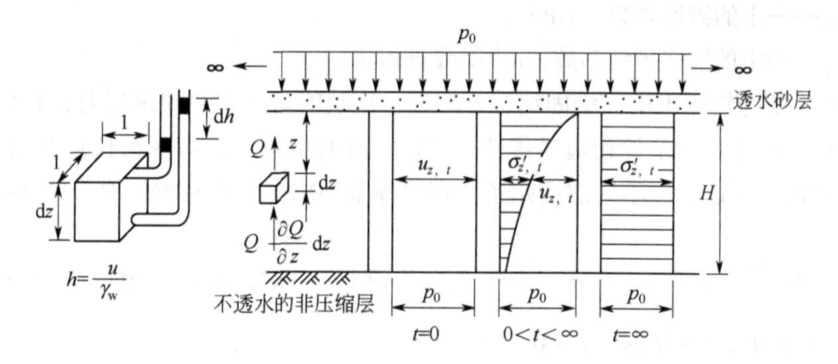

图 4-16　饱和土的固结过程

由于下卧不可压缩土层为不透水的，故土中水只能垂直向上排出（称为单面排水）。从饱和土层顶面下深度 z 处取一微单元土体 $1\times1\times\mathrm{d}z$，在施加均布荷载 t 时间后，流经该微单元土体的水量变化为：

$$\left(Q+\frac{\partial Q}{\partial z}\mathrm{d}z\right)\mathrm{d}t-Q\mathrm{d}t=\frac{\partial Q}{\partial z}\mathrm{d}z\mathrm{d}t \tag{4-43}$$

根据达西定律可知：

$$Q=vA=ki=k\frac{\partial h}{\partial z}=\frac{k}{\gamma_w}\times\frac{\partial u}{\partial z} \tag{4-44}$$

把式（4-44）代入式（4-43）可得在时间间隔 dt 内流经该微单元土体的水量变化为：

$$\frac{\partial Q}{\partial z}\mathrm{d}z\mathrm{d}t=\frac{k}{\gamma_w}\times\frac{\partial^2 u}{\partial z^2}\mathrm{d}z\mathrm{d}t \tag{4-45}$$

在时间间隔 dt 内，单元体孔隙体积会随着时间的变化而减小，减小后的体积为：

$$\frac{\partial V_v}{\partial t}\mathrm{d}t=\frac{\partial}{\partial t}\left(\frac{e}{1+e}\right)\mathrm{d}z\mathrm{d}t=\frac{1}{1+e}\times\frac{\partial e}{\partial t}\mathrm{d}z\mathrm{d}t \tag{4-46}$$

由于 $\mathrm{d}e=-a\mathrm{d}\sigma'=a\mathrm{d}u$，代入上式可得单元体孔隙体积的变化量为：

$$\frac{\partial V_v}{\partial t}\mathrm{d}t=\frac{a}{1+e}\times\frac{\partial u}{\partial t}\mathrm{d}z\mathrm{d}t \tag{4-47}$$

由于已假定土粒和水本身都不可压缩，在时间间隔 dt 内流经该微单元土体的孔隙水量的变化应等于微分土体中孔隙体积的变化。即有：

$$\frac{k}{\gamma_w}\times\frac{\partial^2 u}{\partial z^2}\mathrm{d}z\mathrm{d}t=\frac{a}{1+e}\times\frac{\partial u}{\partial t}\mathrm{d}z\mathrm{d}t \tag{4-48}$$

令

$$C_v=\frac{k(1+e)}{a\gamma_w} \tag{4-49}$$

则式（4-48）可变换为

$$C_v\frac{\partial^2 u}{\partial z^2}=\frac{\partial u}{\partial t} \tag{4-50}$$

式中　e——土层固结前的初始孔隙比；

a——土的压缩系数，MPa^{-1}；

k——土的渗透系数，cm/s；

C_v——土的竖向固结系数，m^2/年或cm^2/年。

式（4-50）即为饱和土的一维固结微分方程，反映的是土中孔隙水压力 u 随时间 t 与深度 z 的关系。在一定的初始条件和边界条件下，该方程有解析解，可求得任意时刻、任意深度的孔隙水压力值。可以根据不同的初始条件和边界条件求得它的特解。对于图 4-16 所示的情况有：

当 $t=0$ 和 $0 \leqslant z \leqslant H$ 时，$u=\sigma_z=p_0$；$0<t<\infty$ 和 $z=0$ 时，$u=0$；$0 \leqslant t \leqslant \infty$ 和 $z=H$ 时，$\frac{\partial u}{\partial z}=0$；$t=\infty$ 和 $0 \leqslant z \leqslant H$ 时，$u=0$。

应用傅里叶级数，可求得满足上述边界条件的解如下：

$$u_{z,t}=\frac{4\sigma_z}{\pi}\sum_{m=1}^{m=\infty}\frac{1}{m}\sin\frac{m\pi z}{2H}\mathrm{e}^{-m^2\frac{\pi^2}{4}T_v} \tag{4-51}$$

$$T_v=\frac{C_v}{H^2}t \tag{4-52}$$

式中　m——奇数正整数（1, 3, 5, …）。

e——自然对数底数。

H——排水最长距离，当土层为单面排水时，H 等于土层厚度；当土层上下双面排水时，H 采用一半土层厚度，cm。

T_v——时间因数（无量纲）。

t——固结历时，年。

4.5.3　固结度

地基在固结过程中任一时刻 t 的沉降量 s_t 与其最终沉降量 s 之比，称为地基在 t 时刻的固结度，可表示为 U_t，即

$$U_t=\frac{s_t}{s} \tag{4-53}$$

利用分层总和法的思路，上式可表示为：

$$U_t=\frac{\frac{\alpha}{1+e}\int_0^H\sigma_z'\mathrm{d}z}{\frac{\alpha}{1+e}\int_0^H\sigma_z\mathrm{d}z}=\frac{\int_0^H\sigma_z\mathrm{d}z-\int_0^H u\mathrm{d}z}{\int_0^H\sigma_z\mathrm{d}z}=1-\frac{\int_0^H u\mathrm{d}z}{\int_0^H\sigma_z\mathrm{d}z} \tag{4-54}$$

由此可见，土层的固结度也就是土层中孔隙水压力向有效应力转化的完成程度。

上式适用于任何应力分布和地基排水的情况，显然，固结度随时间增加而逐渐增大，由 $t=0$ 时为 0 增至 $t=\infty$ 时的 1.0。当然通过计算可以得到任一时刻土层的固结度。

将式（4-51）代入式（4-54）经积分可得到土层受连续均布荷载作用下土层的固结度为：

$$U_t=1-\frac{8}{\pi^2}\sum_{m=1}^{m=\infty}\frac{1}{m^2}\mathrm{e}^{-m^2\frac{\pi^2}{4}T_v} \tag{4-55}$$

或
$$U_t = 1 - \frac{8}{\pi^2}\left(e^{-\frac{\pi^2}{4}T_v} + \frac{1}{9}e^{-9\times\frac{\pi^2}{4}T_v} + \cdots\right) \tag{4-56}$$

上式是一快速收敛的级数，从实用目的考虑，通常采用第一项已经足够，因此，式（4-56）亦可近似写成：

$$U_t = 1 - \frac{8}{\pi^2}e^{-\frac{\pi^2}{4}T_v} \tag{4-57}$$

由此可见，固结度U_t仅为时间因数T_v的函数，只要求得时间因数T_v，就可求得U_t。

以上讨论的固结度是以均质单向排水、荷载一次骤然施加、附加应力沿土层为均匀分布时的U_t和T_v的关系。如果其他条件不变，U_t-T_v的关系会随着附加应力的分布情况不同而不同，大致可分为五种附加应力的分布情况，如图 4-17 所示。为方便起见，需引入系数 a，其定义为 $a=\frac{\sigma'_z}{\sigma''_z}$，$\sigma'_z$表示排水面附加应力，$\sigma''_z$表示不透水面附加应力。

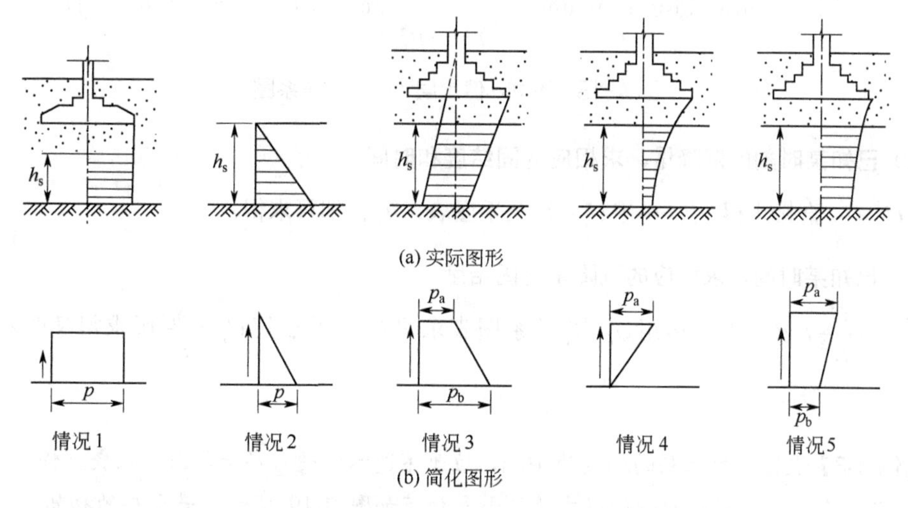

图 4-17　应力的分布图形（单面排水，箭头表示水流方向）

情况 1：基础底面很大而压缩土层较薄的情况。

情况 2：相当于无限宽广的水力冲填土层，由于自重压力而产生固结的情况。

情况 3：相当于基础底面积较小，在压缩土层底面的附加应力已接近零的情况。

情况 4：相当于地基在自重作用下尚未固结就在上面修建建筑物基础的情况。

情况 5：与情况 3 相似，但相当于在压缩土层底面的附加应力还不接近于零的情况。

以上情况都是单面排水，若是双面排水，不管附加应力如何分布，只要是线性分布，均按情况 1 计算，在时间因数中以 $H/2$ 代替 H。

不同α值的土层固结度U_t-T_v的关系，都可以通过上述理论计算得到，为了便于使用，绘制出了不同附加应力分布和排水条件下U_t-T_v的关系曲线，如图 4-18 所示。

利用上面的固结理论可进行以下几方面的计算（U_t、s_t、t 三者之间的求算关系）：

（1）已知固结度，求相应的时间 t 和沉降量

查U_t-T_v关系图表，确定T_v，则$t=\frac{H^2}{C_v}T_v$，$s_t=s_\infty U_t$，其中最终沉降s和固结系数C_v可根

据给定的参数（k、e、a、H 等）求得。

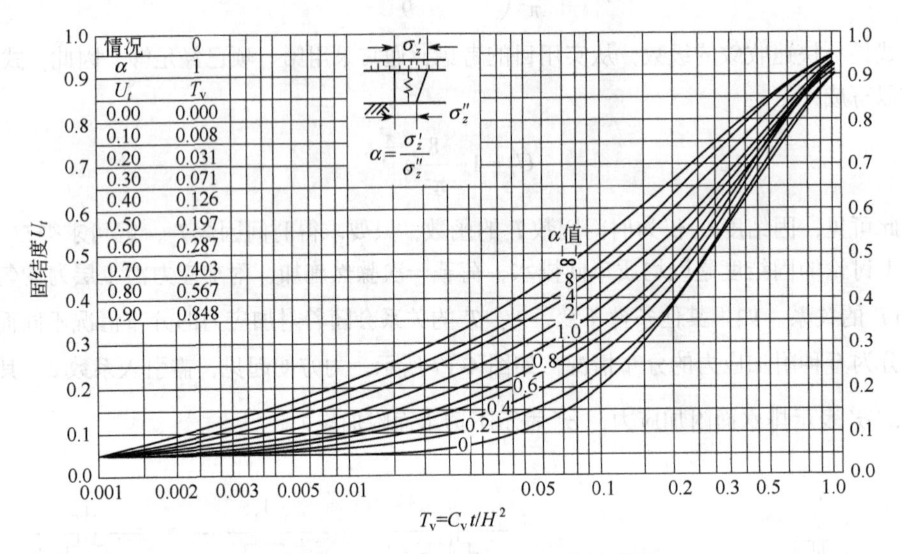

图 4-18　不同α值土层 U_t–T_v的关系图

（2）已知某时刻的沉降量，求相应的固结度和时间

用$U_t=\dfrac{s_t}{s}$直接求得U_t，再用U_t-T_v关系图表求T_v，即可求得t。

（3）已知某时间，求相应的沉降量与固结度

用$T_v=\dfrac{C_v}{H^2}t$求得T_v，再用U_t-T_v关系图表求得U_t，然后用$U_t=\dfrac{s_t}{s_\infty}$可求得某时刻$t$的沉降量。

【例 4-3】设饱和黏土层的厚度为 10m，位于不透水坚硬岩层上，由于基底上作用着竖直均布荷载，在土层中引起的附加应力的大小和分布如图 4-19 所示。若土层的初始孔隙比 e_1 为 0.8，压缩系数 a 为 2.5×10^{-4}kPa，渗透系数 k 为 2.0cm/年。试问：（1）加荷一年后，基础中心点的沉降量为多少？（2）当基础的沉降量达到 20cm 时需要多少时间？

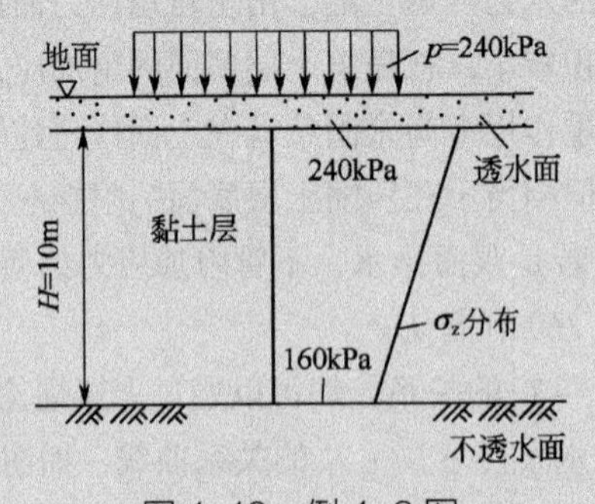

图 4-19　例 4-3 图

解：（1）该土层的平均附加应力为：$\sigma_z=(240+160)\div2=200$(kPa)

则基础的最终沉降量为：$s=\dfrac{a}{1+e_1}\sigma_z H=\dfrac{2.5\times10^{-4}\times200\times1000}{1+0.8}=27.8(\text{cm})$

该土层的固结系数为 ：$C_v=\dfrac{k(1+e_1)}{\gamma_w a}=\dfrac{2\times(1+0.8)}{0.00025\times0.098}=1.47\times10^5(\text{cm}^2/年)$

时间因数为：$T_v=\dfrac{C_v t}{H^2}=\dfrac{1.47\times10^5\times1}{1000^2}=0.147$

土层的附加应力为梯形分布，其参数 $a=\dfrac{\sigma_z'}{\sigma_z''}=\dfrac{240}{160}=1.5$

由 T_v 及 α 值从图 4-18 查得土层的平均固结度为 0.45，则加荷一年后的沉降量为

$$s_t=sU_t=27.8\times0.45=12.5(\text{cm})$$

（2）已知基础的沉降为 s_t=20cm，最终沉降量 s=27.8cm，则土层的平均固结度为

$$U_t=s_t/s=20\div27.8=0.72$$

由 U_t 及 α 值从图 4-18 查得时间因数为 0.47，则沉降达到 20cm 所需的时间为

$$t=\frac{T_v H^2}{C_v}=\frac{0.472\times1000^2}{1.47\times10^5}=3.2(年)$$

思考题与习题

4-1　何谓土的压缩性？通过固结试验可以得到哪些土的压缩性指标？如何利用压缩性指标评价土体的压缩性？

4-2　根据应力历史可将土层分为哪些类型？试述它们的定义。

4-3　何谓超固结比？如何利用超固结比确定土体的固结状态？

4-4　普通分层总和法和规范法计算地基沉降有何区别？

4-5　什么是地基沉降计算深度？如何确定？

4-6　某钻孔土样的压缩试验数据列于表 4-9 中，试绘制压缩曲线，并计算 a_{1-2} 和评价其压缩性。

表 4-9　思考题与习题 4-6 表

垂直压力/kPa		0	50	100	200	300	400
孔隙比	1#土样	0.982	0.964	0.952	0.936	0.924	0.919
	2#土样	1.190	1.065	0.995	0.905	0.850	0.810

4-7　某工程柱基尺寸为 $4\text{m}\times2.5\text{m}$，基础埋深 $d=1\text{m}$，地下水位位于基底标高处，土层分为三层：第一层为填土，$\gamma_1=18.0\text{kN/m}^3$，厚度 $h_1=1\text{m}$；第二层为粉质黏土，$\gamma_2=19.10\text{kN/m}^3$，厚度 $h_2=3\text{m}$；第三层为淤泥质黏土，$\gamma_3=18.2\text{kN/m}^3$。室内压缩试验结果见表 4-10，基础顶面作用荷载效应准永久组合 $F=920\text{kN}$。试用分层总和法计算基础中心点下的最终沉降量。

表 4-10 室内压缩试验结果

土层	p/kPa				
	0	50	100	200	300
粉质黏土	0.942	0.889	0.855	0.807	0.733
淤泥质黏土	1.045	0.925	0.891	0.830	0.812

4-8 某建筑物为矩形基础，长 3.6m，宽 2.0m，埋深 1.5m。地面以上荷重 N=900kN，地基土为均匀粉质黏土，$\gamma = 18.0\text{kN/m}^3$，$e_0$=1.0，$a$=0.4MPa^{-1}。试用规范法计算基础中心点的最终沉降量（考虑沉降计算经验修正系数，p_0=f_{ak}）。

4-9 在不透水的非压缩岩层上为一厚 10m 的饱和黏土层，其上面作用着大面积均布荷载 $p = 200\text{kPa}$。已知该土层的孔隙比 $e_1 = 0.8$，压缩系数 $a = 0.00025\text{kPa}^{-1}$，渗透系数 $k = 6.4 \times 10^{-8}\ \text{cm/s}$。试计算：①加荷一年后地基的沉降量；②加荷后多长时间，地基的固结度 $U_t = 75\%$。

第5章 土的抗剪强度

5.1 概述

土是固相、液相和气相组成的散体材料。一般而言，在外部荷载作用下，土体中的应力将发生变化。当外荷载达到一定程度时，土体将沿着其中某一滑裂面产生滑动，而使土体丧失整体稳定性。所以，土体的破坏通常都是剪切破坏。之所以会产生剪切破坏，是因为与土颗粒自身压碎破坏相比，土体容易产生相对滑移的剪切破坏。

土的抗剪强度是指土体对于外荷载所产生的剪应力的极限抵抗能力。在外荷载作用下，土体中将产生剪应力和剪切变形，当土中某点由外力所产生的剪应力达到土的抗剪强度时，土就沿着剪应力作用方向产生相对滑动，该点便发生剪切破坏。工程实践和室内试验都证实了土是由于受剪而产生破坏，剪切破坏是土体强度破坏的重要特点，因此，土的强度问题实质上就是土的抗剪强度问题。

目前与土的抗剪强度直接相关的工程问题可归纳为三类。第一类是土质边坡的稳定性问题，如土坝、路堤等填方边坡以及天然土坡（包括挖方边坡）等，如图 5-1（a）所示；第二类是土作为工程构筑物的环境问题，如挡土墙、地下结构等周围土体的剪切破坏将产生过大的侧向土压力，可能导致这些构筑物发生滑动、倾覆等事故，如图 5-1（b）、（c）所示；第三类则是土作为建筑物地基的承载力问题，如基础下地基土体产生整体滑动或者局部剪切破坏，造成上部结构破坏或影响正常使用，如图 5-1（d）所示。土的抗剪强度研究将为上述工程的设计和验算提供理论依据，土的抗剪强度指标的正确确定往往是工程设计和施工成败的关键。

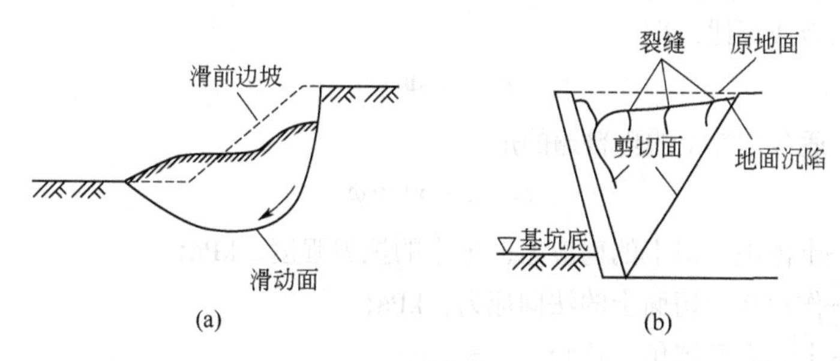

图 5-1

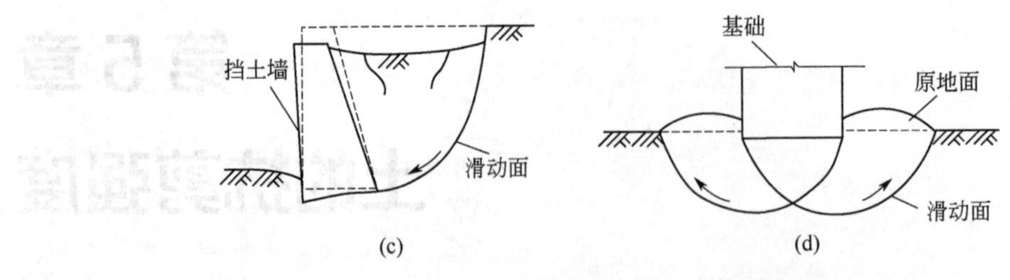

图 5-1 与抗剪强度有关的工程问题

土体是否达到剪切破坏状态，首先取决于土本身的基本性质，即土的组成、状态和结构，而这些性质又与它所形成的环境，经历的应力路径和历史等因素有关；其次还与土体受剪时的排水条件、剪切速率、应力组合等外界环境条件有关。虽然人们长期以来致力于土的抗剪强度的试验和理论研究，但该问题至今仍未能得到很好解决，土的抗剪强度仍是土力学研究的重要内容之一。土的抗剪强度是土的基本力学性质之一，土的强度指标及强度理论，是工程设计和验算的依据。对土的强度估计过高，往往会造成工程事故；而估计过低，则会使建筑物设计偏于保守。因此，正确确定土的强度十分重要。

5.2 土的抗剪强度理论

土的强度理论是土力学理论的基石，许多建筑工程问题都涉及土体的极限平衡分析，也是边坡稳定分析的理论基础。土强度理论的研究可追溯到很远，甚至早于土力学学科的建立，但作为理论性、基础性的研究，当推法国工程师库仑在 17 世纪中期提出的著名公式。进入 19 世纪 30 年代后，在太沙基、伏斯列夫、罗斯科等学者系统研究的基础上，逐渐形成了近代土的抗剪强度理论。强度理论是揭示土破坏机理的理论，它也以一定的应力状态的组合来表示。

确定土的抗剪强度，可以采用库仑公式和莫尔-库仑强度破坏理论，土中单元某个面的应力状态可以用莫尔应力圆确定，把抗剪强度与应力状态进行比较，可以进行土的极限平衡状态分析。

5.2.1 库仑公式

1773 年，法国著名科学家库仑根据砂土的实验，将土的抗剪强度 τ_f 表达为滑动面上法向总应力 σ 的函数，二者成正比，即

$$\tau_f = \sigma \tan\varphi \tag{5-1}$$

以后又提出了适合黏性土的更普遍的形式：

$$\tau_f = c + \sigma \tan\varphi \tag{5-2}$$

式中 τ_f——土体破坏面上的剪应力，即土的抗剪强度，kPa；

σ——作用在剪切面上的法向应力，kPa；

φ——土的内摩擦角，(°)；

c——土的黏聚力，kPa。

将式（5-1）和式（5-2）统称为库仑公式或库仑定律。根据库仑公式，σ-τ_f 在坐标系中为两条直线，如图 5-2 所示。直线与 σ 轴的夹角为内摩擦角，直线在 τ_f 轴上的截距为黏聚力 c；对于砂土，$c=0$，图形表示为一条通过坐标原点的直线。由此可见，黏聚力 c 和内摩擦角 φ 一般能反映土抗剪强度的大小，故将 c、φ 称为抗剪强度指标或抗剪强度参数。

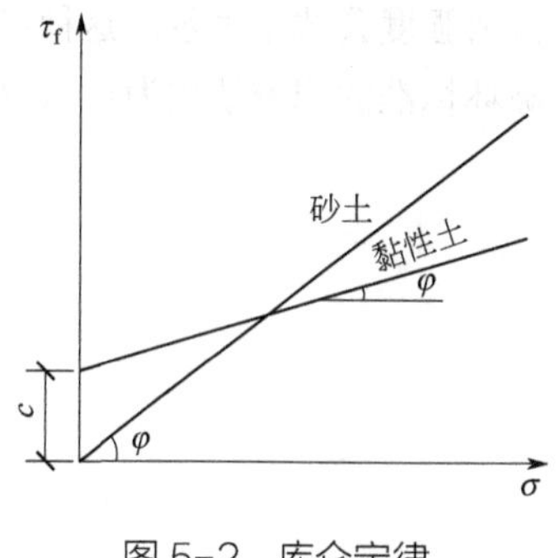

图 5-2　库仑定律

从库仑公式可以看出，土的抗剪强度是由两部分所组成的，即摩擦强度 $\sigma\tan\varphi$ 和黏聚强度 c。摩擦强度 $\sigma\tan\varphi$ 取决于剪切面上的法向正应力 σ 和土的内摩擦角 φ。粗粒土的内摩擦角涉及颗粒之间的相对移动，其物理过程由如下两个部分组成：一是滑动摩擦力，即颗粒之间产生相互滑动时要克服颗粒表面粗糙不平引起的摩擦，滑动摩擦力与颗粒的形状、矿物组成、级配等因素有关；二是咬合摩擦力，即由于颗粒之间存在相互镶嵌、咬合、连锁作用，为克服这种状态而移动所产生的摩擦。对于黏性土，由于颗粒细微，颗粒的比表面积较大，颗粒表面存在着吸附水膜，土颗粒可以在接触点处直接接触，也可以通过吸附水膜而间接接触，所以它的摩擦强度要比粗粒土复杂。除了土颗粒相互移动和咬合作用所引起的摩擦强度外，接触点处的颗粒表面，由于物理化学作用而产生吸引力，对土的摩擦强度也有影响。

应当注意的是，黏聚力的大小受到土的密实度、土粒大小、土的颗粒级配、土的结构等因素的影响，并与土粒的间距有关。因此，当增大作用在土体上的法向应力时，黏聚力也会随之增大。另外，试验时的排水条件、剪切速率、操作方法的不同，黏聚力和内摩擦角也会有不同的结果。因此，抗剪强度公式中的 c、φ 值只是大致反映了土的抵抗剪切的能力。

后来，由于土的有效应力原理的研究和发展，人们认识到只有有效应力的变化才能引起土体强度的变化，因此，又将上述的库仑公式改写为

$$\tau_f = c' + \sigma' \tan\varphi' = c' + (\sigma - u)\tan\varphi' \tag{5-3}$$

式中　σ'——土体剪切破裂面上的有效法向应力，kN/m^2；

u——土中超静孔隙水压力，kN/m^2；

c'——土中有效黏聚力，kN/m^2；

φ'——土的有效内摩擦角，(°)。

c' 和 φ' 称为土的有效抗剪强度指标。对于同一种土，c' 和 φ' 的数值在理论上与试验方法无关，应接近于常数。在工程实践中，式（5-2）称为土的总应力抗剪强度公式，式（5-3）称为土的有效应力抗剪强度公式，以示区别。

5.2.2　莫尔-库仑强度理论

莫尔（Mohr）于 1910 年提出了土体的剪切破坏理论，认为当任一平面上的剪应力等于材料的抗剪强度时该点就发生剪切破坏，且在破裂面上，法向应力 σ 与抗剪强度 τ_f 之间存在着函数关系，即

$$\tau_f = f(\sigma) \tag{5-4}$$

这个函数所定义的一条微弯的曲线，称为莫尔-库仑破坏包络线或抗剪强度包络线（图 5-3）。实验证明，一般土在应力水平不很高的情况下，莫尔破坏包络线近似于一条直线，可以用库仑

抗剪强度公式来表示。这种以库仑公式作为抗剪强度公式，根据剪应力是否达到抗剪强度作为破坏标准的理论就称为莫尔-库仑（Mohr-Coulomb）破坏理论。

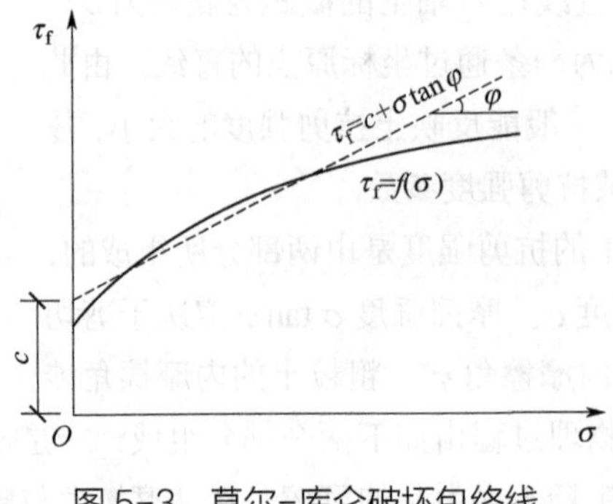

图 5-3　莫尔-库仑破坏包络线

5.2.3　土的抗剪强度的来源

土的抗剪强度主要来源于：①颗粒间的摩擦力；②颗粒间因嵌固作用而产生的咬合力；③颗粒间的黏结力。颗粒间的摩擦力除与土颗粒的性质和接触状况有关外，还取决于土颗粒间的正应力，即取决于土中的有效应力。对于洁净的干砂或饱和的砂土，抗剪强度来源于前两部分，内聚力 $c=0$；但处于潮湿状态的砂土，由于毛细水的作用，也会有微小的内聚力。黏性土的抗剪强度除来源于上述前两部分外，还有黏结力。

5.2.4　破坏准则

破坏准则是指土体产生破坏时，抗剪强度（破坏滑动面上最大剪应力）的表达式，即某点应力状态的组合表达式。由于土的抗拉强度非常小，一般不予考虑。土力学中应用最多的是 莫尔-库仑破坏准则，只包含黏聚力 c 和内摩擦角 φ 两个参数。

式（5-2）中的 $\tan\varphi$ 从广义上讲，与摩擦因数的含义相同。应注意的是，式中的 σ 是总应力。我们知道"土的变形、强度是由有效应力 σ' 控制的"。有效应力是土颗粒之间的相互作用力，因此，可以理解土颗粒骨架的变形和强度不是受总应力 σ $(\sigma=\sigma'+u)$ 而是受有效应力 σ' 控制的。所以式（5-2）只适用于干燥砂和存在孔隙水但剪切速率很慢，使超静孔隙水压力 $u=0$ 的情况。黏性土透水系数小，按照通常的剪切速率必然会产生超静孔隙水压力 u，在地震荷载这样快速剪切时，砂土也会积聚超静孔隙水压力 u。因此，把式（5-2）改为有效应力的表达式(5-3)。把式（5-3）称为用有效应力表示的库仑破坏准则。根据这个有效应力的破坏准则，当试料确定以后其抗剪强度参数 c'、φ' 就是定值，也就是说 c'、φ' 是真正的强度参数。

5.2.4.1　莫尔-库仑破坏准则

如果代表土单元体中某一个面上的法向应力 σ 和剪切应力 τ 的点落在图 5-3 中破坏包络线下面，表明在该法向应力 σ 作用下，该截面上的剪应力 τ 小于土的抗剪强度 τ_f，土体不会沿该截面发生剪切破坏。如果点正好落在强度包络线上，表明剪应力等于抗剪强度，土体单元处于临界破坏状态。如果点落在强度包络线以上的区域，表明土体已经破坏。实际上，这种应力状态是不会存在的，因为剪应力 τ 增加到 τ_f 时，就不可能再继续增加了。

土单元体中只要有一个截面发生了剪切破坏，该单元体就进入破坏状态，这种状态称为极限平衡状态。如果可能发生剪切破坏面的位置已经预先确定，只要算出作用于该面上的应力（包括剪应力和正应力），就可判断剪切破坏是否发生。但是在实际问题中，可能发生剪切破坏的平面一般不能预先确定。土体中的应力分析只能计算各点垂直于坐标轴平面上的应力（正应力和剪应力）或各点的主应力，故尚无法直接判定土单元体是否破坏。因此，需要进一步研究莫尔-库仑破坏理论如何直接用主应力表示，这就是莫尔-库仑破坏准则，也称土的极限平衡条件。通常应力状态和土体抗剪切破坏的能力是随空间的位置而变化的，所以土体强度一般是指空间某一点的强度。

5.2.4.2 土中一点应力的极限平衡状态

（1）一点应力状态

对于平面问题，土中一点的应力状态可用它的 σ_x、σ_y 和 τ_{xy} 表示，也可由这一点的主应力分量 σ_1、σ_3 表示，若 σ_x、σ_y 和 τ_{xy} 已知时，主应力为

$$\frac{\sigma_1}{\sigma_3}=\frac{\sigma_z+\sigma_x}{2}\pm\sqrt{\left(\frac{\sigma_z-\sigma_x}{2}\right)^2+\tau_{xz}^2} \tag{5-5}$$

根据一般应力分量和主应力分量，可将这一点的应力状态用莫尔应力圆表示，如图 5-4 所示，应力圆上的任一点的坐标表示该点任意斜截面上的法向应力 σ_α 和剪应力 τ_α，即

$$\sigma_\alpha=\frac{\sigma_1+\sigma_3}{2}+\frac{\sigma_1-\sigma_3}{2}\cos 2\alpha \tag{5-6}$$

$$\tau_\alpha=\frac{\sigma_1-\sigma_3}{2}\sin 2\alpha \tag{5-7}$$

此应力圆的方程为

$$\left(\sigma_\alpha-\frac{\sigma_1+\sigma_3}{2}\right)^2+\tau_\alpha^2=\left(\frac{\sigma_1-\sigma_3}{2}\right)^2 \tag{5-8}$$

与材料力学不同，土力学中规定，法向应力以压为“+”，拉为“−”；剪应力以逆时针方向为“+”，顺时针方向为“−”。

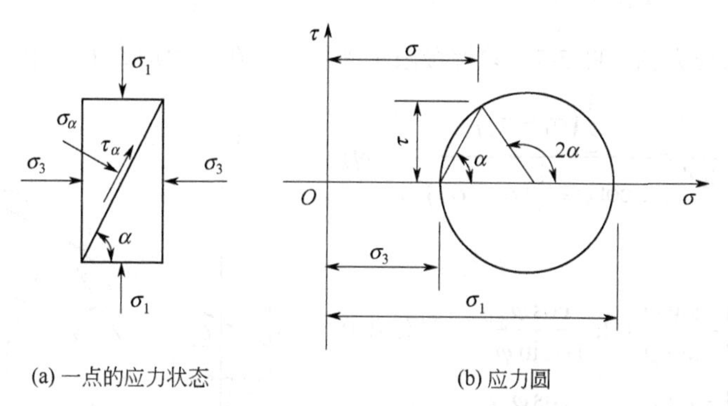

(a) 一点的应力状态　　(b) 应力圆

图 5-4 一点应力及应力圆

（2）土的极限平衡条件

为判断该点土体是否破坏，可将该点的莫尔应力圆与土的抗剪强度曲线画在同一坐标系中，观察应力圆与抗剪强度包络线之间的位置变化，如图 5-5 所示。随着土中应力状态的改变，应

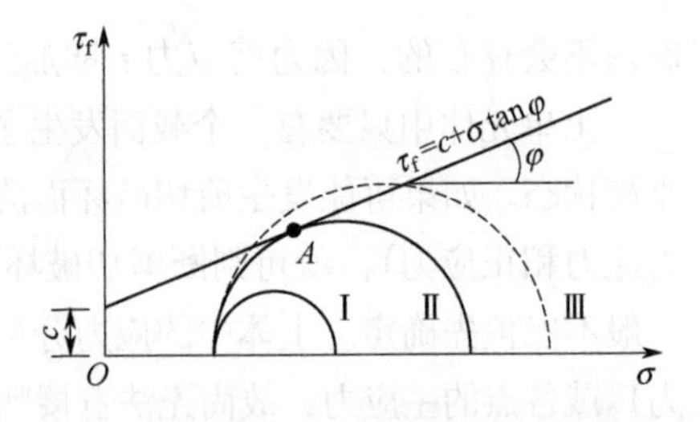

图 5-5　莫尔应力圆与抗剪强度线的关系

力圆与强度包络线之间的位置关系将发生三种变化，土中也将出现相应的三种平衡状态：

① 当整个莫尔应力圆位于抗剪强度曲线的下方（应力圆Ⅰ）时，表明通过该点的任意平面上的剪应力都小于土的抗剪强度，此时该点处于稳定（弹性）平衡状态，不会发生剪切破坏。

② 当莫尔应力圆与抗剪强度曲线相切时（应力圆Ⅱ），表明在相切点所代表的平面上，剪应力正好等于土的抗剪强度，此时该点处于极限平衡状态（state of limit equilibrium），相应的应力圆称为极限应力圆。

③ 当莫尔应力圆与抗剪强度曲线相割（应力圆Ⅲ）时，表明该点某些平面上的剪应力已超过了土的抗剪强度，此时该点已发生剪切破坏。由于此时地基应力将发生重分布，事实上该应力圆所代表的应力状态并不存在。

由于莫尔应力圆与抗剪强度曲线关于 σ 轴对称，如果该点土体处于极限平衡状态，则过该点存在两个剪切极限平衡面（剪切破坏面），土体中出现共轭的两组破坏面，如图 5-6 所示。

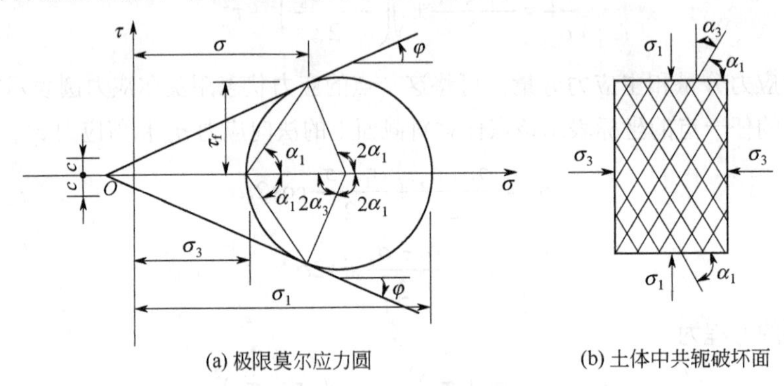

图 5-6　极限平衡面的位置

在图 5-6 中，$2\alpha_1 = 90^\circ + \varphi$，$2\alpha_3 = 90^\circ - \varphi$，可知破坏面与大主应力作用面之间的夹角 $\alpha_1 = 45^\circ + \dfrac{\varphi}{2}$，破坏面与小主应力作用面之间的夹角 $\alpha_3 = 45^\circ - \dfrac{\varphi}{2}$。

下面利用极限应力圆（图 5-7）求解极限平衡状态，在三角形△AdO'中，

$$\sin\varphi = \frac{dO'}{AO + OO'} = \frac{\frac{1}{2}(\sigma_1 - \sigma_3)}{c\cot\varphi + \frac{1}{2}(\sigma_1 + \sigma_3)} \quad (5\text{-}9)$$

整理后可得

$$\sigma_1 = \sigma_3 \frac{1+\sin\varphi}{1-\sin\varphi} + 2c\frac{\cos\varphi}{1-\sin\varphi} \quad (5\text{-}10)$$

或　$$\sigma_3 = \sigma_1 \frac{1-\sin\varphi}{1+\sin\varphi} - 2c\frac{\cos\varphi}{1+\sin\varphi} \quad (5\text{-}11)$$

根据解析几何可知，$\dfrac{\cos\varphi}{1-\sin\varphi} = \tan^2\left(45^\circ + \dfrac{\varphi}{2}\right)$，于是，式（5-10）可写成

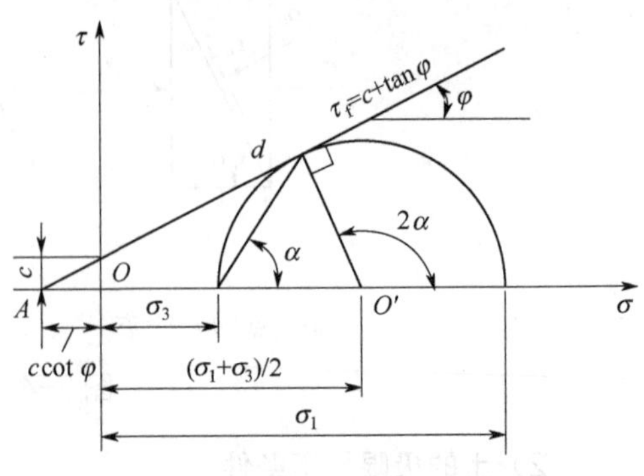

图 5-7　极限平衡条件的求解

$$\sigma_1=\sigma_3\tan^2\left(45°+\frac{\varphi}{2}\right)+2c\tan\left(45°+\frac{\varphi}{2}\right) \tag{5-12}$$

$$\sigma_3=\sigma_1\tan^2\left(45°-\frac{\varphi}{2}\right)-2c\tan\left(45°-\frac{\varphi}{2}\right) \tag{5-13}$$

式（5-10）～式（5-13）表示土体处于极限平衡状态下主应力之间满足的条件，称为土的极限平衡条件，也称为莫尔-库仑强度理论的直线型破坏（屈服）条件。

【例 5-1】 设砂土地基中一点的最大主应力 $\sigma_1=400\text{ kPa}$，最小主应力 $\sigma_3=200\text{ kPa}$，砂土的内摩擦角 $\varphi=25°$，黏聚力 $c=0$，试判断该点是否破坏。

解：① 按某一平面上的剪应力 τ 和抗剪强度 τ_f 的对比判断：

破坏时土单元中可能出现的破裂面与最大主应力 σ_1 作用面的夹角为 $\alpha_1=45°+\dfrac{\varphi}{2}$。因此，作用在与 σ_1 作用面成 $\left(45°+\dfrac{\varphi}{2}\right)$ 平面上的法向应力 σ 和剪应力 τ，可按式（5-6）、式（5-7）计算，抗剪强度 τ_f 可按式（5-1）计算。

$$\begin{aligned}\sigma&=\frac{\sigma_1+\sigma_3}{2}+\frac{\sigma_1-\sigma_3}{2}\cos\left[2\left(45°+\frac{\varphi}{2}\right)\right]\\&=\frac{1}{2}\times(400+200)+\frac{1}{2}\times(400-200)\times\cos\left[2\times\left(45°+\frac{25°}{2}\right)\right]=257.7(\text{kPa})\end{aligned}$$

$$\begin{aligned}\tau&=\frac{\sigma_1-\sigma_3}{2}\sin\left[2\left(45°+\frac{\varphi}{2}\right)\right]\\&=\frac{1}{2}\times(400-200)\times\sin\left[2\times\left(45°+\frac{25°}{2}\right)\right]=90.6(\text{kPa})\end{aligned}$$

$$\tau_f=\sigma\tan\varphi=257.7\times\tan25°=120.2(\text{kPa})>\tau=90.6(\text{kPa})$$

故可判断该点未发生剪切破坏。

② 按式（5-12）判断：

$$\sigma_{1f}=\sigma_{3m}\tan^2\left(45°+\frac{\varphi}{2}\right)=200\times\tan^2\left(45°+\frac{25°}{2}\right)=492.8(\text{kPa})$$

由于 $\sigma_{1f}=492.8\text{kPa}>\sigma_{1m}=400\text{kPa}$，故该点未发生剪切破坏。

③ 按式（5-13）判断：

$$\sigma_{3f}=\sigma_{1m}\tan^2\left(45°-\frac{\varphi}{2}\right)=400\times\tan^2\left(45°-\frac{25°}{2}\right)=162.3\ (\text{kPa})$$

由于 $\sigma_{3f}=162.3\text{kPa}<\sigma_{3m}=200\text{kPa}$，故该点未发生剪切破坏。

另外，还可以用图解法比较莫尔应力圆与抗剪切强度包络线的相对位置关系来判断，可以得出同样的结论。

5.3 土的抗剪强度试验

土的抗剪强度是决定建筑物地基和土工建筑物稳定性的关键因素，因而正确测定土的抗剪强度指标对工程实践具有重要的意义。测定土的抗剪强度参数（指标）的试验称为抗剪强度试验，或称作剪切试验。剪切试验可以在实验室内进行，也可在现场原位条件下进行。常用的剪切试验有直接剪切试验、三轴压缩试验、无侧限压缩试验与十字板剪切试验，其中除十字板剪切试验在现场原位条件下进行外，其他的三种试验都在室内进行。

5.3.1 直接剪切试验

直接剪切试验简称直剪试验，进行直剪试验的仪器称为直剪仪。直剪仪按加荷方式可分为应变控制式和应力控制式两种，前者是以等速推动剪切盒使土样产生剪切变形，测定相应的剪应力，后者是在剪切盒上分级施加水平剪应力测定相应的位移。

目前我国普遍采用的是应变控制式直剪仪，其构造简图如图 5-8 所示。该仪器由固定的上盒和可移动的下盒构成，试样置于盒内上下两块透水石之间。试验时，由杠杆系统通过活塞对试样施加垂直压力，水平推力则由等速前进的轮轴施加于下盒，使试样沿上、下盒水平接触面产生剪切位移。剪应力大小则根据量力环上的测微表，由测定的量力环变形值经换算确定。活塞上的测微表用于测定试样在法向应力作用下的固结变形和剪切过程中试样的体积变化。在剪切过程中，随着上下盒相对剪切变形的发展，土的抗剪强度逐渐发挥出来，直到剪应力等于土的抗剪强度时，土样剪切破坏，所以，土样的抗剪强度是用剪切破坏时的剪应力来度量。

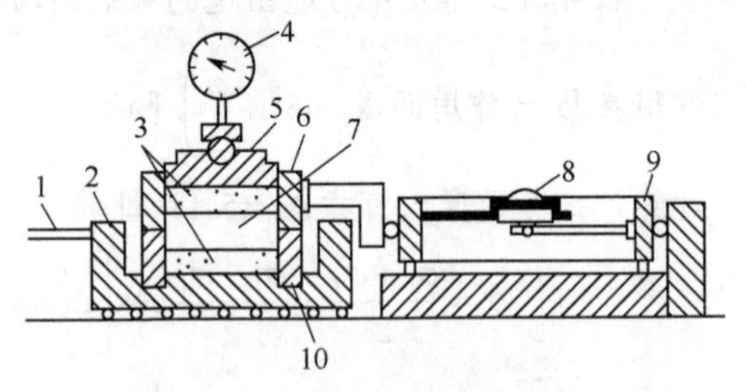

图 5-8 应变控制式直剪仪

1—轮轴；2—底座；3—透水石；4，8—测微表；5—活塞；6—上盒；7—土样；9—量力环；10—下盒

对同一种土取 3～4 个试样，变换法向应力 σ 的大小，测出各法向应力相应的抗剪强度 τ_f。将试验结果绘制成剪应力 τ 和剪切位移 δ_f 的关系曲线，如图 5-9 所示。一般将曲线的峰值作为该级法向应力 σ 所对应的抗剪强度 τ_f。然后在 σ - τ 坐标上绘制 σ - τ_f 曲线，即为土的抗剪强度曲线，也就是莫尔–库仑破坏包络线，如图 5-10 所示。对于黏性土，在应力水平不是很高的情况下，抗剪强度与法向应力之间基本成直线关系，该直线与横轴的夹角为内摩擦角 φ，在纵轴上的截距为黏聚力 c，直线方程可用库仑公式（5-2）表示；砂性土的抗剪强度与法向应力的关系是一通过原点的直线，可用式（5-1）表示。

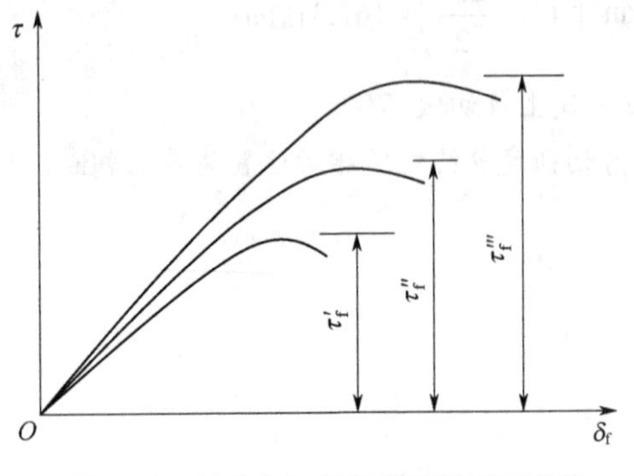

图 5-9 剪应力与剪切位移的关系曲线

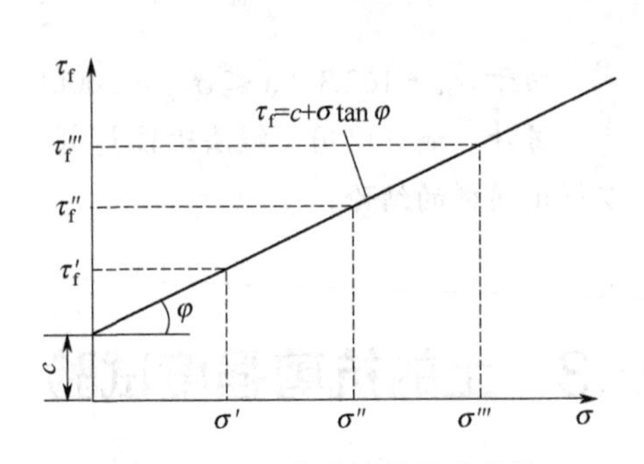

图 5-10 土的抗剪强度曲线

土中应力与土的固结程度有关，为了能近似地模拟现场土体的剪切条件，考虑剪切前土在荷载作用下的固结程度、土体剪切速率或加荷速度快慢情况，把直剪试验分为下述三种：快剪试验、固结快剪试验和慢剪试验。

5.3.1.1 快剪试验

《土工试验方法标准》规定快剪试验适用于渗透系数小于 10^{-6}cm/s 的细粒土，试验时在试样上施加垂直压力后，拔去固定销钉，立即以 0.8mm/min 的剪切速度进行剪切，使试样在 3～5min 内剪破。试样每产生剪切位移 0.2～0.4mm 测记测力计和位移读数，直至测力计读数出现峰值，或继续剪切至剪切位移为 4mm 时停机，记下破坏值；当剪切过程中测力计读数无峰值时，应剪切至剪切位移为 6mm 时停机。该试验所得的强度称为快剪强度，相应的指标称为快剪强度指标，以 c_q 、φ_q 表示。

5.3.1.2 固结快剪试验

固结快剪是允许试样在竖向压力下充分排水，待固结稳定后，再快速施加水平剪应力使试样剪切破坏。试验时对试样施加垂直压力后，每小时测读垂直变形一次，直至变形稳定。变形稳定标准为变形量每小时不大于 0.005mm，再拔去固定销，剪切过程同快剪试验。该试验所得强度称为固结快剪强度，强度指标以 c_{cq} 、φ_{cq} 表示。

5.3.1.3 慢剪试验

慢剪试验是对试样施加垂直压力，待固结稳定后，再拔去固定销，以小于 0.02mm/min 的剪切速度使试样在充分排水的条件下进行剪切，这样得到的强度称为慢剪强度，其相应的指标称为慢剪强度指标，以 c_s 、φ_s 表示。

5.3.1.4 直剪试验的优缺点

（1）直剪试验的优点

直剪试验已有百年以上的历史，由于仪器简单，操作方便，至今在工程实践中仍广泛应用。这种试验，试件的厚度薄，固结快，试验的历时短，特别是对于黏性大的细粒土，用三轴试验需要固结的时间很长，剪切中为了使试件中孔隙水压力分布均匀，剪切速率要求很慢，这种情况下用直剪试验有着突出的优点。另外仪器盒的刚度大，试件没有侧向膨胀的可能，根据试件的竖向变形量就能直接算出试验过程中试件体积的变化，也是这种仪器的优点之一。

（2）直剪试验的缺点

① 剪切过程中试样内的剪应变和剪应力分布不均匀。试样剪破时，靠近剪力盒边缘的应变最大，而试样中间部位的应变相对小得多；此外，剪切面附近的应变又大于试样顶部和底部的应变；基于同样的原因，试样中的剪应力也是很不均匀的。

② 剪切面人为地限制在上、下盒的接触面上，而该平面并非是试样抗剪最弱的剪切面。

③ 剪切过程中试样面积逐渐减小，且垂直荷载发生偏心，但计算抗剪强度时却按受剪面积不变和剪应力均匀分布计算。

④ 不能严格控制排水条件，因而不能量测试样中的孔隙水压力，在不排水剪切时，试件仍有可能排水，因此快剪试验和固结快剪试验仅适用于渗透系数小于 10^{-6}cm/s 的细颗粒土。

⑤ 根据试样破坏时的法向应力和剪应力，虽然可以算出大、小主应力σ_1、σ_3的数值，但中主应力σ_2无法确定。

5.3.2 三轴试验

由于直剪试验剪切面是规定的，剪切时剪切面逐渐减小，垂直荷载偏心，剪应力分布不均匀，试验时不能严格控制试样的排水条件，无法量测孔隙水压力等。因此，对于一级建筑物和重大工程的科学研究，必须采用三轴压缩试验方法确定土的抗剪强度指标。三轴压缩试验是目前测定土的抗剪强度指标较为完善的试验方法，它能较为严格地控制土样的排水，测试剪切前后和剪切过程中的土样中的孔隙水压力。三轴压缩试验又称三轴剪切试验，简称三轴试验，是测定土抗剪强度的一种较为完善的室内试验方法，见图 5-11、图 5-12。

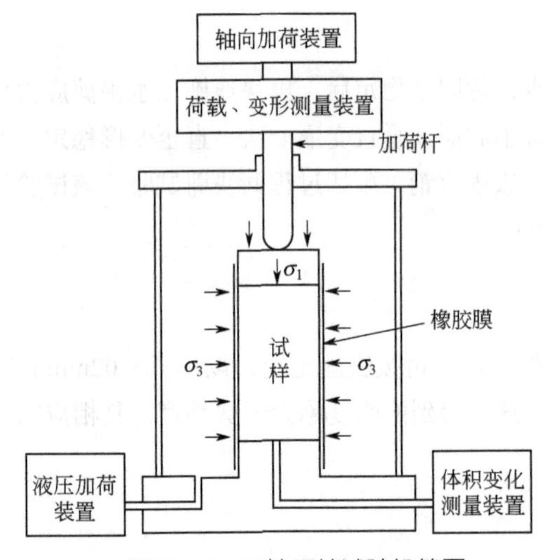

图 5-11　三轴压缩试验机简图

图 5-12　三轴压缩试验机实际照片

三轴试验，最大主应力σ_1由活塞轴向施加，两个最小主应力σ_3由液压（普通水压）施加。在主应力σ_1、σ_3的作用下，在试样的某个面上产生了剪切破坏，即发生了剪切破坏。图 5-13 是密实饱和砂土的三轴试验结果（最小主应力分别是$\sigma_3=100\text{kPa}$和$\sigma_3=200\text{kPa}$，把这两个试验结果记在同一张图上）。图中的ε_1是圆柱体试样轴向应变（最大主应变）。图 5-14 表示的是在两个不同的σ_3作用下，破坏时的莫尔应力圆和破坏包络线。这条破坏包络线不一定是直线，通常把它看成是直线用库仑公式（5-2）、式（5-3）。根据直线的斜率可以得出$\varphi=40^\circ$，从直线与纵轴的交点可知$c=0$，并且由图 5-13 可知，试样发生了体积应变ε_v。这是因为该试验是允许水流出、流入试样的排水试验（详见后述）。如果试样体积压缩，土颗粒间的孔隙缩小，水就会从试样中排出；如果试样体积膨胀，土颗粒间的孔隙增大，水就会流入试样。用测压管或电子测试装置测出孔隙水流入或是流出的体积后就可以计算出试样的体积应变。这时，因为砂的渗透系数大，并且排水阀门开着，按照正常的剪切速率不会产生超静孔隙水压力u。所以，这时总应力等于有效应力。完全干燥的砂与上述试验结果相似。

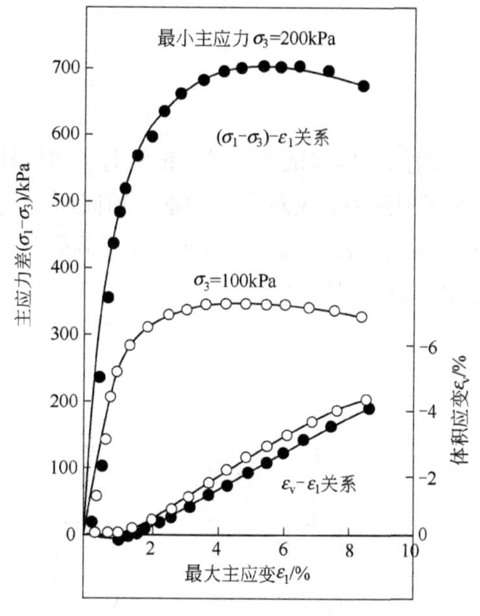

图 5-13　密实饱和砂土的三轴试验结果

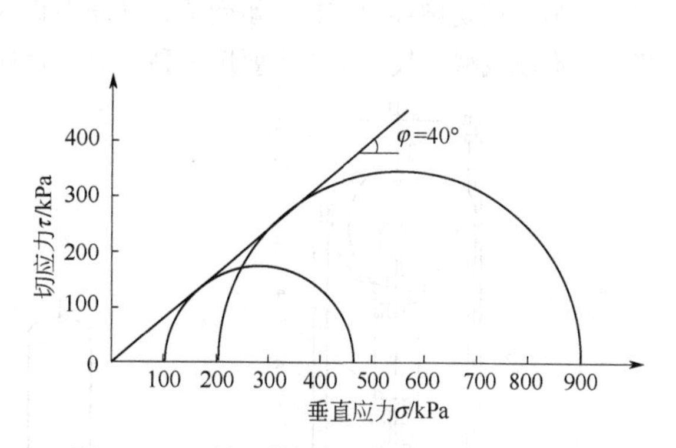

图 5-14　破坏时的莫尔应力圆和破坏包络线

5.3.2.1　三轴试验的方法

根据试样固结及剪切过程中的排水条件，三轴试验分为不固结不排水、固结不排水、固结排水 3 种试验。

（1）不固结不排水试验（UU）

先对试样施加周围压力（围压）σ_3，随后立即施加偏应力$(\sigma_1-\sigma_3)$直至剪坏。在施加围压和偏应力的过程中，自始至终关闭排水阀门。不固结不排水试验过程中，试样不排水，故试样的含水量保持不变。试样受剪前，围压σ_3会在土样中引起孔压Δu_B，受剪时，偏应力$(\sigma_1-\sigma_3)$会引起孔压Δu_A。

（2）固结不排水试验（CU）

打开排水阀门，对试样施加周围压力σ_3，使试样在σ_3作用下充分排水固结，待试样固结完成后，关闭排水阀门，施加偏应力$(\sigma_1-\sigma_3)$，使试样在不排水的条件下剪坏。试样受剪前，围压σ_3在土样中引起的孔压$\Delta u_B=0$，受剪时，偏应力$(\sigma_1-\sigma_3)$引起的孔压为Δu_A。

（3）固结排水试验（CD）

试样在围压σ_3下排水固结，固结完成后，再在排水条件下施加偏应力$(\sigma_1-\sigma_3)$直至试样剪坏。试样受剪前，围压σ_3在土样中引起的孔压$\Delta u_B=0$，受剪时，偏应力$(\sigma_1-\sigma_3)$引起的孔压为Δu_A。

5.3.2.2　三轴试验的优缺点

三轴试验的突出优点是能够控制排水条件以及可以量测土样中孔隙水压力的变化。此外，三轴试验中试样的应力状态也比较明确，剪切破坏时的破裂面在试样的最薄弱处，而不像直剪试验那样限定在上、下盒之间。一般来说，三轴试验的结果还是比较可靠的，因此三轴压缩仪是土工试验不可缺少的仪器设备。

三轴压缩试验的主要缺点是试验操作比较复杂，对试验人员的操作技术要求比较高。另外，常规三轴试验中的试样所受的力是轴对称的，与工程实际中土体的受力情况不太相符，要满足土样在三向应力条件下进行剪切试验，就必须采用更为复杂的真三轴仪。

5.3.3 无侧限抗压强度试验

无侧限抗压强度试验如同在三轴压缩试验中 $\sigma_3=0$ 时的不排水试验一样。试验时，将圆柱形试样置于图 5-15 所示无侧限压缩仪中，对试样不加周围压力，仅对它施加垂直轴向压力 σ_1（图 5-16），剪切破坏时试样所承受的轴向压力称为无侧限抗压强度 q_u。无黏性土在无侧限条件下试样难以成型，故该试验主要用于黏性土，尤其适用于饱和软黏土。

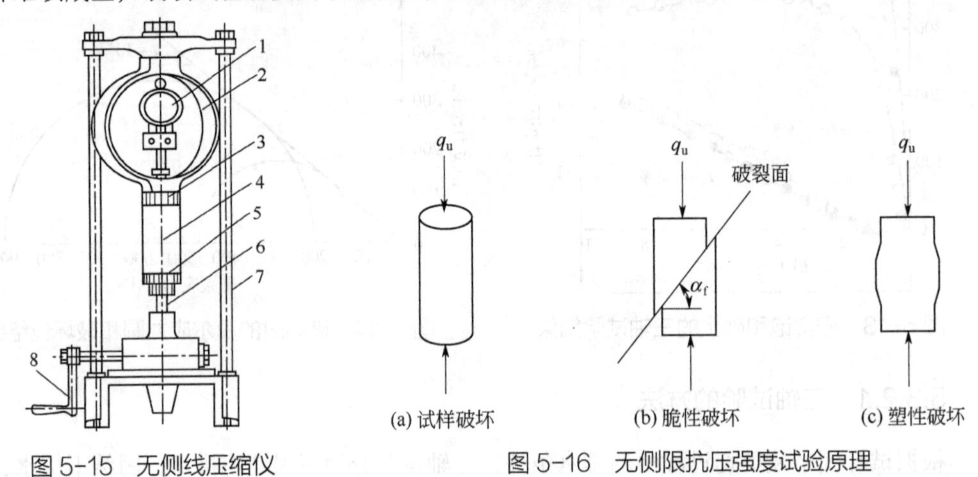

图 5-15 无侧线压缩仪

1—测微表；2—量力环；3—上加压板；4—试样；5—下加压板；6—升降螺杆；7—加压框架；8—手轮

图 5-16 无侧限抗压强度试验原理

无侧限抗压强度试验中，试样破坏时的判别标准类似三轴压缩试验。坚硬黏土的 σ_1-ε_1 关系曲线常出现 σ_1 的峰值破坏点（脆性破坏），此时的σ_{1f}，即为 q_u；而软黏土的破坏常呈现为塑流变形，σ_1-ε_1 关系曲线常无峰值破坏点（塑性破坏），此时可取轴向应变 ε_1=15%处得轴向应力值作为 q_u。无侧限抗压强度 q_u 相当于三轴压缩试验中试样在 $\sigma_3=0$ 条件下破坏时的大主应力σ_{1f}，故由式（5-12）可得

$$q_u=2c\tan\left(45°+\frac{\varphi}{2}\right) \tag{5-14}$$

式中 q_u——无侧限抗压强度，kPa。

无侧限抗压强度试验结果只能作出一个极限应力（$\sigma_{1f}=q_u$，$\sigma_3=0$），因此，对一般黏性土难以作出破坏包络线。但试验中若能量测得试样的破裂角 α_f [图 5-16(b)]，则理论上可根据破坏面与大主应力作用面之间的夹角 $\alpha_1=\left(45°+\dfrac{\varphi}{2}\right)$ 推算出黏性土的内摩擦角 φ。再由式（5-14）推得土的黏聚力 c。但一般 α_f 不易测量，要么因为土的不均匀性导致破裂面形状不规则，要么由于软黏土的塑流变形而不出现明显的破裂面，只是被挤压成鼓形 [图 5-16（c）]。但对于饱和软黏性土，在不固结不排水条件下进行剪切试验，可认为 $\varphi=0$，其抗剪强度包络线与σ轴平行。因而，由无侧限抗压强度试验所得的极限应力圆的水平切线，即为饱和软黏土的不排水抗剪强度包络线。

由图 5-17 可知，其不排水抗剪强度 c_u 为：

$$c_u=\frac{q_u}{2} \tag{5-15}$$

无侧限抗压强度试验还可用来测定黏性土的灵敏度 s_t。其方法是将已做完无侧限抗压强度试验的原状土样，彻底破坏其结构，并迅速塑成与原状试样同体积的重塑试样，以保持重塑试样的含水量与原状试样相同，并避免因触变性导致土的强度部分恢复。无侧限抗压试验的缺点是试样的中段部位完全不受约束，因此，当试样接近破坏时，往往被压成鼓形，这时试样的应力显然不是均匀的。

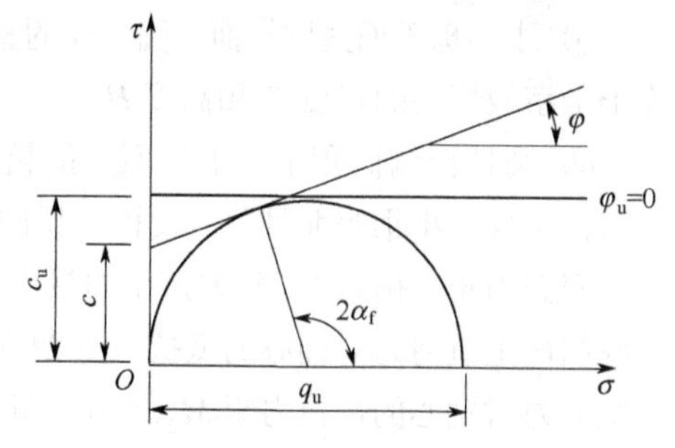

图 5-17　无侧限抗压强度试验的强度包络线

对重塑试样进行无侧限抗压强度试验，测得其无侧限抗压强度 q_u'，则该土的灵敏度 s_t 为：

$$s_t = \frac{q_u}{q_u'} \tag{5-16}$$

式中　q_u——原状试样的无侧限抗压强度，kPa;

q_u'——重塑试样的无侧限抗压强度，kPa。

5.3.4　十字板剪切试验

室内的抗剪强度试验时，由于在采取、运送、保存和制备等方面不可避免地使土受到扰动，特别是对于难于取样和高灵敏度的饱和软黏土，室内试验结果的精度就受到影响，因此，发展原位测试土性的仪器具有重要意义。在原位应力条件下进行测试，测定土体的范围大，能反映微观、宏观结构对土性的影响。在抗剪强度现场原位测试方法中，最常用的是十字板剪切试验。

试验采用的主要设备为十字板剪切仪，如图 5-18 所示，其主要部件为十字板头、轴杆、施加扭力设备和测力装置。近年来已有用自动记录显示和数据处理的计算机代替旧有测力装置的新仪器问世。十字板剪切试验的工作原理是将十字板头插入土中待测的土层标高处，然后在地面上对轴杆施加扭转力矩，带动十字板旋转。十字板头的四翼矩形片旋转时与土体间形成圆柱体表面形状的剪切面，如图 5-19 所示。通过测力设备测出最大扭转力矩 M，据此可推算出土的抗剪强度。

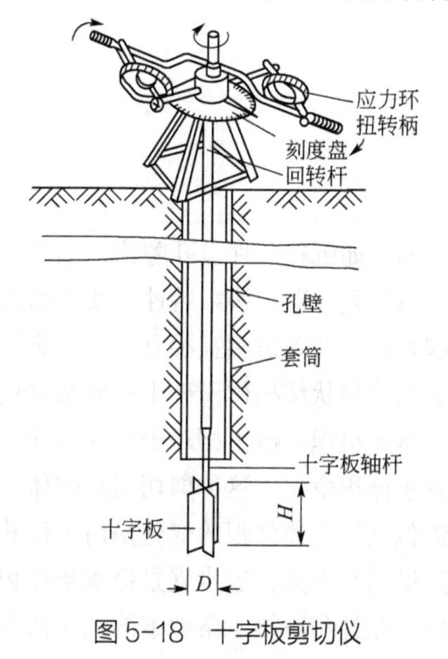

图 5-18　十字板剪切仪

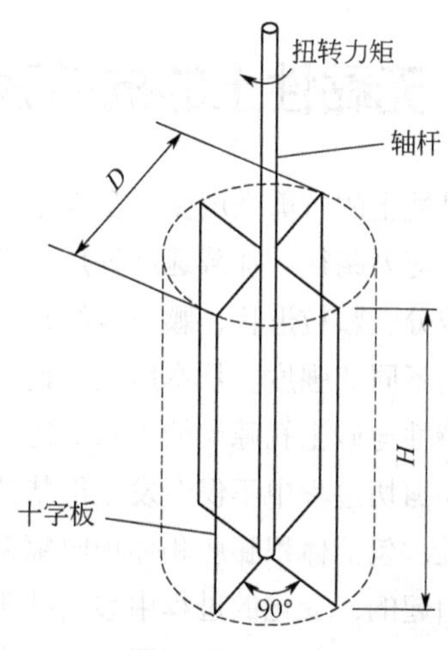

图 5-19　十字板剪切原理

推算强度时假定：

① 土体剪破面为圆柱面，圆柱面的直径与高度分别等于十字板板头的宽度 D 和高度 H 。

② 圆柱面侧面和上、下端面上的抗剪强度 τ_f 均匀分布，不仅大小相等而且同时发挥，见图 5-20。

根据力矩平衡条件，外力产生的最大扭矩 M_{max} 等于圆柱侧面上抗剪力对轴心的抵抗力矩 M_1 和上、下两端面上抗剪力对轴心的抵抗力矩 M_2 之和，即

$$M_{max}=M_1+M_2 \tag{5-17}$$

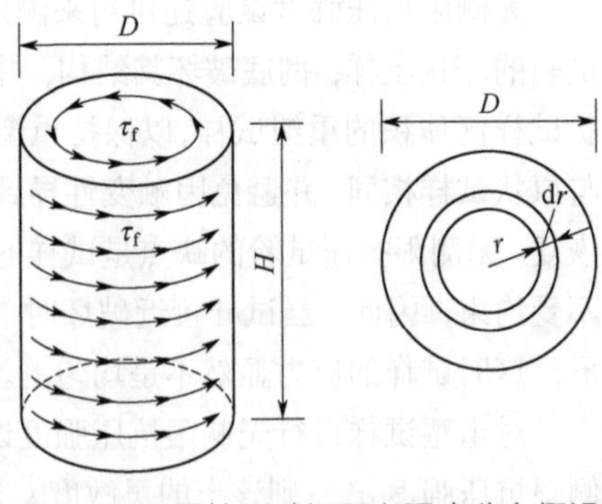

图 5-20　圆柱形破坏面上强度分布假设

侧面上抵抗力矩为

$$M_1=\tau_f\pi DH\frac{D}{2} \tag{5-18}$$

上、下端面上抵抗力矩为

$$M_2=2\int r\tau_f 2\pi r\mathrm{d}r=\tau_f\frac{\pi D^2}{2}\times\frac{D}{3} \tag{5-19}$$

将式（5-18）和式（5-19）代入式（5-17）得到

$$M_{max}=\tau_f\frac{\pi D^2}{2}H+\tau_f\frac{\pi D^2}{2}\times\frac{D}{3} \tag{5-20}$$

于是土体的抗剪强度为

$$\tau_f=\frac{M_{max}}{\dfrac{\pi D^2}{2}\left(H+\dfrac{D}{3}\right)} \tag{5-21}$$

十字板剪切试验的现场条件属于不排水剪切的试验条件，因此其结果一般与无侧限抗压强度试验结果接近，即

$$\tau_f\approx\frac{q_u}{2} \tag{5-22}$$

5.4　无黏性土的抗剪强度

无黏性土的抗剪强度受许多因素和条件的综合影响，如沉积条件 [孔隙比、加载条件（应力历史、应力路径、加载速度等)]、微细观组构（颗粒排列、颗粒接触特性）及土的组分（颗粒矿物成分、颗粒形状、颗粒级配）等。上述影响因素可能并不是相互独立的，影响因素的改变会得到不同的强度。从本质上来说，砂土是一种典型的粒状结构体，砂土在剪切过程中表现出来的特性与砂土孔隙比的关系更能反映砂土剪切的本质机理。砂土相对于常规的连续介质材料，其在剪切过程中不仅会发生形状的变化，也会发生体积变化，这种剪切引起的体积变化即为剪胀性，包括体积膨胀和体积收缩两种性质。可近似认为土体体积的变化是由土体孔隙体积的变化引起的，变化的过程中涉及孔隙液体和气体的排出和进入，这也就是排水条件和不排水条件的由来。砂土孔隙比不同，砂土在排水条件下的剪胀性和不排水条件下的孔压演变特性也

会发生变化，对应的抗剪强度特性也不相同。

5.4.1 无黏性土抗剪强度机理

砂土、砾石、碎石等均属于无黏性土，也称为粒状土。通常认为无黏性土不存在凝聚力 c，而仅有摩擦力存在。早在 1773 年，库仑就提出砂土的抗剪强度 $\tau_f=\sigma\tan\varphi$。实际上无黏性土的 φ 值并不是一个常量，它是随无黏性土的密实程度变化的。Lee 和 Seed（1967）把无黏性土的抗剪强度表示为：试验测得的强度=滑动摩擦强度土剪胀效应+颗粒破碎重新排列和定向效应。

滑动摩擦是由于颗粒接触面粗糙不平而形成的微细咬合作用，它并不产生明显的体积膨胀。

剪胀效应，它主要产生于紧密砂土中，通常是由于颗粒相互咬合，阻碍相对移动。紧密砂一旦受到剪切作用，颗粒之间的咬合受到破坏，由于颗粒排列紧密，在剪力作用下，颗粒要产生相对移动，必然要围绕相邻颗粒转动，从而造成土体的膨胀，这就是所谓的剪胀。土体膨胀所做的功，需要一部分剪应力去抵偿，因而需提高抗剪强度。这里应该指出，砂土体中的剪切破坏面，并非一理想的平整滑动面，而是沿着剪力方向连接的颗粒接触点形成的不规则的弯曲面，见图 5-21。在常规压力下，颗粒本身强度大于颗粒之间的摩擦阻力，所以剪切面不可能穿过颗粒本身。在剪力作用下,颗粒只能沿着接触面翻转，这种沿不规则弯曲面的移动，必然要牵动附近所有颗粒，因此很难形成一个单一的剪切平面，而是形成具有一定厚度的剪切扰动带。

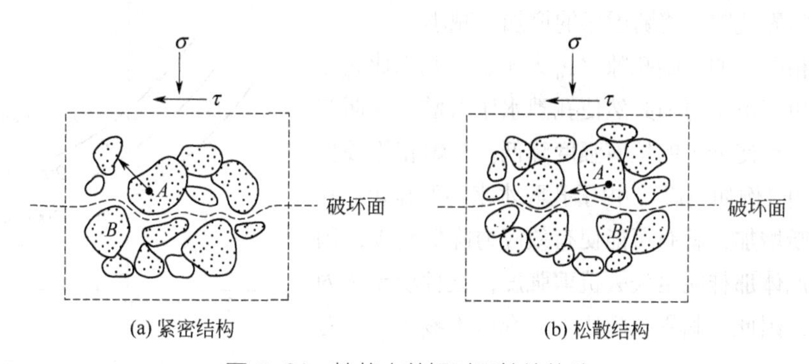

(a) 紧密结构　(b) 松散结构

图 5-21 粒状土剪切时颗粒的位移

挤碎作用是指无黏性土在高压力作用下，土颗粒将产生破碎。而颗粒破碎将吸收能量，而且颗粒要移动，必然要重新排列和转动。这些作用所需的能量，是由剪切力做功来提供。在高压力下的破坏应变也增大，这又进一步增加了颗粒重新定向和排列所需的能量，这也是剪切强度的组成部分。影响颗粒破碎的因素很多，其中有：颗粒大小、形状和强度；土颗粒的级配曲线和形状；应力条件和剪应变的大小。试验表明，颗粒粒径越大，棱角越锐，级配越均匀，主应力比 $\dfrac{\sigma_1}{\sigma_3}$ 越大，则颗粒越易破碎，而且破碎量越大。

5.4.2 砂土的应力-轴向应变与体积变化

图 5-22、图 5-23 所示为不同初始孔隙比的同一种砂土在相同周围压力 σ_3 下受剪时的应力-应变关系和体积变化。由图可见，密实的密砂初始孔隙比较小，其应力-应变关系有明显的峰值。

超过峰值后，随应变的增加应力逐步降低，呈应变软化型，其体积变化是开始稍有减少，继而增加（剪胀），这是由于较密实的砂土颗粒之间排列比较紧密，剪切时砂粒之间产生相对滚动，土颗粒之间的位置重新排列。松砂的强度随轴向应变的增加而增大，应力-应变关系呈应变硬化型，对同一种土，密砂和松砂的强度最终趋向同一值。松砂受剪其体积减小（剪缩），在高围压下，不论砂土的松紧如何，受剪时都将剪缩。

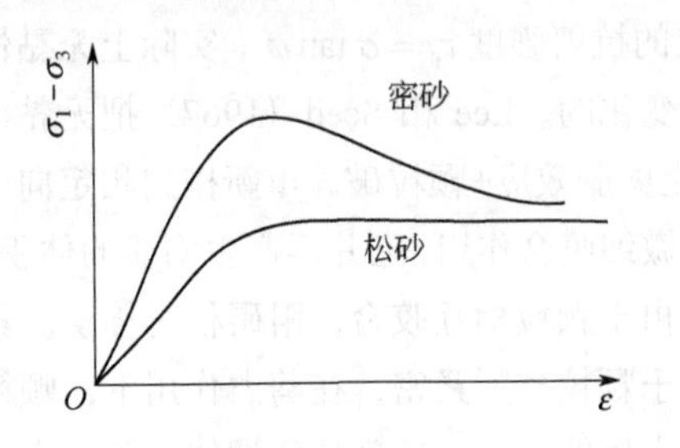

图 5-22 砂土受剪时应力-应变关系曲线

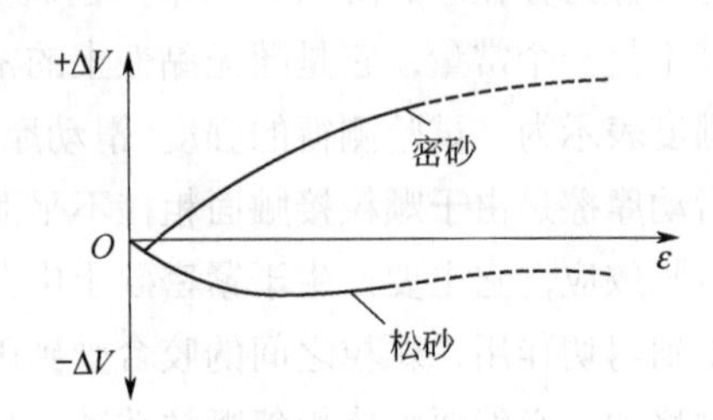

图 5-23 砂土受剪时体积变化-应变关系曲线

砂土在低围压下由于初始孔隙比的不同，剪破时的体积可能小于初始体积，也可能大于初始体积。那么，必然存在某一初始孔隙比，砂土在这一初始孔隙比下受剪，它剪破时的体积将等于初始体积，这一初始孔隙比称为临界孔隙比。临界孔隙比与围压有关。图 5-24 为不同围压下砂土的初始孔隙比与试样破坏时体变的关系。由图可见，砂土的临界孔隙比将随围压的增加而减小。

如果饱和砂土的初始孔隙比 e_0 大于临界孔隙比 e_{cr}，在剪应力作用下由于剪缩必然使孔隙水压力增高，而有效应力降低，致使砂土的抗剪强度降低。当饱和松砂受到动荷载作用（例如地震），由于孔隙水来不及排出，孔隙水压力不断增加，就有可能使有效应力降低到零，因而使砂土像流体那样完全失去抗剪强度，这种现象称为砂土的液化，因此，临界孔隙比对研究砂土液化也具有重要意义。

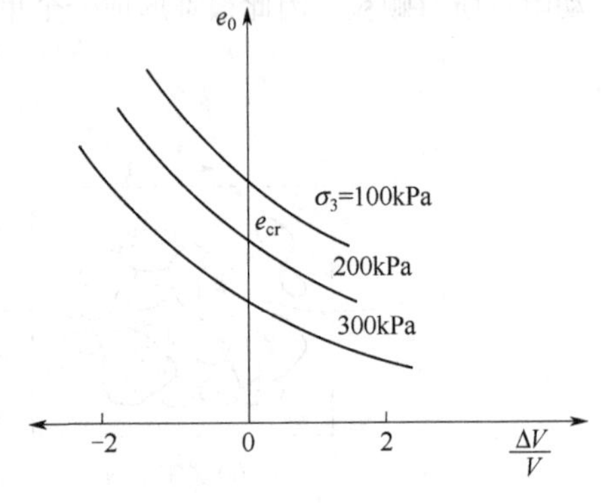

图 5-24 砂土的临界孔隙比

5.4.3 影响无黏性土的抗剪强度因素

由于砂土的透水性强，在现场的受剪过程大多与固结排水情况相同，因此，砂土的剪切试验，无论剪切速率如何，实际上都是排水剪切试验，所测得的内摩擦角接近于有效内摩擦角。因此，无黏性土的抗剪强度决定于有效法向应力和内摩擦角。

密实砂土的内摩擦角与初始孔隙比、土粒表面的粗糙度以及颗粒级配等因素有关。初始孔隙比小、土粒表面粗糙、级配良好的砂土，其内摩擦角较大。松砂的内摩擦角大致与干砂的天然休止角相等（天然休止角是指干燥砂土堆积起来所形成的自然坡角），可以在实验室用简单的方法测定。近年来的研究表明，无黏性土的强度性状也十分复杂，它还受各向异性、试样的沉积方法、应力历史等因素影响。

沉积条件对无黏性土抗剪强度的影响：天然的无黏性土常常是近于水平层沉积，由于长期的自重作用，促成土颗粒排列有一定的方向性，这就形成了土层的各向异性结构。土结构的各向异性必然导致土的力学性质上的各向异性。通常表现为：竖向压缩模量大于水平向压缩模量；竖向抗剪强度高于水平向抗剪强度（这主要是因为土的竖向比水平向更密实，因而其竖向咬合作用也大于水平向）。

应力历史对无黏性土抗剪强度的影响：图5-25表示应力历史对土的抗剪强度的影响。图5-25（a）为一土体的 *e-p* 曲线，（b）为相应的抗剪强度莫尔包络线。若土体应力历史为 $D \to A \to B \to C$，则土体抗剪强度莫尔包络线为 Oc；若应力历史为 $D \to A \to A' \to A \to B \to C$，则莫尔包络线为 $a'ac$；若应力历史为 $D \to A \to B \to B' \to B \to C$，则莫尔包络线为 $b'bc$。可见，应力历史不同，土的抗剪强度莫尔包络线也不同。

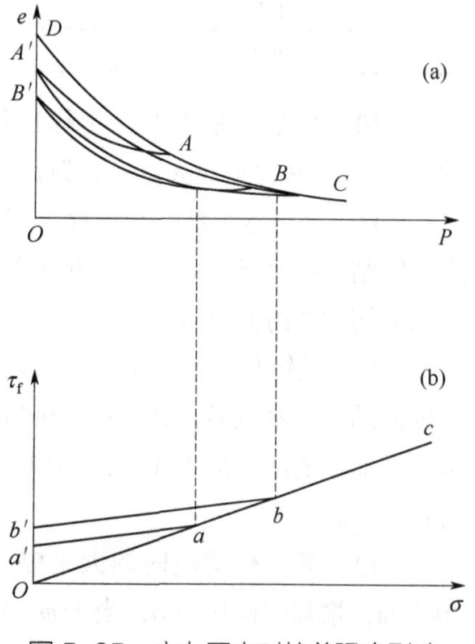

图5-25 应力历史对抗剪强度影响

土的成分对无黏性土抗剪强度的影响：粒状土的组分包括颗粒矿物成分、颗粒形状和颗粒级配等。粒状土矿物成分对强度的影响，主要来自矿物表面摩擦力。例如，石英的表面摩擦角为26°，长石也为26°左右，但云母仅为13.5°，故长石和石英砂的强度比云母高。颗粒形状和级配对强度的影响也是明显的，例如，多棱角的颗粒和级配良好的颗粒，会增加颗粒之间的咬合作用，从而能提高砂土的内摩擦角。通常认为内摩擦角是由滑动摩擦和咬合产生的摩擦组成。

思考题与习题

5-1 什么是土的抗剪强度？影响土的抗剪强度的因素有哪些？

5-2 什么是库仑强度理论？什么是摩尔-库仑强度理论？

5-3 测定土的抗剪强度指标主要有哪几种方法？同一种土所测定的抗剪强度指标是有变化的，为什么？

5-4 分别简述直剪试验和三轴压缩试验的原理,并比较二者之间的优缺点和适用范围。

5-5 试根据有效应力原理在强度问题中应用的基本概念，分析三轴试验的三种不同试验方法中土样孔隙应力和含水量变化的情况。

5-6 某砂土试样在法向应力 σ =100 kPa 作用下进行直剪试验,测得其抗剪强度 τ_f =60 kPa。试求：(1) 用作图方法确定该土样的抗剪强度指标 φ 值；(2) 如果试样的法向应力增加到 σ =250 kPa，则土样的抗剪强度是多少？

5-7 已知住宅地基中某一点所受的最大主应力为 σ_1' =250 kPa，最小主应力为 σ_3 =100 kPa。要求：（1）绘制莫尔应力圆；（2）求最大剪应力值和最大剪应力作用面与大主应力面的夹角；（3）计算作用在与小主应力面成30°的面上的正应力和剪应力。

5-8 某试样的固结不排水剪试验结果见表5-1，请用图解法求总应力强度指标和有效应力强度指标。

5-9 某砂土试样进行三轴试验，在围压 σ_3 =40kPa，下加轴向压力 $\Delta\sigma_1$ =100kPa 时，试样剪

坏。试求该试样的抗剪强度指标。

表 5-1　试样的固结不排水剪试验结果

σ_3/kPa	$(\sigma_1-\sigma_3)_f$/kPa	u_f/kPa
100	200	35
200	320	70
300	460	75

5-10　从某地基中取黏土样进行三轴试验，获得强度指标:黏聚力 c' =35kPa，内摩擦角 φ' =28°，地基内某点大主应力为 σ_1' =250kPa，求这点的抗剪强度值。

5-11　某正常固结饱和黏性土试样进行不固结不排水试验得 φ_u =0，c_u =20kPa，对同样的土进行固结不排水试验，得有效抗剪强度指标，c' =0，φ' =30°，如果试样在不排水条件下破坏，试求剪切破坏时的有效大主应力和小主应力。

5-12　某饱和黏性土土样的有效应力抗剪强度指标为 c' =80kPa，φ' =30°，若对该土样进行三轴固结不排水试验，围压为 200kPa，土样破坏时的主应力差为 280kPa，孔隙水压力为 180kPa，求破坏面上的法向应力和剪应力以及试件中的最大剪应力，并说明为什么破坏面不是最大剪应力作用面。

5-13　某试样剪破时的大主应力 σ_{1f} =280kPa，σ_{3f} =100kPa，如果对同样的试样保持 σ_3 = 200kPa，增加轴向应力 a，当① φ =0°；② c =0 时，请问剪破时的大主应力分别为多少?

5-14　黏土地基强度指标为 c' =30kPa，φ' =25°，地基内某点大主应力为 σ_1' =200kPa。试求这点的抗剪强度值。

5-15　欲在饱和软黏土上修建路基，有如下两种方案：(1) 直接修建；(2) 先在地基土上施加大面积堆载一段时间后再行修建。黏土地基的抗剪强度指标如表 5-2 所示。假定地基土破坏时 σ_3 =300 kPa。试分别计算两种方案下相应的大主应力 σ_1 值。

表 5-2　黏土地基抗剪强度指标

不固结不排水		固结不排水		固结排水	
c_u/kPa	φ_u/(°)	c_{cu}/kPa	φ_{cu}/(°)	c_d/kPa	φ_d/(°)
90	2.5	33	18.5	23	24.5

第6章 土压力

6.1 作用在挡土结构物上的土压力

在土木、水利、交通等工程中，经常会遇到修建挡土结构物的问题，所谓挡土结构物是用来支撑天然或人工斜坡不致坍塌，以保持土体稳定性的一种建筑物，俗称挡土墙，如支撑土坡的挡土墙、堤岸挡土墙、地下室侧墙、拱桥桥台、加筋挡土墙等。几种典型的挡土墙类型如图 6-1 所示。

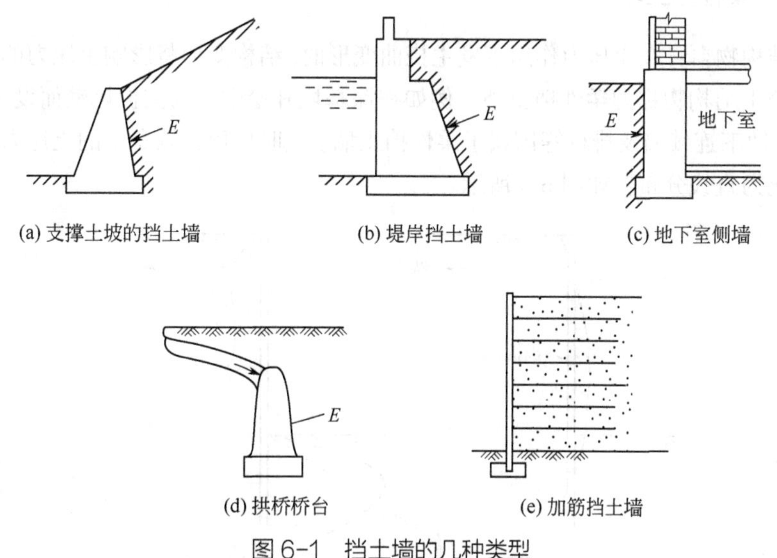

图 6-1　挡土墙的几种类型

设计挡土结构的关键是确定作用在挡土结构上的土压力，所谓土压力是指挡土墙后的填土因自重或外荷载作用对挡土墙背的侧压力。由于土压力是挡土墙的主要外荷载，因此，设计挡土墙时首先要确定土压力的性质、大小、方向和作用点。研究结果表明，土压力的计算是个比较复杂的问题，影响因素很多。土压力的大小和分布，除了与土的性质有关外，还与墙体的位移方向、位移量、位移形式、土体与结构物间的相互作用以及挡土结构物类型有关。

6.1.1 挡土结构类型对土压力分布的影响

挡土墙按其刚度及位移方式可分为刚性挡土墙、柔性挡土墙和加筋挡土墙三类。

6.1.1.1 刚性挡土墙

一般指用砖、石或混凝土砌筑或浇筑的断面较大的重力式挡土墙。由于刚度大，墙体在侧向土压力作用下，仅能发生整体平移或转动，墙身的挠曲变形则可忽略。对于这种类型的挡土墙，墙背受到的土压力一般呈三角形分布，最大压力强度发生在底部，类似于静水压力分布，如图 6-2。

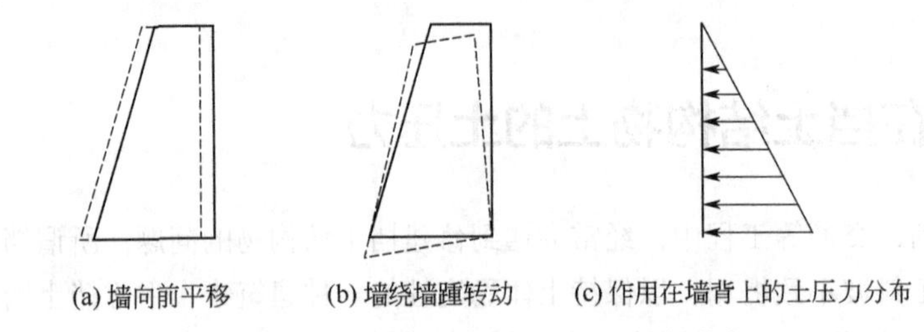

图6-2 刚性挡土墙背上的土压力分布

6.1.1.2 柔性挡土墙

当挡土结构物自身在土压力作用下发生挠曲变形时，结构变形将影响土压力的大小和分布，这种类型的挡土结构物称为柔性挡土墙。例如在深基坑开挖中，为支护坑壁而设置于土中的板桩墙、混凝土地下连续墙及排桩等即属于柔性挡土墙。这时作用在墙身上的土压力为曲线分布，计算时可简化为直线分布，如图 6-3 所示。

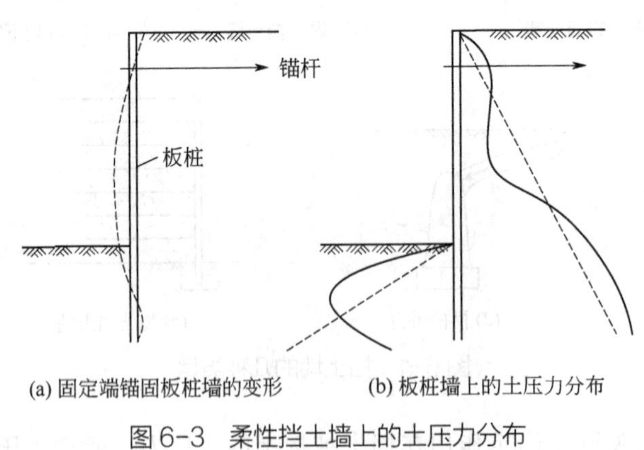

图6-3 柔性挡土墙上的土压力分布

实线—实际土压力，虚线—计算土压力

6.1.1.3 加筋挡土墙

加筋挡土墙靠筋材的拉力承担土压力，通过滑动面后面的土体与筋材间的摩擦力将筋材锚定，保持加筋土体整体稳定。筋材可分为刚性与柔性两种。刚性筋材有各种金属拉带、高强度的土工格栅等；柔性筋材最典型的是各种土工布。加筋土挡土墙可以是有墙面和无墙面的，

图6-4（a）为无墙面的包裹式挡土墙，其筋材一般为柔性的；图6-4（b）表示的是整体混凝土墙面，筋材通过挂件固定在墙面后；图6-4（c）表示的是砌块式墙面，筋材固定在砌块之后，施工中分层填筑碾压，分层加筋，分层砌筑墙面。

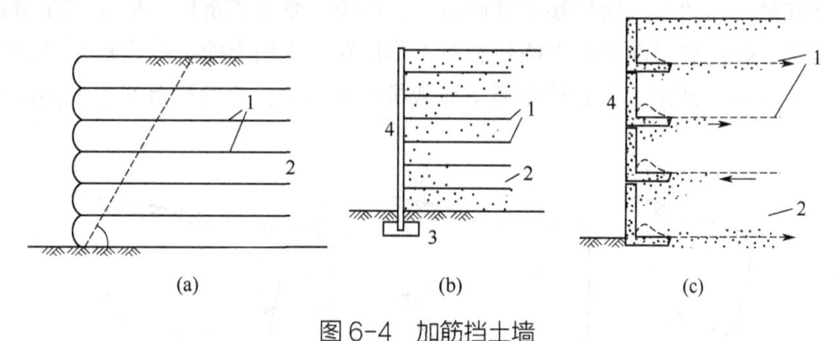

图6-4 加筋挡土墙

1—筋材；2—填土；3—基础；4—面板

本章主要介绍刚性挡土墙土压力计算。因为它是土压力计算的基础，其他类型挡土结构物上作用的土压力大多以刚性墙土压力计算为根据。

6.1.2 墙体位移与土压力类型

6.1.2.1 土压力试验

挡土墙侧的土压力大小及其分布规律受到墙体可能的位移方向、墙背填土的种类、填土面的形式、墙的截面刚度和地基的变形等一系列因素的影响。在实验室里通过挡土墙的模型试验，可以量测挡土墙不同位移方向产生3种不同性质的土压力。在一个长形槽中部插上一块刚性板，在板的一侧安装压力盒，并使填土板的另一侧临空。当挡板静止不动时，测得板上的土压力 E_0。如将挡板离开填土向临空方向移动或转动时，测得的土压力数值减小为 E_a。反之，若将挡板推向填土方向，土压力逐渐增大，当墙后土体发生滑动时达最大值 E_p。土压力随挡土墙移动而变化的情况如图6-5所示。

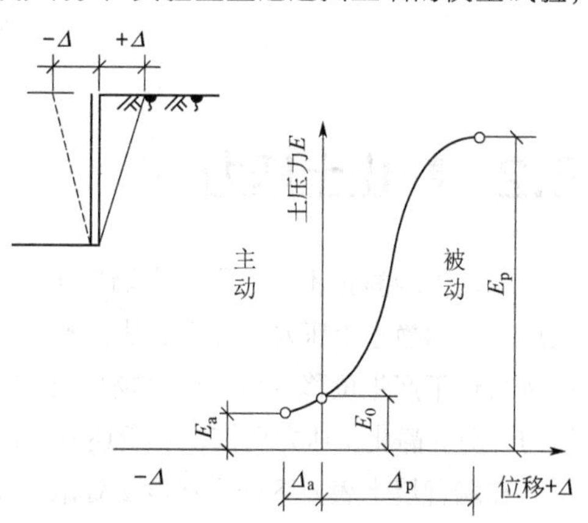

图6-5 墙身位移和土压力的关系

6.1.2.2 土压力类型

上述实验，按挡土墙的位移情况和墙后土体所处的应力状态，可将土压力分为静止土压力、主动土压力和被动土压力。

（1）静止土压力

当挡土墙静止不动，墙后土体处于弹性平衡状态，此时墙后土体作用在墙背上的土压力称为静止土压力，以 E_0 表示，如图6-6（a）所示，上部结构建起的地下室外墙可视为受静止土压力的作用。

（2）主动土压力

当挡土墙在墙后土体的推力作用下向前移动，随着这种位移的增大，作用在挡土墙上的土压力将从静止土压力逐渐减小。当墙后土体达到主动极限平衡状态时，作用在挡土墙上的土压力称为主动土压力，以 E_a 表示，如图 6-6（b）所示。

（3）被动土压力

若挡土墙在外力作用下，向后移动推向填土，则填土受墙的挤压，使作用在墙背上的土压力增大。当墙后土体达到被动极限平衡状态时，作用在挡土墙上的土压力称为被动土压力，以 E_p 表示，如图 6-6（c）所示，桥台受到桥上荷载推向土体时，土对桥台产生的侧压力属于被动土压力。

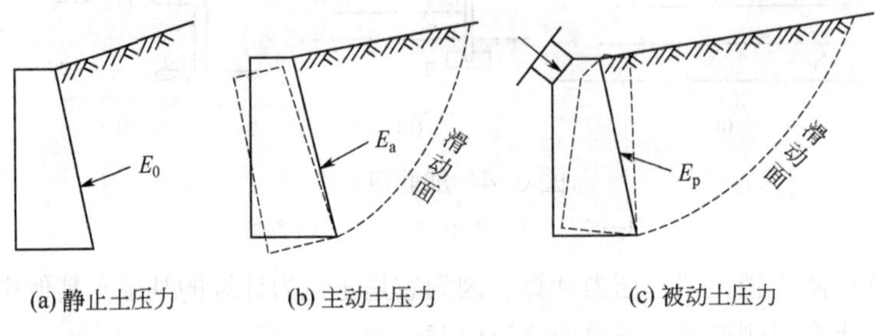

图 6-6 挡土墙上的三种土压力

由试验研究可知：土体向前位移 $-\Delta$ 值，对于墙后填土为密砂或中密砂时，$-\Delta=(0.1\sim0.5)\%H$；当墙体在外力作用下向后位移 $+\Delta$ 时，对于墙后填土为密砂时，$+\Delta=(0.1\sim0.5)\%H$；填土为密实黏性土时，$+\Delta=0.1H$，才会产生被动土压力。例如，挡土墙高 $H=10\text{m}$，填土为密实黏土，则位移量 $+\Delta=0.1H=1.0\text{m}$ 才能产生被动土压力，这 1.0m 的位移量往往为上述结构所不允许。

在相同的墙高和填土条件下，主动土压力小于静止土压力，被动土压力大于静止土压力，即

$$E_a < E_0 < E_p$$

6.2 静止土压力

当挡土墙静止不动，即挡土墙完全没有侧向位移、偏转和自身弯曲变形时，作用在其上的土压力即为静止土压力，岩石地基上的重力式挡土墙、地下室外墙、地下水池侧壁、涵洞的侧壁以及其他不产生位移的挡土构筑物均可按静止土压力计算。静止土压力可按以下所述方法计算。

在墙背填土表面下任意深度 z 处取一单元体（如图 6-7），其上作用着竖向的土自重应力 γz，则该点的静止土压力强度可按下式计算：

$$\sigma_0 = K_0\gamma z \tag{6-1}$$

式中 σ_0——静止土压力强度，kPa；

K_0——静止土压力系数；

γ——墙背填土的重度，kN/m³。

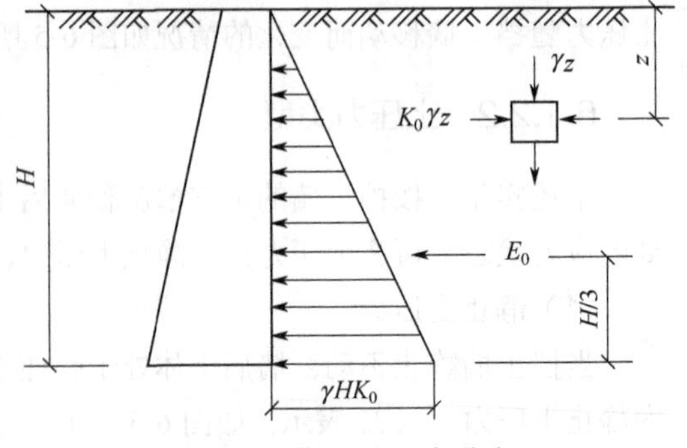

图 6-7 静止土压力分布

土的静止土压力系数 K_0 可以在室内用三轴仪测定，在原位则可用自钻式旁压仪测试得到。在缺乏试验资料时，可按下面经验公式估算：

砂性土 $$K_0 = 1 - \sin\varphi' \tag{6-2}$$

黏性土 $$K_0 = 0.95 - \sin\varphi' \tag{6-3}$$

超固结土 $$K_0 = \mathrm{OCR}\left(1 - \sin\varphi'\right) \tag{6-4}$$

式中　φ'——土的有效内摩擦角；

OCR——土的超固结比。

由式（6-1）可知，静止土压力沿墙高为三角形分布。如图6-7所示，如果取单位墙长，则作用在墙上的静止土压力为：

$$E_0 = \frac{1}{2}\gamma H^2 K_0 \tag{6-5}$$

式中　E_0——静止土压力，E_0的作用点在距墙底$H/3$处，方向水平，kN/m；

H——挡土墙高度，m。

【例6-1】计算作用在图6-8所示挡土墙上的静止土压力分布值及其合力E_0。

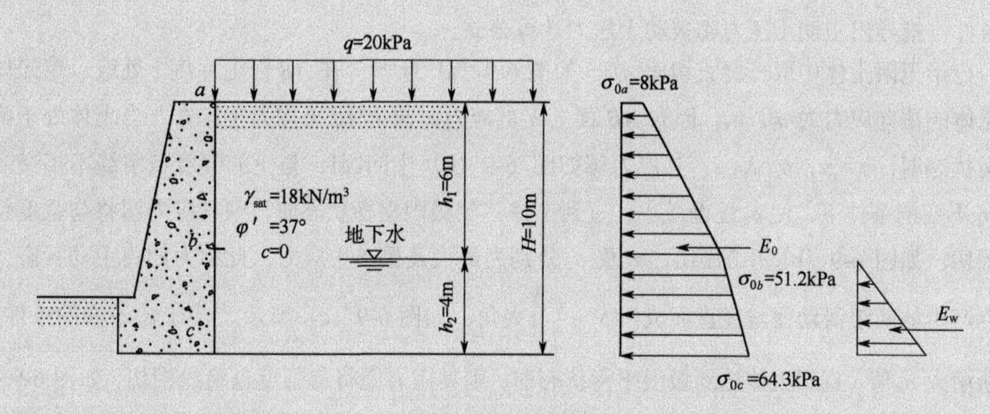

图6-8　例6-1图

解：对砂性土，按式（6-2）计算静止土压力系数K_0。

$$K_0 = 1 - \sin\varphi' = 1 - \sin 37^\circ = 0.4$$

按式（6-1）计算土中各点静止土压力σ_0值

a点　$\sigma_{0a} = K_0 q = 0.4 \times 20 = 8(\mathrm{kPa})$

b点　$\sigma_{0b} = K_0(q + \gamma h_1) = 0.4 \times (20 + 18 \times 6) = 51.2(\mathrm{kPa})$

c点　$\sigma_{0c} = K_0(q + \gamma_1 h_1 + \gamma_2' h_2) = 0.4 \times [20 + 18 \times 6 + (18 - 9.8) \times 4] = 64.3(\mathrm{kPa})$

静止土压力的合力为

$$E_0 = \frac{1}{2} \times (\sigma_{0a} + \sigma_{0b}) h_1 + \frac{1}{2} \times (\sigma_{0b} + \sigma_{0c}) h_2 = \frac{1}{2} \times (8 + 51.2) \times 6 + \frac{1}{2} \times (51.2 + 64.3) \times 4 = 408.6(\mathrm{kN/m})$$

作用在墙上的静水压力合力为

$$E_\mathrm{w} = \frac{1}{2}\gamma_\mathrm{w} h_2^2 = \frac{1}{2} \times 9.8 \times 4^2 = 78.4(\mathrm{kN/m})$$

静止土压力σ_0及水压力的分布如图6-8。

6.3 朗肯土压力理论

计算主动土压力和被动土压力的理论有多种，但世界各国大多采用两种古典的土压力理论，即朗肯土压力理论和库仑土压力理论。尽管这些理论都基于不同的假定，但概念明确、计算简便，且国内外大量挡土墙实验、原位测试及理论研究结果均表明，其计算方法实用可靠。本节先来介绍朗肯土压力理论。

6.3.1 基本假设与原理

朗肯土压力理论是朗肯（W. J. M. Rankine）于1857年提出的。其基本假定为：挡土墙墙背垂直、光滑，其后土体表面水平并无限延伸。朗肯根据墙后土体的极限平衡状态，应用极限平衡条件，推导出主动土压力和被动土压力计算公式。

在半无限土体中取一竖直切面AB，如图6-9（a）所示，在AB面上深度z处取一单元体，单元体的法向应力为σ_z、σ_x，因为AB面上无剪应力，故σ_z和σ_x均为主应力。当土体处于弹性平衡状态时，$\sigma_z=\gamma z$，$\sigma_x=K_0\gamma z$，其应力圆如图6-9（b）中的圆Ⅰ，与土的强度包络线不相交。若在σ_z不变的条件下，使σ_x逐渐减小，直到土体达到极限平衡状态时，则其应力圆将与强度包络线相切，如图6-9（b）中的圆Ⅱ。σ_z及σ_x分别为最大及最小主应力，此称为朗肯主动状态，土体中产生的两组滑动面与竖直面成$\left(45°-\dfrac{\varphi}{2}\right)$夹角，如图6-9（c）所示。若在$\sigma_z$不变的条件下，不断增大$\sigma_x$值，直到土体达到极限平衡状态时，则其应力圆将与强度包络线相切，如图6-9（b）中的圆Ⅲ。σ_x及σ_z分别为最大及最小主应力，此称为朗肯被动状态，土体中产生的两组滑动面与水平面成$\left(45°-\dfrac{\varphi}{2}\right)$夹角，如图6-9（d）所示。

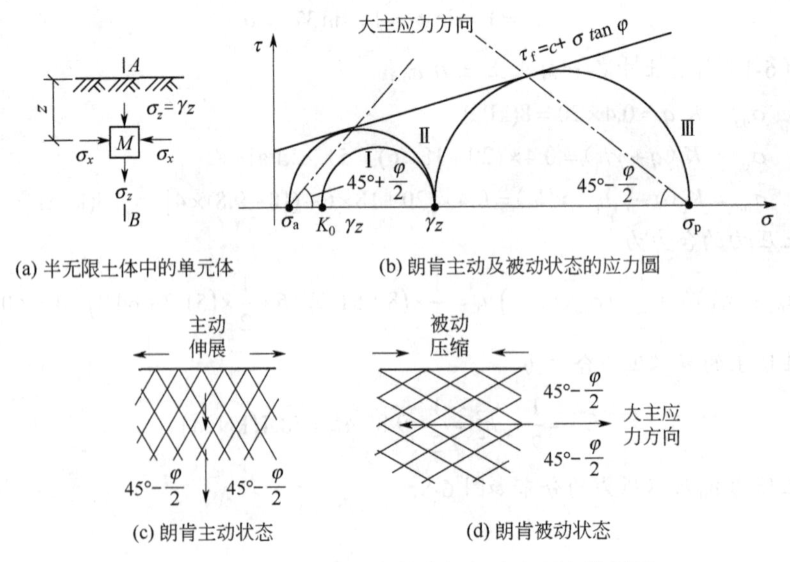

图6-9 半无限土体应力状态与朗肯土压力的关系

6.3.2 主动土压力

对于如图 6-10（a）所示的挡土墙，设墙背光滑、直立，填土面水平。当挡土墙偏移向土体时，由于墙背任意深度 z 处的竖向应力 $\sigma_z=\gamma z$ 不变，它是大主应力 σ_1 不变；水平应力 σ_x 逐渐减小直至产生主动朗肯状态，σ_x 是小主应力 σ_3，就是主动土压力强度 σ_a，由第 5 章土中一点的极限平衡条件公式分别得：

无黏性土：

$$\sigma_a = \gamma z \tan^2\left(45° - \frac{\varphi}{2}\right) \tag{6-6a}$$

$$\sigma_a = \gamma z K_a \tag{6-6b}$$

或

黏性土、粉土：

$$\sigma_a = \gamma z \tan^2\left(45° - \frac{\varphi}{2}\right) - 2c\tan\left(45° - \frac{\varphi}{2}\right) \tag{6-7a}$$

或

$$\sigma_a = \gamma z K_a - 2c\sqrt{K_a} \tag{6-7b}$$

式中 σ_a——主动土压力强度，kPa；

K_a——朗肯主动土压力系数，$K_a = \tan^2\left(45° - \frac{\varphi}{2}\right)$；

γ——墙后填土的重度，地下水位以下取有效重度，kN/m³；

c——填土的黏聚力，kPa；

φ——填土的内摩擦角，（°）；

z——所计算的点离填土面的深度，m。

由主动土压力计算公式可知，无黏性土中主动土压力强度 σ_a 与深度 z 成正比，沿墙高的压力呈三角形分布，如图 6-10（b）所示。作用在单位长度挡土墙上的土压力为三角形面积，即

$$E_a = \frac{1}{2}\gamma H^2 K_a \tag{6-8}$$

式中 E_a——无黏性土主动土压力，kN/m。

E_a 通过三角形的形心，即作用点在离墙底 $H/3$ 处。

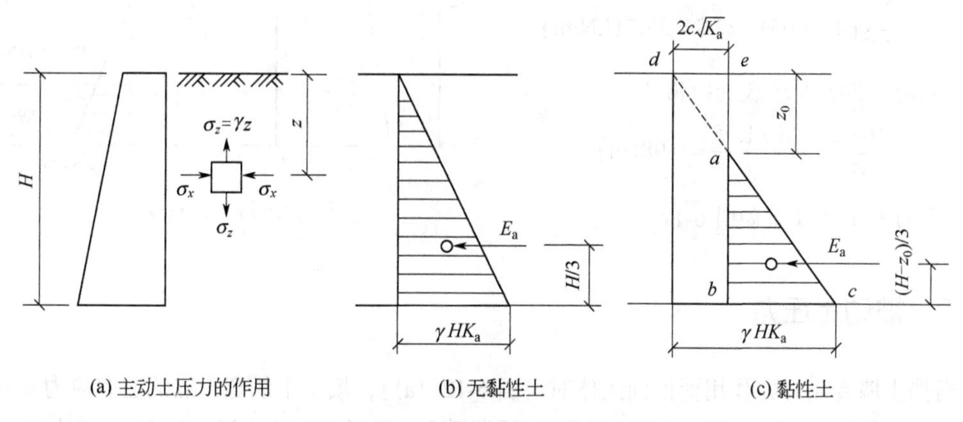

(a) 主动土压力的作用　(b) 无黏性土　(c) 黏性土

图 6-10 主动土压力强度分布图

黏性土的土压力强度由两部分组成：一部分是由土的自重引起的土压力 γzK_a；另一部分是由黏聚力引起的负侧压力 $-2c\sqrt{K_a}$。这两部分土压力叠加的结果如图 6-10（c）所示，其中 *aed* 部分是负侧压力，对墙背是拉应力，但实际上土与墙背在很小的拉应力作用下就会分离，故在计算土压力时，这部分的压应力设为零，因此黏性土的土压力分布仅是 *abc* 部分。

a 点离填土面的深度 z_0 常称为临界深度，在填土面无荷载的条件下，可令式（6-7b）为零求得 z_0 值，即

$$\sigma_a=\gamma zK_a-2c\sqrt{K_a}=0$$

得

$$z_0=\frac{2c}{\gamma\sqrt{K_a}} \tag{6-9}$$

如取单位墙长计算，则黏性土、粉土主动土压力 E_a 为：

$$E_a=\frac{1}{2}\gamma H^2K_a-2cH\sqrt{K_a}+\frac{2c^2}{\gamma} \tag{6-10}$$

式中　E_a——黏性土、粉土主动土压力，kN/m。

E_a 通过三角形 *abc* 的形心，即作用在离墙底（$H-z_0$）/3 处。

【例 6-2】有一挡土墙，高 4m，墙背直立、光滑，填土面水平，填土的物理力学性质指标为 γ=17kN/m³，φ=22°，c=6kPa。试求主动土压力大小及其作用点位置，并绘出主动土压力强度分布图。

解：计算主动土压力系数。

$$K_a=\tan^2\left(45°-\frac{\varphi}{2}\right)=\tan^2\left(45°-\frac{22°}{2}\right)=0.45$$

在墙底处的主动土压力强度按朗肯土压力理论为：

$$\sigma_a=\gamma zK_a-2c\sqrt{K_a}=17\times4\times0.45-2\times6\times\sqrt{0.45}=22.8(\text{kPa})$$

临界深度为：

$$z_0=\frac{2c}{\gamma\sqrt{K_a}}=\frac{2}{17\times\sqrt{0.45}}=1.05(\text{m})$$

主动土压力：

$$E_a=\frac{1}{2}\times(4-1.05)\times22.8=33.7(\text{kN/m})$$

主动土压力距墙底的距离为

$$\frac{H-z_0}{3}=\frac{4-1.05}{3}=0.98(\text{m})$$

主动土压力分布如图 6-11 所示。

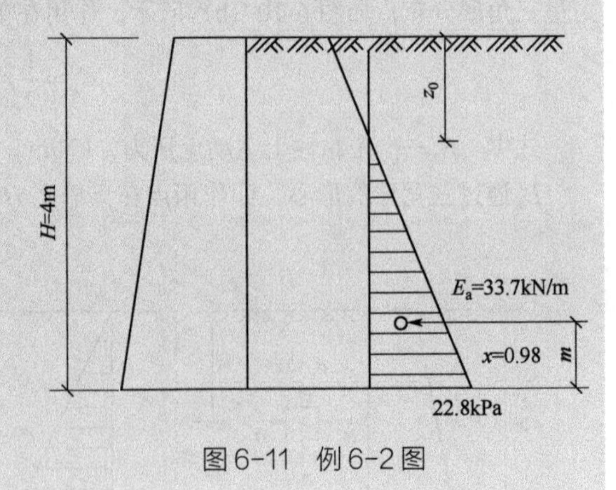

图 6-11　例 6-2 图

6.3.3 被动土压力

当挡土墙受到外力作用而推向土体时［图 6-12（a）］，填土中任意一点的竖向应力 $\sigma_z=\gamma z$ 仍不变，小主应力 σ_3 不变，而水平向应力 σ_x 却逐渐增大，直至产生被动朗肯状态，达到极限值 σ_1，它就是被动土压力强度 σ_p，由第 5 章土中一点应力的极限平衡条件公式分别得：

无黏性土：

$$\sigma_p = \gamma z K_p \tag{6-11}$$

黏性土、粉土：

$$\sigma_p = \gamma z K_p + 2c\sqrt{K_p} \tag{6-12}$$

式中　K_p——朗肯被动土压力系数，$K_p = \tan^2\left(45° + \frac{\varphi}{2}\right)$。

其余符号意义同前。

由被动土压力计算公式可知，无黏性土被动土压力强度呈三角形分布，如图 6-12（b）所示。黏性土、粉土被动土压力强度呈梯形分布，如图 6-12（c）所示。如取单位墙长计算，则被动土压力可由下式计算：

无黏性土：

$$E_p = \frac{1}{2}\gamma H^2 K_p \tag{6-13}$$

黏性土、粉土：

$$E_p = \frac{1}{2}\gamma H^2 K_p + 2cH\sqrt{K_p} \tag{6-14}$$

被动土压力 E_p 通过压力分布图三角形或梯形的形心。

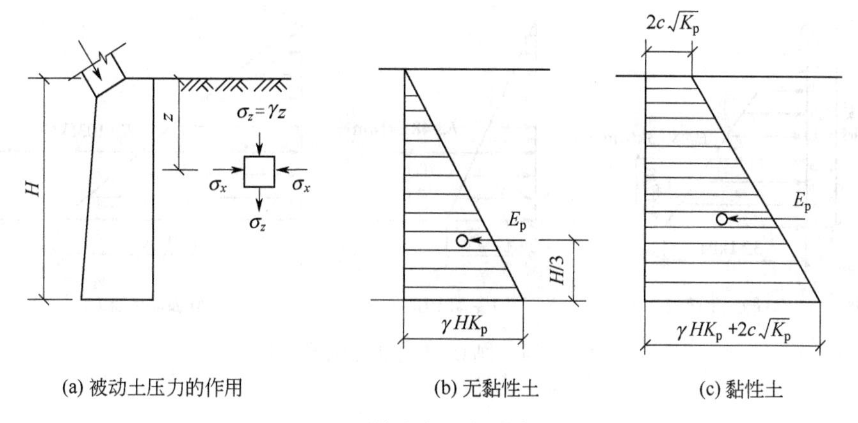

图 6-12　被动土压力强度分布图

【例 6-3】某重力式挡土墙的墙高 H=5m，墙背垂直光滑，墙后填无黏性土，填土面水平，填土性质指标如图 6-13 所示。试分别求出作用于墙上的静止、主动及被动土压力的大小及分布。

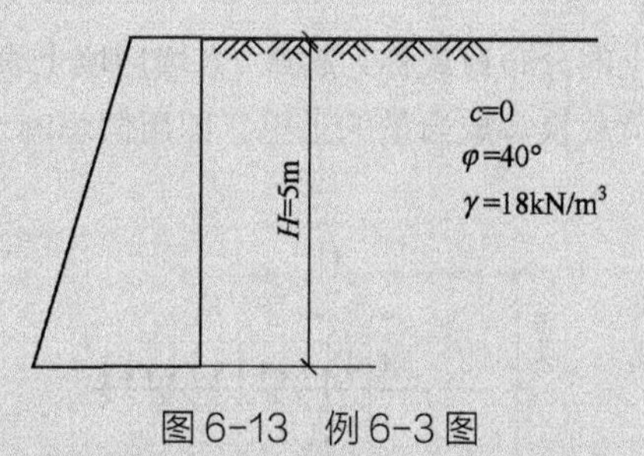

图 6-13　例 6-3 图

解：（1）计算土压力系数 K。

静止土压力系数　$K_0 = 1 - \sin\varphi = 1 - \sin 40° = 0.357$

主动土压力系数　$K_a = \tan^2\left(45° - \frac{\varphi}{2}\right) = \tan^2\left(45° - \frac{40°}{2}\right) = 0.217$

被动土压力系数　$K_p = \tan^2\left(45° + \frac{\varphi}{2}\right) = \tan^2\left(45° + \frac{40°}{2}\right) = 4.6$

（2）计算墙底处土压力强度 σ。

静止土压力 σ_0　　$\sigma_0 = K_0\gamma z = 0.357\times18\times5 = 32.1(\text{kPa})$

主动土压力 σ_a　　$\sigma_a = \gamma z K_a = 0.217\times18\times5 = 19.5(\text{kPa})$

被动土压力 σ_p　　$\sigma_p = \gamma z K_p = 4.6\times18\times5 = 414(\text{kPa})$

（3）计算单位墙长度上的总土压力 E。

静止土压力 E_0　　$E_0 = \frac{1}{2}\gamma H^2 K_0 = \frac{1}{2}\times18\times5^2\times0.357 = 80.3(\text{kN/m})$

主动土压力 E_a　　$E_a = \frac{1}{2}\gamma H^2 K_a = \frac{1}{2}\times18\times5^2\times0.217 = 48.8(\text{kN/m})$

被动土压力 E_p　　$E_p = \frac{1}{2}\gamma H^2 K_p = \frac{1}{2}\times18\times5^2\times4.6 = 1035(\text{kN/m})$

三者比较可以看出 $E_p > E_0 > E_a$。

（4）土压力强度分布见图 6-14，总土压力作用点均在距墙底 $\frac{H}{3} = \frac{5}{3} = 1.67(\text{m})$ 处。

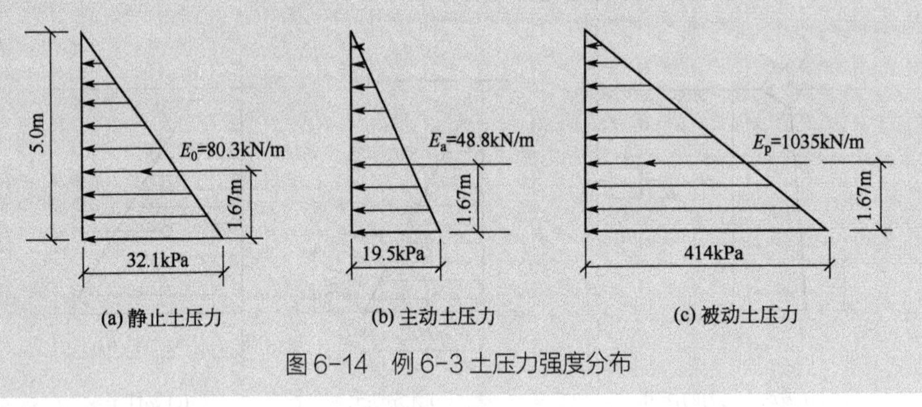

图 6-14　例 6-3 土压力强度分布

6.3.4　几种常见情况下朗肯土压力的计算

6.3.4.1　填土面有均布荷载 q 作用

通常将挡土墙后填土面上的分布荷载称为超载。当墙后填土表面有连续均布荷载 q 作用时，土压力的计算方法是将均布荷载换算成当量的土重，即用假想的土重代替均布荷载，如图 6-15 所示。

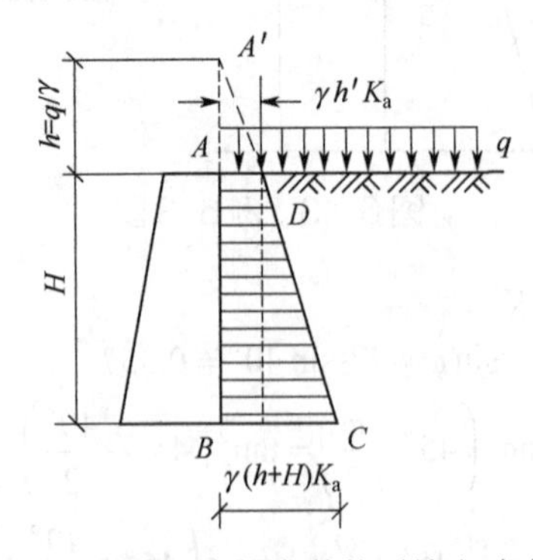

图 6-15　填土面有均布荷载时的主动土压力

当量土层厚度为：

$$h = \frac{q}{\gamma} \tag{6-15}$$

式中 γ——填土的重度，kN/m³。

然后，以 $A'B$ 为墙背，按填土面无荷载的情况计算土压力。以无黏性土为例，则填土面 A 点的主动土压力强度，按朗肯土压力理论为

$$\sigma_{aA} = \gamma h K_a = q K_a \tag{6-16}$$

墙底 B 点的主动土压力强度为

$$\sigma_{aB} = \gamma (h + H) K_a = (q + \gamma H) K_a \tag{6-17}$$

压力分布如图 6-15 所示，实际的土压力分布图为梯形 $ABCD$ 部分，土压力作用点在梯形的重心。

6.3.4.2 成层填土

当墙后填土是由多层不同种类的水平分布的土层组成时，可用朗肯理论计算土压力。如图 6-16 所示的挡土墙，在计算土压力时，第一层的土压力按均质土计算，土压力的分布为图中的 abc 部分；计算第二层土压力时，将第一层土按重度换算成与第二层土相同的当量土层，即其当量土层厚度为 $h_1' = h_1\gamma_1/\gamma_2$，然后以 $(h_1' + h_2)$ 为墙高，按均质土计算土压力，但只在第二层土层厚度范围内有效，如图中 $bdfe$ 部分。必须注意，由于各层土的性质不同，主动土压力系数 K_a 也不同，因此在土层的分界面处，主动土压力强度会出现两个值。

6.3.4.3 墙后填土有地下水

挡土墙后的填土常会部分或全部处于地下水位以下，此时要考虑地下水位对土压力的影响，具体表现在：①地下水位以下填土重量将因受到水的浮力而减小，计算土压力时用浮重度 γ'；②地下水的存在将使土的含水量增加，抗剪强度降低，而使土压力增大；③地下水对墙背产生静水压力。因此，挡土墙应该有良好的排水措施。

当墙后填土有地下水时，作用在墙背上的侧压力有土压力和水压力两部分。计算土压力时，假设水位上下土的内摩擦角、黏聚力都相同，水位以下取有效重度进行计算。以图 6-17 所示的挡土墙为例，若墙后填土为无黏性土，地下水位在填土表面以下 h_1 处，作用在墙背上的水压力 $E_w = \frac{1}{2}\gamma_w h_2^2$，其中 γ_w 为水的重度，h_2 为水位以下的墙高。作用在挡土墙上的总压力为主动土压力和水压力之和。

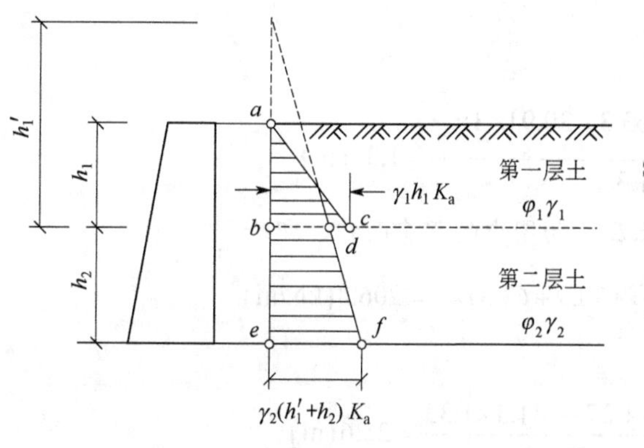

图 6-16 成层填土的土压力计算

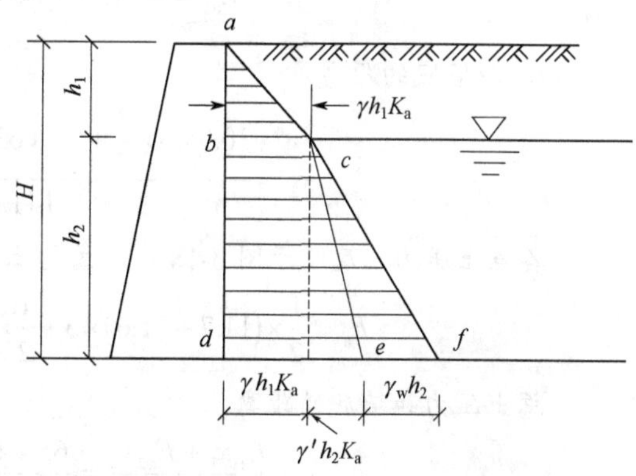

图 6-17 填土中有地下水时的土压力

【例 6-4】某挡土墙高 6m，墙背竖直光滑，墙后填土面水平，并作用均布荷载 q=30kPa，填土分两层，上层 γ_1=17kN/m^3，φ_1=26°；下层 γ_2=19kN/m^3，φ_2=16°，c_2=10kPa。试求墙背主动土压力 E_a 及作用点位置，并绘制土压力强度分布图。

解：墙背竖直光滑、填土面水平，符合朗肯土压力理论条件，故

$$K_{a1}=\tan^2\left(45°-\frac{\varphi_1}{2}\right)=\tan^2\left(45°-\frac{26°}{2}\right)=0.390$$

$$K_{a2}=\tan^2\left(45°-\frac{\varphi_2}{2}\right)=\tan^2\left(45°-\frac{16°}{2}\right)=0.568$$

将地面均布荷载换算成第一层填土的当量土层厚度为

$$h_0=\frac{q}{\gamma_1}=\frac{30}{17}=1.765(\text{m})$$

第一层土的主动土压力强度

$$\sigma_{aA}=\gamma_1 h_0 K_{a1}=qK_{a1}=30\times0.390=11.7(\text{kPa})$$

$$\sigma_{aB}^{上}=(q+\gamma_1 h_1)K_{a1}=(30+17\times3)\times0.390=31.6(\text{kPa})$$

第一层土的主动土压力

$$E_{a1}=\frac{1}{2}\times(11.7+31.6)\times3=65.0(\text{kN/m})$$

E_{a1} 距墙底的距离

$$x_1=3+\frac{11.7\times3\times\frac{3}{2}+\frac{1}{2}\times(31.6-11.7)\times3\times\frac{3}{3}}{65}=4.27(\text{m})$$

第二层土的主动土压力强度

$$\begin{aligned}\sigma_{aB}^{下}&=(q+\gamma_1 h_1)K_{a2}-2c_2\sqrt{K_{a2}}\\&=(30+17\times3)\times0.568-2\times10\times\sqrt{0.568}=30.9(\text{kPa})\end{aligned}$$

$$\begin{aligned}\sigma_{aC}&=(q+\gamma_1 h_1+\gamma_2 h_2)K_{a2}-2c_2\sqrt{K_{a2}}\\&=(30+17\times3+19\times3)\times0.568-2\times10\times\sqrt{0.568}=63.6(\text{kPa})\end{aligned}$$

第二层土的主动土压力

$$E_{a2}=\frac{1}{2}\times(30.9+63.3)\times3=141.3(\text{kN/m})$$

E_{a2} 距墙底的距离

$$x_2=\frac{30.9\times3\times\frac{3}{2}+\frac{1}{2}\times(63.3-30.9)\times3\times\frac{3}{3}}{141.3}=1.33(\text{m})$$

各点土压力强度绘于图 6-18 中，故总土压力为图中的阴影面积，即

$$E_a=\frac{1}{2}\times(11.7+31.6)\times3+\frac{1}{2}\times(30.9+63.3)\times3=206.3(\text{kN/m})$$

总土压力距墙底的距离

$$x=\frac{E_{a1}x_1+E_{a2}x_2}{E_a}=\frac{65\times4.27+141.3\times1.33}{206.3}=2.26(\text{m})$$

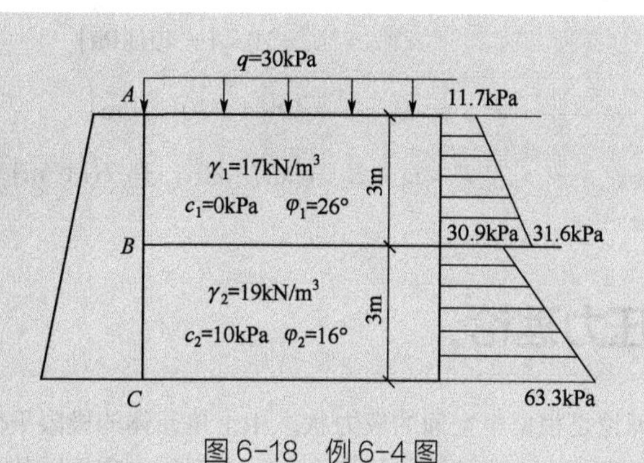

图6-18 例6-4图

【例6-5】某挡土墙墙高6m，墙背竖直、光滑，填土面水平，填土的有关物理力学指标如图6-19所示。试求挡土墙的总侧压力。

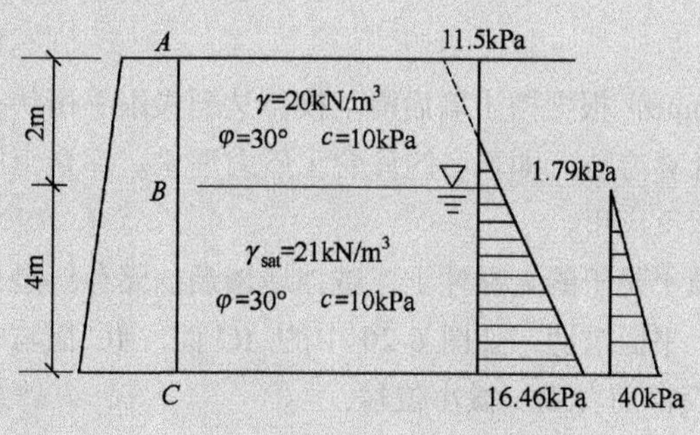

图6-19 例6-5图

解：主动土压力系数

$$K_a=\tan^2\left(45^\circ-\frac{\varphi}{2}\right)=\tan^2\left(45^\circ-\frac{30^\circ}{2}\right)=0.33$$

填土表面的主动土压力强度

$$\sigma_{aA}=-2c\sqrt{K_a}=-2\times10\times\sqrt{0.33}=-11.5(\text{kPa})$$

地下水位处的主动土压力强度

$$\sigma_{aB}=\gamma h_1K_a-2c\sqrt{K_a}=20\times2\times0.33-2\times10\times\sqrt{0.33}=1.79(\text{kPa})$$

墙底处的主动土压力强度

$$\begin{aligned}\sigma_{aC}&=(\gamma h_1+\gamma' h_2)K_a-2c\sqrt{K_a}\\&=(20\times2+11\times4)\times0.33-2\times10\times\sqrt{0.33}=16.46(\text{kPa})\end{aligned}$$

设临界深度为 z_0，则有

$$z_0=\frac{2c}{\gamma\sqrt{K_a}}=\frac{2\times10}{20\times\sqrt{0.33}}=1.74(\text{m})$$

总的主动土压力

$$E_a=\frac{1}{2}\times1.79\times(2-1.74)+\frac{1}{2}\times(1.79+16.46)\times4=36.7(\text{kN/m})$$

静水压力强度　$\sigma_w = \gamma_w h_2 = 10 \times 4 = 40(\text{kPa})$

静水压力　$E_w = \frac{1}{2} \times 40 \times 4 = 80(\text{kN/m})$

总侧压力　$E = E_a + E_w = 36.7 + 80 = 116.7(\text{kN/m})$

6.4　库仑土压力理论

上述朗肯土压力理论是根据半空间的应力状态和土单元体的极限平衡条件而得出的土压力古典理论之一。另一种土压力古典理论就是库仑土压力理论，它是以整个滑动土体上力系的平衡条件来求解主动、被动土压力的理论公式。

6.4.1　基本假设

1773 年库仑（Coulomb）根据挡土墙后滑动楔体达到极限平衡状态时的静力平衡方程条件提出了一种土压力分析计算方法，即著名的库仑土压力理论。库仑土压力理论计算原理简明，适应性较广，因此得到广泛应用。

如果挡土墙墙后的填土是干的无黏性土，或挡墙墙后的储存料是干的粒料，当墙体突然移去时，干土或粒料将沿一平面滑动，如图 6-20 中的 *AC* 面，*AC* 面与水平面的倾角等于粒料的内摩擦角（φ）。若墙体仅向前发生一微小位移，在墙背面 *AB* 与 *AC* 面之间将产生一个滑动面 *AD*。只要确定出该滑动破坏面的形状和位置，就可以根据向下滑动土楔体 *ABD* 的静力平衡条件得出填土作用在墙上的主动土压力。相反，若墙体向填土推压，在 *AC* 面与水平面之间产生另一个滑动面 *AE*。根据向上滑动土楔体 *ABE* 的静力平衡条件可以得出填土作用在墙上的被动土压力。

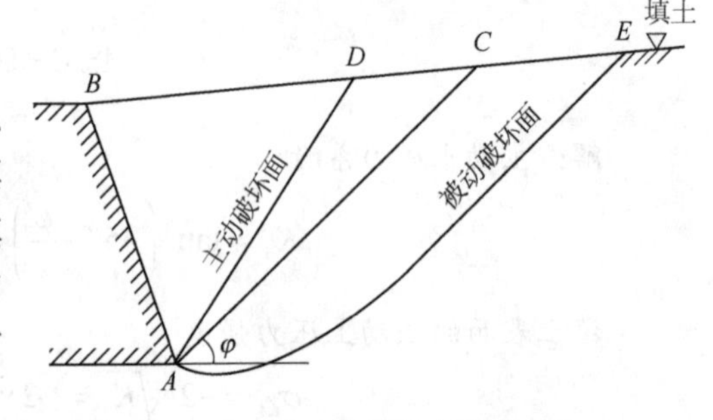

图 6-20　墙后填料中的破坏面

库仑土压力理论是根据墙后土体处于极限平衡状态并形成一滑动楔体时，从楔体的静力平衡条件得出的土压力计算理论。其基本假设：①墙后的填土是理想的散粒体（黏聚力 c=0）；②滑动破坏面为一平面；③滑动土楔体视为刚体。

6.4.2　主动土压力

取单位长度挡土墙进行分析，设挡土墙高为 H，墙背俯斜与垂线夹角为 α，墙后填土为砂土，填土重度为 γ，内摩擦角为 φ，填土表面与水平面成 β 角，墙背与土的摩擦角为 δ。

挡土墙在土压力作用下将向前位移，当墙后填土处于极限平衡状态时，墙后填土形成一滑动楔体△*ABC*，其破裂面为平面 *BC*，与水平面成 θ 角，如图 6-21 所示。

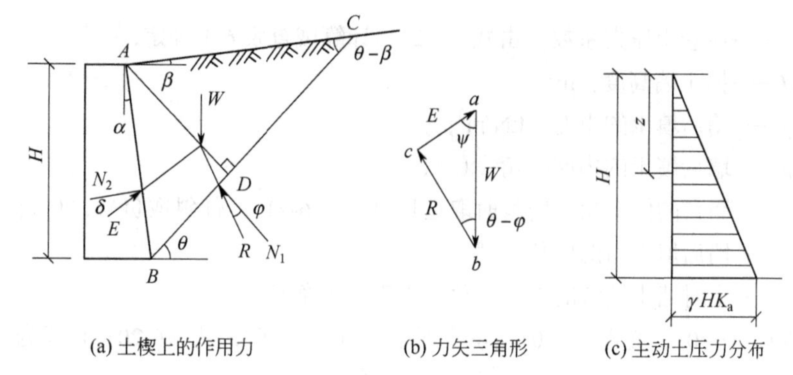

(a) 土楔上的作用力　(b) 力矢三角形　(c) 主动土压力分布

图6-21　按库仑理论求主动土压力

取处于极限平衡状态的滑动楔体△*ABC*作为隔离体来进行分析，△*ABC*上的作用力有：

① 土楔体△*ABC*的自重为*W*，方向向下。

$$W=\frac{1}{2}BC\cdot AD\cdot\gamma=\frac{1}{2}\gamma H^2\frac{\cos(\alpha-\beta)\cos(\theta-\alpha)}{\cos^2\alpha\sin(\theta-\beta)}$$

② 滑动面*BC*对楔体△*ABC*的反力*R*，与滑动面*BC*的法线N_1的夹角为土的内摩擦角φ，当土体处于主动状态时，为阻止楔体下滑，*R*位于N_1的下方。

③ 墙背对楔体的反力*E*，与墙背的法线N_2的夹角为δ，为阻止楔体下滑，*E*位于N_2的下方，δ为墙背与土之间的摩擦角。与*E*大小相等，方向相反的反作用力就是作用在挡土墙上的主动土压力。

土楔体△*ABC*在以上三力作用下处于静力平衡状态，因此，三力形成一个闭合的力矢三角形，如图6-21（b）。

由正弦定理可得：

$$E=W\frac{\sin(\theta-\varphi)}{\sin\left[180^\circ-(\theta-\varphi+\psi)\right]}=W\frac{\sin(\theta-\varphi)}{\sin(\theta-\varphi-\psi)} \tag{6-18}$$

式（6-18）中，$\psi=90^\circ-\alpha-\delta$，如图6-21所示。将*W*的表达式代入式（6-18）得：

$$E=\frac{1}{2}\gamma H^2\frac{\cos(\alpha-\beta)\cos(\theta-\alpha)\sin(\theta-\varphi)}{\cos^2\alpha\sin(\theta-\beta)\sin(\theta-\varphi+\psi)} \tag{6-19}$$

在式（6-19）中，γ、H、α、β、φ、δ都是已知，滑裂面*BC*与水平面的倾角θ则是任意假定的，所以，给出不同的滑裂面可以得出一系列相应的土压力*E*值，也就是说，*E*是θ的函数。*E*的最大值E_{max}即为墙背的主动土压力。其所对应的滑动面即是土楔体最危险的滑动面。令$\frac{dE}{d\theta}=0$，解出使*E*为最大值时所对应的破坏角θ_{cr}，即为真正滑动面的倾角，将θ_{cr}代入式（6-19），整理后可得库仑主动土压力的一般表达式如下：

$$E_a=\frac{1}{2}\gamma H^2K_a \tag{6-20}$$

$$K_a=\frac{\cos^2(\varphi-\alpha)}{\cos^2\alpha\cos(\alpha+\delta)\left[1+\sqrt{\frac{\sin(\varphi+\delta)\sin(\varphi-\beta)}{\cos(\alpha+\delta)\cos(\alpha-\beta)}}\right]^2} \tag{6-21}$$

式中 K_a——库仑土压力系数，由式（6-21）计算或查表 6-1 确定；

H——挡土墙高度，m；

γ——墙后填土的重度，kN/m^3；

φ——墙后填土的内摩擦角，(°)；

α——墙背的倾斜角，俯斜时取正号（如图 6-21），仰斜取负号，(°)；

β——墙后填土面的倾角，(°)；

δ——土对挡土墙背的外摩擦角，查表 6-2 确定。

当墙背垂直（α=0）、光滑（δ=0），填土面水平（β=0）时，式（6-20）可写为

$$E_a=\frac{1}{2}\gamma H^2\tan^2\left(45°-\frac{\varphi}{2}\right) \tag{6-22}$$

可见，在上述条件下，库仑公式和朗肯公式相同。

由式（6-20）可知，主动土压力强度与墙高的平方成正比，为求得离墙顶任意深度 z 处的主动土压力强度 σ_a，可将 E_a 对 z 取导数，即

$$\sigma_a=\frac{dE_a}{dz}=\frac{d}{dz}\left(\frac{1}{2}\gamma z^2K_a\right)=\gamma zK_a \tag{6-23}$$

主动土压力强度沿墙高呈三角形分布，如图 6-21（c），作用点在离墙底 $H/3$ 处，方向与墙背法线的夹角为 δ。

表 6-1 库仑主动土压力系数 K_a 值

δ	α	β \ φ	15°	20°	25°	30°	35°	40°	45°	50°
0°	−20°	0°	0.497	0.380	0.287	0.212	0.153	0.106	0.070	0.043
		10°	0.595	0.439	0.323	0.234	0.166	0.114	0.074	0.045
		20°		0.707	0.401	0.274	0.188	0.125	0.080	0.047
		30°				0.498	0.239	0.090	0.090	0.051
		40°						0.301	0.116	0.060
	−10°	0°	0.540	0.433	0.344	0.270	0.209	0.158	0.117	0.083
		10°	0.644	0.500	0.389	0.301	0.229	0.171	0.125	0.088
		20°		0.785	0.482	0.353	0.261	0.190	0.136	0.094
		30°				0.614	0.331	0.226	0.155	0.104
		40°						0.433	0.200	0.123
	0°	0°	0.589	0.490	0.406	0.333	0.271	0.217	0.172	0.132
		10°	0.704	0.569	0.462	0.374	0.300	0.238	0.186	0.142
		20°		0.883	0.573	0.441	0.344	0.267	0.204	0.154
		30°				0.750	0.436	0.318	0.235	0.172
		40°						0.587	0.303	0.206
	10°	0°	0.652	0.560	0.478	0.407	0.343	0.288	0.238	0.194
		10°	0.784	0.655	0.550	0.461	0.384	0.318	0.261	0.211
		20°		1.015	0.685	0.548	0.444	0.360	0.291	0.231

续表

δ	α	β \ φ	15°	20°	25°	30°	35°	40°	45°	50°
0°		30°				0.925	0.566	0.433	0.337	0.262
		40°						0.785	0.437	0.316
	20°	0°	0.736	0.648	0.569	0.498	0.434	0.375	0.322	0.274
		10°	0.896	0.768	0.663	0.572	0.492	0.421	0.358	0.302
		20°		1.205	0.834	0.688	0.576	0.484	0.405	0.337
		30°				1.169	0.740	0.586	0.474	0.385
		40°						1.064	0.620	0.469
5°	−20°	0°	0.457	0.352	0.267	0.199	0.144	0.101	0.067	0.041
		10°	0.557	0.410	0.302	0.220	0.157	0.108	0.070	0.043
		20°		0.688	0.380	0.259	0.178	0.119	0.076	0.045
		30°				0.484	0.228	0.140	0.085	0.049
		40°						0.293	0.111	0.058
	−10°	0°	0.503	0.406	0.324	0.256	0.199	0.151	0.112	0.080
		10°	0.612	0.474	0.369	0.286	0.219	0.164	0.120	0.085
		20°		0.776	0.463	0.339	0.250	0.183	0.131	0.091
		30°				0.607	0.321	0.218	0.149	0.100
		40°						0.428	0.195	0.120
	0°	0°	0.556	0.465	0.387	0.319	0.260	0.210	0.166	0.129
		10°	0.680	0.547	0.444	0.360	0.289	0.230	0.180	0.138
		20°		0.886	0.558	0.428	0.333	0.259	0.199	0.150
		30°				0.753	0.428	0.311	0.229	0.168
		40°						0.589	0.299	0.202
	10°	0°	0.622	0.536	0.460	0.393	0.333	0.280	0.233	0.191
		10°	0.767	0.636	0.534	0.448	0.374	0.311	0.255	0.207
		20°		1.035	0.676	0.538	0.436	0.354	0.286	0.228
		30°				0.943	0.563	0.428	0.333	0.259
		40°						0.801	0.436	0.314
	20°	0°	0.709	0.627	0.553	0.485	0.424	0.368	0.318	0.271
		10°	0.887	0.775	0.650	0.562	0.484	0.416	0.355	0.300
		20°		1.250	0.835	0.684	0.571	0.480	0.402	0.335
		30°				1.212	0.746	0.587	0.474	0.385
		40°						1.103	0.627	0.472
10°	−20°	0°	0.427	0.330	0.252	0.188	0.137	0.096	0.064	0.039
		10°	0.529	0.388	0.286	0.209	0.149	0.103	0.068	0.041
		20°		0.675	0.364	0.248	0.170	0.114	0.073	0.044

续表

δ	α	β \ φ	15°	20°	25°	30°	35°	40°	45°	50°
		30°				0.475	0.220	0.135	0.082	0.047
		40°						0.288	0.108	0.056
	−10°	0°	0.477	0.385	0.309	0.245	0.191	0.146	0.109	0.078
		10°	0.590	0.455	0.354	0.275	0.221	0.159	0.116	0.082
		20°		0.773	0.450	0.328	0.242	0.177	0.127	0.088
		30°				0.605	0.313	0.212	0.146	0.098
		40°						0.426	0.191	0.117
	0°	0°	0.533	0.447	0.373	0.309	0.253	0.204	0.163	0.127
		10°	0.664	0.531	0.431	0.350	0.282	0.225	0.177	0.136
		20°		0.897	0.549	0.420	0.326	0.254	0.195	0.148
		30°				0.762	0.423	0.306	0.226	0.166
10°		40°						0.596	0.297	0.201
	10°	0°	0.603	0.520	0.448	0.384	0.326	0.275	0.230	0.189
		10°	0.759	0.626	0.524	0.440	0.369	0.307	0.253	0.206
		20°		1.064	0.674	0.534	0.432	0.351	0.284	0.227
		30°				0.969	0.564	0.427	0.332	0.258
		40°						0.823	0.438	0.315
	20°	0°	0.695	0.615	0.543	0.478	0.419	0.365	0.316	0.271
		10°	0.890	0.752	0.646	0.558	0.482	0.414	0.354	0.300
		20°		1.308	0.844	0.687	0.573	0.481	0.403	0.337
		30°				1.268	0.758	0.594	0.478	0.388
		40°						0.155	0.640	0.480
	−20°	0°	0.405	0.314	0.180	0.240	0.132	0.093	0.062	0.038
		10°	0.509	0.372	0.201	0.201	0.144	0.100	0.066	0.040
		20°		0.667	0.352	0.239	0.164	0.110	0.071	0.042
		30°				0.470	0.214	0.131	0.080	0.046
		40°						0.284	0.105	0.055
	−10°	0°	0.458	0.371	0.298	0.237	0.186	0.142	0.106	0.076
15°		10°	0.576	0.442	0.344	0.267	0.205	0.155	0.114	0.081
		20°		0.776	0.441	0.320	0.237	0.174	0.125	0.087
		30°				0.607	0.308	0.209	0.143	0.097
		40°						0.428	0.189	0.116
	0°	0°	0.518	0.434	0.363	0.301	0.248	0.201	0.160	0.125
		10°	0.656	0.522	0.423	0.343	0.277	0.222	0.174	0.135
		20°		0.914	0.546	0.415	0.323	0.251	0.194	0.147

续表

δ	α	β \ φ	15°	20°	25°	30°	35°	40°	45°	50°
15°		30°				0.777	0.422	0.305	0.225	0.165
		40°						0.608	0.298	0.200
	10°	0°	0.592	0.511	0.441	0.378	0.323	0.273	0.228	0.189
		10°	0.760	0.623	0.520	0.437	0.366	0.305	0.252	0.206
		20°		1.103	0.679	0.535	0.432	0.351	0.284	0.228
		30°				1.005	0.571	0.430	0.334	0.260
		40°						0.853	0.445	0.319
	20°	0°	0.690	0.611	0.540	0.476	0.419	0.366	0.317	0.273
		10°	0.904	0.757	0.649	0.560	0.484	0.416	0.357	0.303
		20°		1.383	0.862	0.697	0.579	0.486	0.408	0.341
		30°				1.341	0.778	0.606	0.487	0.395
		40°						1.221	0.659	0.492
20°	−20°	0°			0.231	0.174	0.128	0.090	0.061	0.038
		10°			0.266	0.195	0.140	0.097	0.064	0.039
		20°			0.344	0.233	0.160	0.108	0.069	0.042
		30°				0.468	0.210	0.129	0.079	0.045
		40°						0.283	0.104	0.054
	−10°	0°			0.291	0.232	0.182	0.140	0.105	0.076
		10°			0.337	0.262	0.202	0.153	0.113	0.080
		20°			0.437	0.316	0.233	0.171	0.124	0.086
		30°				0.614	0.306	0.207	0.142	0.096
		40°						0.433	0.188	0.115
	0°	0°			0.357	0.297	0.245	0.199	0.160	0.125
		10°			0.419	0.340	0.275	0.220	0.174	0.135
		20°			0.547	0.414	0.322	0.251	0.193	0.147
		30°				0.798	0.425	0.306	0.225	0.166
		40°						0.625	0.300	0.202
	10°	0°			0.438	0.377	0.322	0.273	0.229	0.190
		10°			0.521	0.438	0.367	0.306	0.254	0.208
		20°			0.690	0.540	0.436	0.354	0.286	0.230
		30°				1.015	0.582	0.437	0.338	0.264
		40°						0.893	0.456	0.325
	20°	0°			0.543	0.479	0.422	0.370	0.321	0.277
		10°			0.659	0.568	0.490	0.423	0.363	0.309
		20°			0.891	0.715	0.592	0.496	0.417	0.349
		30°				1.434	0.807	0.624	0.501	0.406
		40°						1.305	0.685	0.509

续表

δ	α	β \ φ	15°	20°	25°	30°	35°	40°	45°	50°
	−20°	0°				0.170	0.125	0.089	0.060	0.037
		10°				0.191	0.137	0.096	0.063	0.039
		20°				0.229	0.157	0.106	0.069	0.041
		30°				0.470	0.207	0.127	0.078	0.045
		40°						0.284	0.103	0.053
	−10°	0°				0.228	0.180	0.139	0.104	0.075
		10°				0.259	0.200	0.151	0.112	0.080
		20°				0.314	0.232	0.170	0.123	0.086
		30°				0.620	0.307	0.207	0.142	0.096
		40°						0.441	0.189	0.116
	0°	0°				0.296	0.245	0.199	0.160	0.126
		10°				0.340	0.275	0.221	0.175	0.136
25°		20°				0.417	0.324	0.252	0.195	0.148
		30°				0.828	0.432	0.309	0.228	0.168
		40°						0.647	0.306	0.205
	10°	0°				0.379	0.325	0.276	0.232	0.193
		10°				0.443	0.371	0.311	0.258	0.211
		20°				0.551	0.443	0.360	0.292	0.235
		30°				1.112	0.600	0.448	0.346	0.270
		40°						0.944	0.471	0.335
	20°	0°				0.488	0.430	0.377	0.329	0.284
		10°				0.582	0.502	0.433	0.372	0.318
		20°				0.740	0.612	0.512	0.430	0.360
		30°				1.553	0.846	0.650	0.520	0.421
		40°						1.414	0.721	0.532

表6-2 土对挡土墙墙背的外摩擦角

挡土墙情况	外摩擦角 δ	挡土墙情况	外摩擦角 δ
墙背平滑、排水不良	(0～0.33)φ	墙背平滑、排水良好	(0.5～0.67)φ
墙背粗糙、排水不良	(0.33～0.5)φ	墙背粗糙、排水良好	(0.67～1.0)φ

注：1. φ 为墙背填土的内摩擦角。

2. 当考虑汽车冲击以及渗水影响，填土对桥台背的摩擦角可取 $\delta=\varphi/2$。

6.4.3 被动土压力

当墙受外力作用推向填土，直至土体沿某一破坏面 BC 破坏时，土楔体 ABC 向上，并处于被动极限平衡状态，如图 6-22（a）所示。此时土楔体 ABC 在其自重 W、反力 R 和 E 的作用下平衡［图 6-22（b）］，R 和 E 的方向分别在 BC 和 AB 面法线的上方。按求主动土压力同样的原理可得被动土压力的库仑公式为

$$E_p = \frac{1}{2}\gamma H^2 K_p \tag{6-24}$$

$$K_p = \frac{\cos^2(\varphi+\alpha)}{\cos^2\alpha\cos(\alpha-\delta)\left[1-\sqrt{\frac{\sin(\varphi+\delta)\sin(\varphi+\beta)}{\cos(\alpha-\delta)\cos(\alpha-\beta)}}\right]^2} \tag{6-25}$$

式中 K_p——库仑土压力系数。

其他符号意义同前。

当墙背垂直（α=0）、光滑（δ=0），填土面水平（β=0）时，式（6-24）可写为

$$E_p = \frac{1}{2}\gamma H^2 \tan^2\left(45° + \frac{\varphi}{2}\right) \tag{6-26}$$

与无黏性土的朗肯被动土压力公式相同。

被动土压力强度可按下式计算：

$$\sigma_p = \frac{dE_p}{dz} = \frac{d}{dz}\left(\frac{1}{2}\gamma z^2 K_p\right) = \gamma z K_p \tag{6-27}$$

被动土压力强度沿墙高呈三角形分布，其合力作用点位于距墙底 $H/3$ 处。同样，此分布图只表示大小，不表示方向，方向与墙面的法线成 δ 角［图 6-22（c）］。

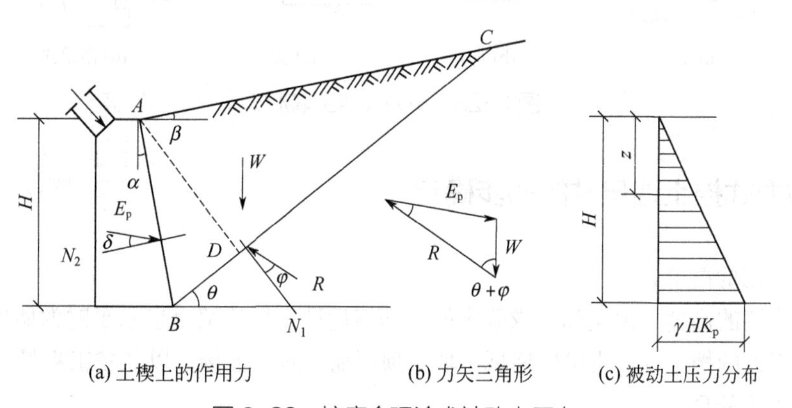

(a) 土楔上的作用力 (b) 力矢三角形 (c) 被动土压力分布

图 6-22 按库仑理论求被动土压力

6.5 挡土墙设计

挡土墙设计包括结构类型选择、构造措施及计算。由于挡土墙侧作用着土压力，计算中挡土墙的抗倾覆和抗滑移稳定性验算是十分重要的。通常挡土墙绕墙趾点（即基础外侧边缘点）倾覆，但当地基软弱时，墙趾可能陷入土中，力距中心点则向内移动，导致抗倾覆力矩减小。挡土墙通常沿基础底面滑动，但当地基软弱时，滑动可能发生在地基持力层之中，即挡土墙基础连同地基一起滑动。

挡土墙形式的选择应依据：

① 挡土墙的用途、高度及重要性；

② 建筑场地的地形与地质条件；

③ 尽量就地取材、因地制宜；

④ 安全而经济。

常用的挡土墙形式有重力式、悬臂式、扶壁式、锚杆及锚定板式和加筋土挡土墙等。本节着重介绍重力式挡土墙的设计方法。

重力式挡土墙一般由块石或混凝土材料砌筑。重力式挡土墙是靠墙身自重保证墙身稳定的，因此墙身截面较大，适用于小型工程。通常墙高 $H<6\sim8$m，因其结构简单，施工方便，能就地取材，广泛应用于实际工程中。

重力式挡土墙按墙背的倾斜情况分为仰斜、俯斜、直立和衡重式四种，如图 6-23。如前所述，仰斜墙主动土压力最小，而俯斜墙主动土压力最大；从挖、填方要求来说，挖方边坡时仰斜较合理，因为仰斜背可以和开挖的临时边坡紧密贴合；反之，填方时如用仰斜墙，则墙背填土的夯实工作比较困难，因而俯斜或墙背垂直比较合理。设计中应根据具体情况合理选择。

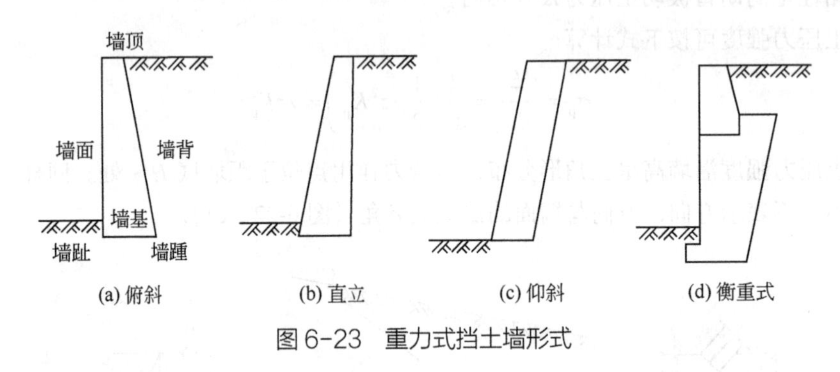

图 6-23　重力式挡土墙形式

6.5.1　重力式挡土墙尺寸的初步确定

（1）挡土墙的高度 H

通常挡土墙的高度是由实际要求确定的，即墙后被支挡的填土呈水平时为墙顶的高程。有时，对长度很大的挡土墙，也可使墙低于填土顶面而用斜坡连接，以节省工程量。

（2）挡土墙的顶宽

挡土墙的顶宽依据构造要求确定，以保证挡土墙的整体性和足够的强度。对于砌石式重力挡土墙，顶宽应大于 0.5m；对素混凝土式重力挡土墙，顶宽也不应小于 0.5m。

（3）挡土墙的底宽

挡土墙的底宽由地基承载力和整体稳定性确定。初定挡土墙底宽 $B\approx(0.5\sim0.7)H$，挡土墙底面为卵石、碎石时取小值；墙底为黏性土时取大值。

挡土墙尺寸确定后，需进行挡土墙抗滑稳定与抗倾覆稳定验算。若安全系数过大，则适当减小墙的底宽；反之，安全系数太小，则适当加大墙的底宽或采取其他措施，保证挡土墙既安全又经济。

6.5.2 重力式挡土墙的验算

挡土墙的尺寸初步确定后，需要验算抗滑稳定和抗倾覆稳定。为此，首先要确定作用在挡土墙上的力。

6.5.2.1 作用在挡土墙上的力

作用在挡土墙上的荷载有：挡土墙的自重、土压力以及基底反力（如图6-24所示）。

① 墙身自重 W。墙身自重 W 竖直向下，作用在墙体的重心。当挡土墙形式和尺寸确定后，W 为定值。

② 土压力。土压力是挡土墙上主要的荷载，可根据挡土墙的位移方向来确定土压力的种类，再应用相应的公式计算。通常情况下，墙向前位移，墙背上作用主动土压力 E_a。若挡土墙基础有一定的埋深，则埋深部分因整个挡土墙的前移而受挤压，对墙体产生被动土压力 E_p。工程中，通常因基坑开挖松动而忽略 E_p，从而使结果偏于安全。

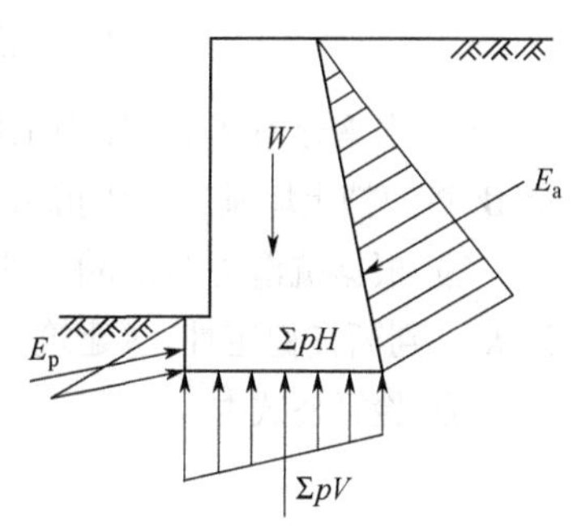

图6-24 作用在挡土墙上的力

③ 基底反力。挡土墙基底反力可分解为法向分力和水平分力两部分。为简化计算，法向分力与偏心受压基底反力相同，呈梯形分布，合力用$\sum V$表示，作用在梯形的重心。水平力用$\sum H$表示。

以上3种为作用在挡土墙上的基本荷载。此外，若墙的排水不良，填土积水需计算水压力，填土表面堆料以及地震区应计入相应的荷载。

6.5.2.2 抗倾覆稳定性验算

验算抗倾覆稳定时，可认为挡土墙整体性能较好，因此取整体墙绕墙趾 O 点（图6-25）的力矩进行验算。

① 主动土压力的水平分量 E_{ax} 乘以力臂 h 为倾覆力矩；

② 主动土压力的竖向分量 E_{ay} 乘以力臂 b 与墙自重 W 乘以力臂 a 之和为抗倾覆力矩；

③ 定义抗倾覆稳定安全因数 K_t 为抗倾覆力矩与倾覆力矩之比；

④ 根据规范要求：

$$K_t = \frac{Wa + E_{ay}b}{E_{ax}h} \geqslant 1.5 \tag{6-28}$$

式中 K_t——抗倾覆稳定安全系数。

若验算结果不满足式（6-28）的要求，可选用以下措施来解决：

① 修改挡土墙尺寸，如加大墙底宽，增加墙自重 W，以增大抗倾覆力矩。这一方法要增加较多的工程量，不经济。

② 伸长墙前趾，增加的混凝土工程量不多，主要需增加钢筋用量。

③ 将墙背做成仰斜，可减小土压力，但施工不方便。

④ 在挡土墙垂直墙背上做卸荷台，形状如牛腿，卸荷台以上的土压力不能传到卸荷台以下，

减小了土的总压力，因而就减小了倾覆力矩。

6.5.2.3 抗滑动稳定性验算

在土压力的作用下，挡土墙可能沿基础底面发生滑动，因此要求进行抗滑动稳定性验算（图 6-25）。

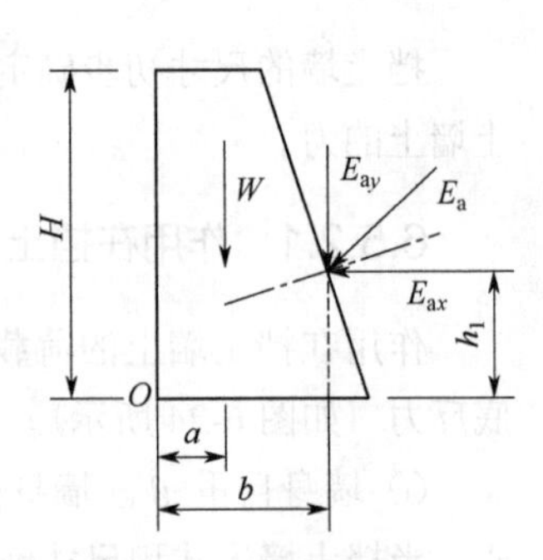

图 6-25 稳定性验算图

① 将作用在挡土墙上的土压力 E_a 分解为两个分力，即

$$E_{ax} = E_a \cos(\alpha + \delta)$$

$$E_{ay} = E_a \sin(\alpha + \delta)$$

② 水平分力 E_{ax} 为使挡土墙滑动的力，而竖向分力 E_{ay} 和墙自重 W 将使挡土墙基底产生抗滑力。

③ 根据抗滑力与滑动力的比值（称为抗滑稳定安全系数，记为 K_s）判断其稳定性。《建筑地基础规范》规定 $K_s \geqslant 1.3$。

④ 验算公式为

$$K_s = \frac{(W + E_{ay})\mu}{E_{ax}} \geqslant 1.3 \tag{6-29}$$

式中 K_s——抗滑稳定安全系数；

E_{ax}——主动土压力的水平分力，kN/m；

E_{ay}——主动土压力的竖向分力，kN/m；

μ——基底摩擦因数，由试验测定，也可按表 6-3 选用。

表 6-3 挡土墙基底与地基土的摩擦因数 μ

土的类别		μ
黏性土	可塑	0.25～0.30
	硬塑	0.30～0.35
	坚硬	0.35～0.45
粉土	$s_r \leqslant 0.5$	0.30～0.40
中砂、粗砂、砾砂		0.40～0.5
碎石土		0.40～0.6
软质岩石		0.40～0.6
表面粗糙的硬质岩石		0.65～0.75

注：对易风化的软质岩石和 $I_P \geqslant 22$ 的黏性土，μ 值应通过试验测定；对碎石土,可根据其密实度、填充物情况、风化程度等确定。

若验算结果不满足式（6-29）时，应采取下列措施来解决：

① 修改挡土墙的断面尺寸，通常加大底宽增加墙自重 W 以增大抗滑力。

② 在挡土墙基底铺砂、碎石垫层，提高摩擦因数 μ 值，增大抗滑力。

③ 将挡土墙基底做成逆坡，利用滑动面上部分反力抗滑，如图 6-26（a）所示。

④ 在软土地基上，抗滑稳定安全系数小，采取其他方法无效或经济性较差时，可在挡土墙墙踵后面加设钢筋混凝土拖板，利用拖板上的填土重增大抗滑力。拖板与挡土墙之间用钢筋连

接，如图 6-26（b）所示。

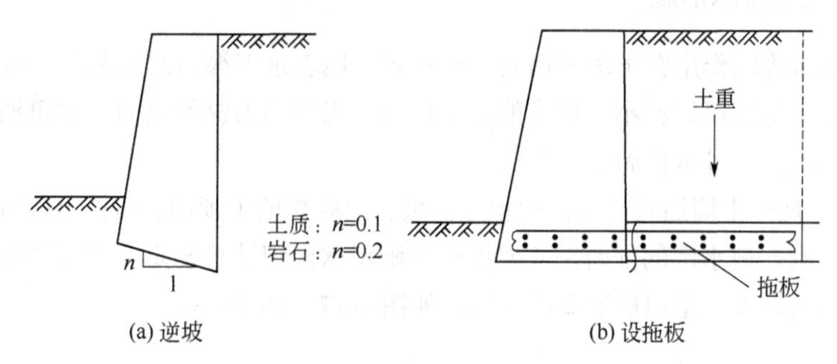

图 6-26　增加抗滑稳定性的措施

6.5.2.4　地基承载力验算

挡土墙地基承载力验算，与一般偏心受压基础验算方法相同，应同时满足下列两公式：

$$\frac{1}{2}\left(\sigma_{\max}+\sigma_{\min}\right)\leqslant f$$

$$\sigma_{\max}\leqslant 1.2f$$

6.5.2.5　圆弧滑动稳定性验算

当土质较软弱时，可能产生接近于圆弧状的滑动面而丧失其稳定性。此时可采用条分法进行分析验算，具体详见第 7 章。

6.5.2.6　挡土墙墙身强度验算

挡土墙墙身强度验算应符合相应的规范要求。

6.5.3　重力式挡土墙的构造措施

6.5.3.1　墙后回填土的选择

根据土压力理论分析可知，不同的土质对应的土压力是不同的。挡土墙设计中希望土压力越小越好，这样可以减小墙的断面，节省土石方量，从而降低造价。

① 理想的回填土。卵石、砾砂、粗砂、中砂的内摩擦角 φ 大，主动土压力系数 $K_a=\tan^2\left(45°-\dfrac{\varphi}{2}\right)$小，则作用在挡土墙上的土压力 $E_a=\dfrac{1}{2}\gamma H^2K_a$ 小，从而节省工程量，保持稳定性。因此，上述粗粒土为挡土墙后理想的回填土。

② 可用的回填土。细砂、粉砂、含水量接近最优含水量的粉土、粉质黏土和低塑性黏土为可用的回填土。

③ 不宜采用的回填土。凡软黏土、成块的硬黏土、膨胀土和耕植土，因性质不稳定，在冬季冰冻或雨季吸水膨胀时都将产生额外的土压力，导致墙体外移，甚至失去稳定，故不能用作墙的回填土。

此外，墙后填土均应分层夯实，以提高填土质量。

6.5.3.2 墙后排水措施

挡土墙排水措施的作用在于疏干墙后土体和防止地表水下渗，以免墙后积水形成静水压力。良好的排水在寒冷地区可以减小回填土的冻胀压力；当墙后为黏性土时，则可消除因含水量增大而产生的膨胀压力。排水措施主要包括：

① 截水沟。凡挡土墙后有较大的面积或山坡，则应在填土顶面、离挡土墙适当的距离设截水沟，截住地表水。截水沟的剖面尺寸要根据暴雨积水面积计算确定，并应采用混凝土衬砌。截水沟纵向设适当坡度，出口应远离挡土墙，如图 6-27（a）所示。

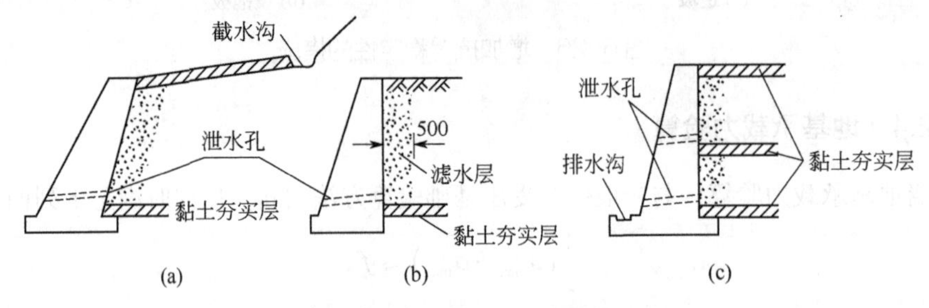

图 6-27 挡土墙排水措施

② 泄水孔。若已渗入墙后填土中的水，则应将其迅速排出，通常在挡土墙的下部设置泄水孔，如图 6-27（b）、（c）所示。当墙高 $H>12$m 时，可在墙的中部加一排泄水孔。一般泄水孔的直径为 5～10cm，间距为 2～3m。泄水孔应高于墙前水位，以免倒灌。此外，在泄水孔入口附近，应用易渗的粗粒材料做反滤层，并在泄水孔入口下方铺设黏土夯实层，防止积水渗入地基不利于墙的稳定。同时，墙前应做散水、排水沟或黏土夯实隔水层，避免挡土墙前的水入渗地基。

6.5.3.3 沉降缝与伸缩缝

为避免因地基不均匀沉陷而引起墙身开裂，须根据地基地质条件的变异和墙高、墙身断面的变化情况设置沉降缝。同时，为了防止圬工砌体因收缩硬化和温度变化而产生裂缝，应设置伸缩缝。设计时，一般将沉降缝和伸缩缝合并设置，沿线路方向每隔 10～25m 设置一道。沉降缝与伸缩缝宽 2～3cm，缝内填塞沥青麻丝或沥青木板等材料，沿内、外、顶三边填塞的深度不小于 0.2m。当墙背后为岩石路堑或填石路堤时，可设置空缝。

6.5.3.4 挡土墙基础埋置深度

挡土墙基础的埋置深度一般符合下列要求：

① 对于土质地基，一般在地面以下至少 1m，且位于冰冻线以下的深度不小于 0.25m，对于风化后强度锐减的地基至少在地面下以下 1.5m。

② 对于砂夹砾石，可不考虑冰冻线的影响，但埋深至少 1m。

③ 对于一般岩石，埋深至少为 0.6m，松软岩石至少为 1m。

④ 对于完整的坚硬岩石，埋深至少为 0.25m。

【例 6-6】已知某挡土墙墙高 H=6m，墙背倾斜 α=10°，填土表面倾斜 β=10°，墙摩擦角 δ=20°，墙后填土为中砂，内摩擦角 φ=30°，重度 γ=18.5kN/m^3。中砂地基承载力 f=180kPa。设计挡土墙尺寸。

解:(1)初定挡土墙断面尺寸。初定挡土墙顶宽 1.0m,底宽 5.0m。墙自重为

$$W=\frac{(1.0+5.0)\times 6\times 24}{2}=432(\text{kN/m})$$

(2)土压力计算。根据题意应用库仑土压力理论,计算作用于墙上的主动土压力(图 6-28)。

根据已知,$\alpha=10^\circ, \beta=10^\circ, \delta=20^\circ, \varphi=30^\circ$,查表 6-1,得主动土压力系数 $K_a=0.46$。由式(6-20)可得:

$$E_a=\frac{1}{2}\gamma H^2 K_a=\frac{1}{2}\times 18.5\times 6^2\times 0.46=153(\text{kN/m})$$

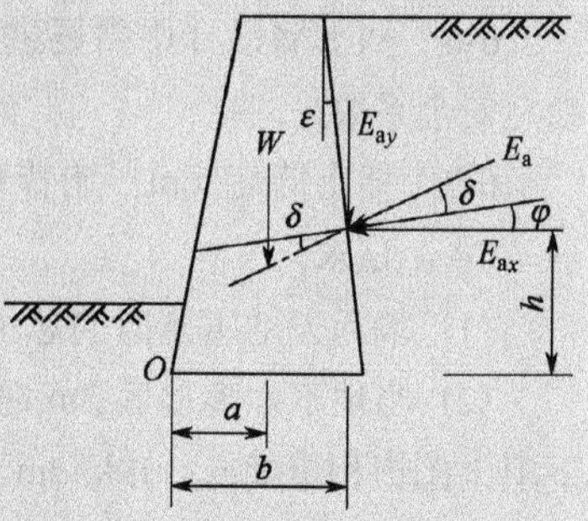

土压力的竖向分力

$$E_{ay}=E_a\sin(\alpha+\delta)=153\times\sin(10^\circ+20^\circ)=76.5(\text{kN/m})$$

图6-28 例6-6图

土压力的水平分力

$$E_{ay}=E_a\cos(\alpha+\delta)=153\times\cos(10^\circ+20^\circ)=132.3(\text{kN/m})$$

(3)抗滑稳定验算。墙底对地基中砂的摩擦系数查表 6-3 得 $\mu=0.4$。

抗滑稳定安全系数 K_s。

$$K_s=\frac{(W+E_{ay})\mu}{E_{ax}}=\frac{432+76.5}{132.3}=1.54\geqslant 1.3\,(\text{安全})$$

因安全系数偏大,为节省工程量修改挡土墙尺寸,可将墙底宽改为 4.0m,则挡土墙的自重为:

$$W'=\frac{(1.0+4.0)\times 6\times 24}{2}=360(\text{kN/m})$$

修改尺寸后抗滑稳定安全系数:

$$K_s=\frac{(W'+E_{ay})\mu}{E_{ax}}=\frac{360+76.5}{132.3}=1.32\geqslant 1.3\,(\text{合适})$$

(4)抗倾覆验算。求出作用在挡土墙上各力对墙趾 O 点的力臂。

自重 W' 的力臂:$a=2.17$m;

E_{ay} 的力臂:$b=3.65$m;

E_{ax} 的力臂:$h=2.0$m;

抗倾覆稳定安全系数 K_t

$$K_t=\frac{(W'a+E_{ay}b)}{E_{ax}h}=4.0\geqslant 1.5\,(\text{安全})$$

(5)地基承载力验算(略)。

思考题与习题

6-1 土压力有哪几种?影响土压力大小的因素有哪些?其中最主要的影响因素是什么?

6-2 试阐述主动、静止、被动土压力的定义及产生条件,并比较三者的数值大小。

6-3 试比较朗肯土压力理论和库仑土压力理论的基本假定、计算原理及适用条件。

6-4 分别指出下列变化对主动土压力和被动土压力各有什么影响。①内摩擦角 φ 变大；②外摩擦角 δ 变小；③填土面倾角 β 增大；④墙背倾斜（俯斜）角 α 减小。

6-5 为什么挡土墙墙后要做好排水措施？地下水对挡土墙的稳定性有何影响？

6-6 挡土墙设计中需要进行哪些验算？要求稳定安全系数多大？采取什么措施可以提高稳定安全系数？

6-7 挡土墙高 6m，墙背垂直、光滑，墙后填土面水平，填土的重度 γ=18kN/m^3，c=0，$\varphi = 30°$。试求：

（1）墙后无地下水时的总主动土压力。

（2）当地下水离墙底 2m 时，作用在挡土墙上的总压力（包括土压力和水压力），地下水位下填土的饱和重度 γ_{sat}=19kN/m^3。

6-8 某挡土墙高 H=10.0m，墙背竖直、光滑，墙后填土面水平。填土上作用均布荷载 q=20kPa。墙后填土分两层：上层为中砂，重度 γ_1=18.5kN/m^3，内摩擦角 $\varphi_1 = 30°$，层厚 h_1=3.0m；下层为粗砂，重度 γ_2=19.0kN/m^3，内摩擦角 $\varphi_1 = 35°$。地下水位在离墙顶 6.0m 的位置。水下粗砂的饱和重度 γ_{sat}=20.0kN/m^3。计算作用在此挡土墙上的总主动土压力和水压力。

6-9 挡土墙高 5m，墙背竖直、光滑，墙后填土面水平，填土由两层土组成，填土的物理力学性质如图 6-29 所示。试求主动土压力 E_a，并绘出主动土压力分布图。

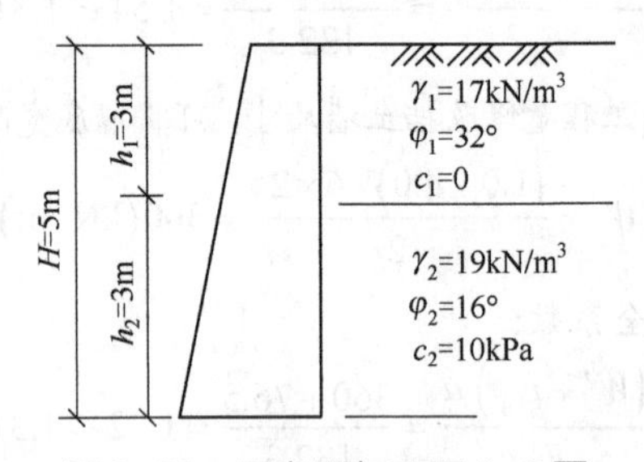

图6-29 思考题与习题 6-9 图

6-10 某挡土墙俯斜，$\alpha = 20°$，填土表面倾角 $\beta = 10°$，填土与墙背的外摩擦角 $\delta = 15°$，墙高 4.0m，填土为中砂，内摩擦角 $\varphi = 30°$，γ=20kN/m^3，c=0。计算此墙背上主动土压力 E_a 的大小、方向和作用点。

6-11 某重力式挡土墙，墙高 H=5.0m，墙背竖直、光滑，墙后填土面水平，填土的内摩擦角 $\varphi = 30°$，γ=20kN/m^3，c=10kPa。基底摩擦系数 μ=0.5，墙体采用砌块砌筑，砌体重度 γ=22kN/m^3，试验算该挡土墙的抗滑和抗倾覆稳定性。

第7章 土坡稳定性分析

7.1 概述

土坡是由自然地质作用或人工形成的具有倾斜坡面的土体。一般而言，土坡有两种类型。由自然地质作用所形成的土坡，如山坡、江河的岸坡等，称为天然土坡。由人工开挖或回填而形成的土坡，如基坑、渠道、土坝、路堤等的边坡，则称为人工土（边）坡。土体自重以及渗透力等在坡体内引起剪应力，当土坡受到各种自然因素或人为因素的作用时，土坡体会失去力学平衡，使土坡某一潜在的剪切面上剪应力大于土体的抗剪强度，产生剪切破坏，一部分土体相对于另一部分土体发生滑动，工程中称这一现象为滑坡，也称土坡失稳。土体的滑动一般指土坡在一定范围内整体地沿某一滑动面向下或向外移动而丧失其稳定性。失稳土体沿之滑动的面称为滑动面。土坡与滑坡的要素如图 7-1 所示。

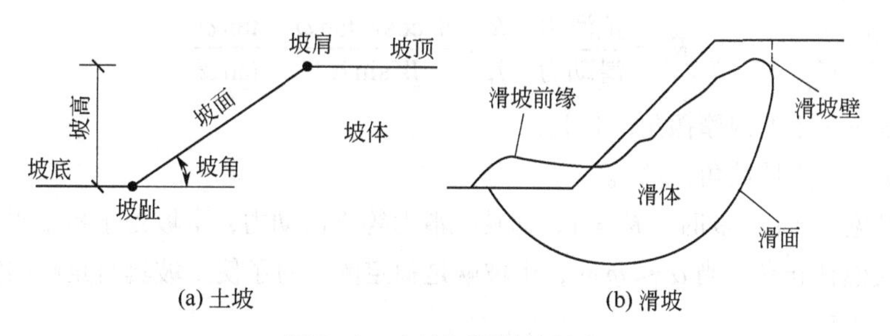

图 7-1　土坡与滑坡的要素

土坡的滑动是促使土坡运动的滑动力与滑动面上的抗滑力这一对矛盾抗衡的结果，或者说，是由于滑动力增大或抗滑力减小所致。诸如坡顶堆载、修建建筑物和行驶车辆、降雨（导致土体密度增大）、水库蓄水或水位降落时形成的渗透力，以及地震的动荷载等，都会引起滑动力的增大；又如气候变化使土干裂、冻胀，降雨或蓄水后使土湿化、膨胀、蠕变等使土的强度降低，以及坡脚处土体被冲刷或移走等，都会使抗滑力减小。

实际调查表明：由砂、卵石、风化砾石等粗粒料筑成无黏性土土坡，其滑动面常近似为一平面。而对均质黏性土土坡来说，滑动面通常是一光滑的曲面，顶部曲率半径较小，常垂直于坡顶，底部则比较平缓。根据经验，稳定计算时滑动面形状的假定稍有出入，对安全系数影响不大，为了简化，常将均质黏性土坡破坏时的滑动面假定为一圆柱面，其在平面上的投影就是一个圆弧，称为滑弧；对于非均质的黏性土土坡，例如土石坝坝身或坝基中存在软弱夹层时，土坡往往沿着软弱夹层的层面发生滑动，此时的滑动面常常是直线和曲线组成的复合滑动面。

除非土体中存在明显的薄弱环节（如裂隙、软弱夹层、老滑坡体等），一般情况下滑动面的位置是很难确定的。因此，在进行土坡稳定计算时，首先要假定若干可能的滑动面，分别求出它们的抗滑安全系数，从中找到最小值，以此来代表土坡的稳定安全系数，而与此相应的滑动面也就是最危险的滑动面。

7.2 无黏性土坡的稳定性分析

无黏性土坡即是由粗颗粒土所堆筑的土坡。相对而言，无黏性土坡的稳定性分析比较简单，可以分为下面两种情况进行讨论。

7.2.1 均质干土坡和水下坡

均质的干坡系指由一种土组成，完全在水位以上的无黏性土坡。水下土坡亦是由一种土组成，但完全在水位以下。没有渗透水流作用的无黏性土坡，在上述两种情况下只要土坡坡面上的颗粒在重力作用下能够保持稳定，那么，整个土坡就是稳定的。

在无黏性土坡表面取一小块土体来进行分析。如图 7-2 所示。设该小块土体的重量为 W，其法向分力 $N = W\cos\alpha$，切向分力 $T = W\sin\alpha$。法向分力产生摩擦阻力，阻止土体下滑，称为抗滑力，其值为 $R = N\tan\varphi = W\cos\alpha\tan\varphi$。切向分力 T 是促使小土体下滑的滑动力，则土体的稳定安全系数 K_s 为:

$$K_s = \frac{\text{抗滑力}}{\text{滑动力}} = \frac{R}{T} = \frac{W\cos\alpha\tan\varphi}{W\sin\alpha} = \frac{\tan\varphi}{\tan\alpha} \tag{7-1}$$

式中 φ——土的内摩擦角，(°)；

α——土坡坡角，(°)。

由上式可见，当 $\alpha = \varphi$ 时，$K_s = 1$，即其抗滑力等于滑动力，土坡处于极限平衡状态，此时的 α 就称为天然休止角。当 $\alpha < \varphi$ 时，土坡就是稳定的。为了使土坡具有足够的安全储备，一般取 $K_s = 1.1 \sim 1.5$。

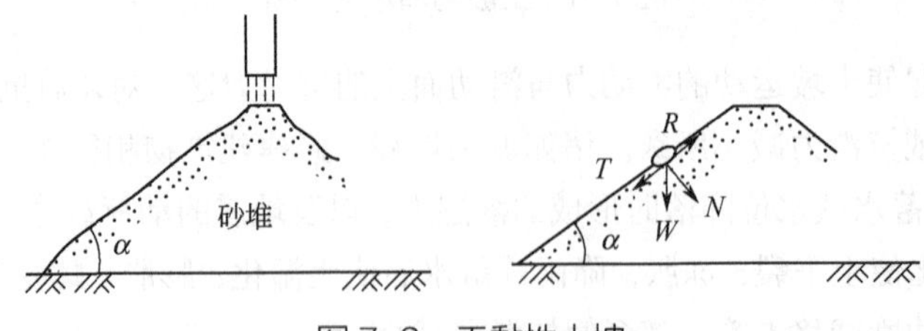

图 7-2 无黏性土坡

7.2.2 有渗流作用的土坡

当土坡的内、外出现水位差时，例如基坑排水、坡外水位下降时，在挡水土堤内形成渗流场，如果浸润线在下游坡面溢出，如图 7-3 所示，这时，在浸润线以下，下游坡内的土体除了受到重力作用外，还受到水的渗流产生的渗透力作用，滑动力加大，抗滑力减小，因而使下游土坡的稳定性降低。

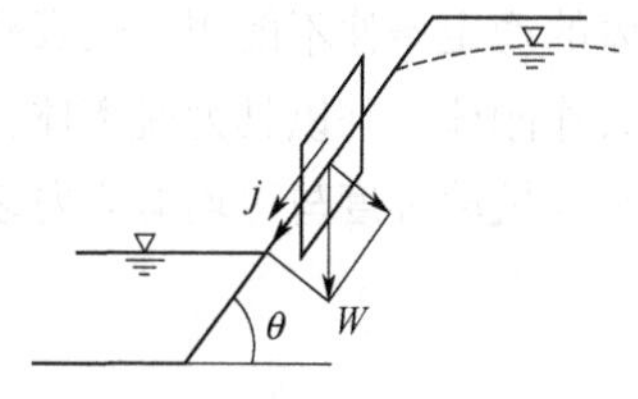

图 7-3 有顺坡渗流无黏性土坡

因渗流方向与坡面平行，渗流力的方向也与坡面平行，此时使土体下滑的剪切力为

$$F_Q = W\sin\theta + j \tag{7-2}$$

而单元体所能发挥的最大抗剪力为 $T_f = W\cos\theta\tan\varphi$，于是稳定安全系数就变成

$$K_s = \frac{T_f}{F_Q} = \frac{W\cos\theta\tan\varphi}{W\sin\theta + j} \tag{7-3}$$

对单位土体来说，当直接用渗流力来考虑渗流影响时，单位体积的土体自重就是浮重度 γ'，而单位体积的渗流力 $j = i\gamma_w$，式中 γ_w 为水的重度，i 则是考虑点的水力坡降。因是顺坡渗流，$i = \sin\theta$，于是上式可写成：

$$K_s = \frac{\gamma'\cos\theta\tan\varphi}{(\gamma' + \gamma_w)\sin\theta} = \frac{\gamma'\tan\varphi}{\gamma_{sat}\tan\theta} \tag{7-4}$$

式中，γ_{sat} 为土的饱和重度，上式和没有渗流作用的式 (7-2) 相比，稳定安全系数相差 γ'/γ_{sat} 倍，此值接近于 1/2。因此，当坡面有顺坡渗流作用时，无黏性土坡的稳定安全系数几乎降低一半。

【例 7-1】 一均质无黏性土坡，其饱和重度 γ_{sat}=19.5kN/m^3，内摩擦角 φ=30°，若要求这个土坡的稳定安全系数为 1.25，试问在干坡和完全浸水情况下以及坡面有顺坡时其坡脚应为多少？

解：干坡或完全浸水时，由式（7-1）得

$$\tan\theta = \frac{\tan\varphi}{K_s} = \frac{0.577}{1.25} = 0.462$$

故 θ=24.8°

有顺坡渗流时，由式（7-4）得

$$\tan\theta = \frac{\gamma'\tan\varphi}{\gamma_{sat}K_s} = \frac{9.69\times0.5774}{19.5\times1.25} = 0.230$$

故 θ=12.9°

由计算结果可见，有渗流作用的土坡稳定坡角要比无渗流作用的稳定坡角小得多。

7.3 黏性土坡的稳定性分析

7.3.1 圆弧滑动法

黏性土由于颗粒之间存在黏结力，发生滑坡时是整块土体向下滑动的，坡面上任一单元土体的稳定条件不能用来代表整个土坡的稳定条件。若按平面应变问题考虑，将滑动面以上土体看作刚体，并以其为脱离体，分析在极限平衡条件下其上的各种作用力，而以整个滑动面上的平均抗剪强度与平均剪应力之比来定义土坡的安全系数，即

$$K_s=\frac{\tau_f}{\tau} \tag{7-5}$$

对于均质的简单黏性土土坡，其滑动面常可假定为一圆柱面，其安全系数也可用滑动面上的最大抗滑力矩与滑动力矩之比来定义，其结果完全相同。

图 7-4 所示为一均质黏性土土坡，AC 为假定的滑动面，圆心为 O，半径为 R。土体 ABC 在自重作用下有向下滑动的趋势，但因为没有向下滑动，整个土体又要满足力矩平衡条件，即

$$\frac{\tau_f}{K_s}\widehat{L}R=Wd \tag{7-6}$$

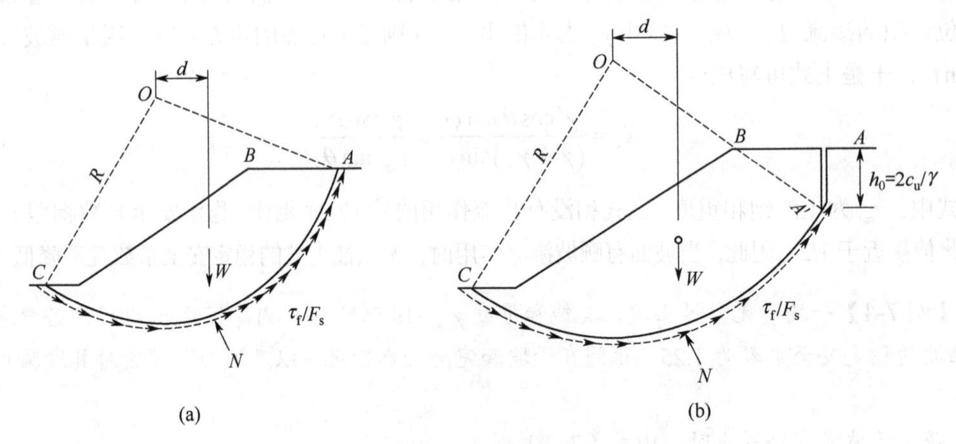

图 7-4　均质黏性土土坡的整体圆弧滑动

故安全系数为

$$K_s=\frac{\tau_f}{Wd}\widehat{L}R \tag{7-7}$$

式中　$\widehat{L}$——滑弧弧长；

　　　d——土体重心距滑弧圆心的水平距离。

一般情况下，土的抗剪强度 τ_f 由黏聚力 c 和摩擦力 $\sigma\tan\varphi$ 两部分组成，因此它是随着滑动面上法向应力的改变而变化的，沿整个滑动面并非一个常量。但对饱和黏土来说，在不排水剪条件下，其 $\varphi_u=0$，$\tau_f=c_u$，即抗剪强度与滑动面上的法向应力无关。于是，上式就可写成

$$K_s=\frac{c_u}{Wd}\widehat{L}R \tag{7-8}$$

这种稳定分析方法通常称为 $\varphi_u=0$ 分析法。c_u 可以用三轴不排水剪切试验求出，也可由无侧限抗压强度试验或现场十字板剪切试验求得。

黏性土土坡在发生滑坡前，坡顶常出现竖向裂缝，如图 7-4（b）所示，其高度 h_0 可按 $h_0=\dfrac{2c}{\gamma\sqrt{K_a}}$ 近似计算。当 $\varphi_u=0$ 时，$K_0=1$，故 $h_0=\dfrac{2c_u}{\gamma}$。裂缝的出现将使滑弧长度由 $\widehat{AC}$ 减小到 $\widehat{A'C}$，如果裂隙中有积水，还要考虑静水压力对土坡稳定的不利影响。

以上求出的 K_s，是对应于任意假定的某个滑动面的抗滑安全系数，而我们要求的是与最危险滑动面相对应的最小安全系数。为此，通常需要假定一系列滑动面，进行多次试算，计算工作量是很大的。

7.3.2 瑞典条分法

瑞典条分法是由 W. Fellenious 等人于 1927 年提出的，也称为费伦纽斯法，如图 7-5 所示，主要是针对平面问题，假定滑动面为圆弧面。根据实际观察，对于比较均匀的土质边坡，其滑裂面近似为圆弧面，因此瑞典条分法可以较好地解决这类问题，但该法不考虑土条之间的作用力，将安全系数定义为每一土条在滑面上抗滑力矩之和与滑动力矩之和的比值，一般求出的安全系数低 10%～20%。

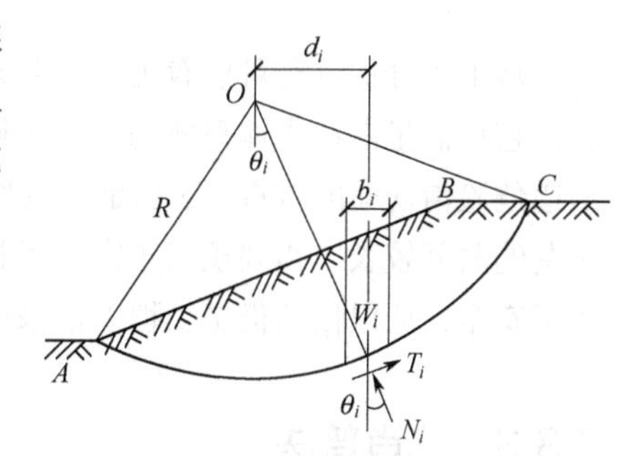

图 7-5 瑞典条分法土条受力分析简图

该条分法的假设条件如下：

① 假定问题为平面应变问题；

② 假定危险滑动面（即剪切面）为圆弧面；

③ 假定圆弧面上抗剪强度全部得到发挥；

④ 不考虑各分条之间的作用力。

如图 7-5 所示，按照上述假设，任意土条只受到重力 W_i、滑动面上的剪切力 T_i 和法向力 N_i。将 W_i 分解为沿滑动面切向的分力和垂直于切向的法向分力，并由第 i 条土的静力平衡条件可得

$$N_i = W_i\cos\theta_i = b_i h_i \gamma_i \cos\theta_i \tag{7-9}$$

式中 h_i——第 i 土条的高度。

根据滑动面上极限平衡条件，有

$$T_i = \frac{T_{fi}}{K_s} = \frac{c_i l_i + N_i\tan\varphi_i}{K_s} \tag{7-10}$$

式中 T_{fi}——条块 i 在滑动面上的抗剪强度；

l_i——第 i 土条底面的弧长；

K_s——滑动圆弧对应的稳定性系数。

在式（7-10）中，$T_i \neq W_i\sin\theta_i$，因此条块的力的多边形不闭合，即不满足条块的静力平衡条件。按整体力矩平衡条件，外力对圆心的力矩之和为零。在条块的三个作用力中，法向力 N_i 过圆心不引起力矩。重力 W_i 产生的滑动力矩为

$$\sum_{i=1}^{n} W_i d_i = \sum_{i=1}^{n} W_i R\sin\theta_i \tag{7-11}$$

滑动面上产生的抗滑力矩为

$$\sum_{i=1}^{n} T_i R = \sum_{i=1}^{n} \frac{c_i l_i + N_i\tan\varphi_i}{K_s} R \tag{7-12}$$

因为整体力矩平衡，即 $\sum_{i=1}^{n} M_i = 0$，故有

$$\sum_{i=1}^{n} W_i d_i = \sum_{i=1}^{n} T_i R \tag{7-13}$$

将式（7-11）和式（7-12）代入式（7-13），并进行简化，可得

$$\sum_{i=1}^{n} W_i R \sin\theta_i = \sum_{i=1}^{n} \frac{c_i l_i + W_i \cos\theta_i \tan\varphi_i}{K_s} R \tag{7-14}$$

$$K_s = \frac{\sum_{i=1}^{n} \left(c_i l_i + W_i \cos\theta_i \tan\varphi_i \right)}{\sum_{i=1}^{n} W_i \sin\theta_i} \tag{7-15}$$

从上述分析过程可以看出，瑞典条分法忽略了土条块间力的相互影响，是一种简化计算方法，它只满足滑动土体整体的力矩平衡条件，但不满足条块之间的静力平衡条件。由于事先不知道危险滑动面的位置（这也是边坡稳定分析的关键问题），因此需要试算多个滑动面。该方法花费的时间较长，需要积累丰富的工程经验。通常，该法得到的稳定性系数偏低，即计算结果偏于安全，所以目前仍是工程上常采用的方法之一。

7.3.3 毕肖普法

黏性土是一种松散的聚合体，瑞典条分法没有考虑土条之间的作用力，无法满足土条的静力平衡条件，即土条无法自稳。在工程实际中，为了改进条分法的计算精度，许多学者都认为应该考虑土条间的作用力影响，以求得比较合理的结果。毕肖普（Biship）于 1955 年提出一个考虑条块间侧面力的土坡稳定性分析方法，称为毕肖普条分法。该方法虽然也是简化方法，但比较合理实用。这种方法仍然假定滑动面为圆弧面，并假定各土条底部滑动面上的抗滑稳定系数均相同，且等于整个滑动面上的平均稳定性系数。毕肖普法可以采用有效力的形式表达，也可以采用总应力的形式表达。该方法提出的土坡稳定性系数的含义是整个滑动面上土的抗剪强度与实际产生剪应力的比值，即

$$K_s = \frac{\tau_f}{\tau} \tag{7-16}$$

这不仅使安全系数的物理意义更加明确，而且适用范围更加广泛，为以后非圆弧滑动分析及土条分界面上条间力的各种假设提供了有利条件。

如图 7-6 所示，假定滑动面是以 O 为圆心，以 R 为半径的滑弧，从中任取一土条 i 为脱离体，作用在条块 i 上的力，除了重力 W_i 外，滑动面上还有切向力 T_i 和法向力 N_i，条块的侧面分别作用有法向力 P_i、P_{i+1} 和切向力 H_i、H_{i+1}。假定土条处于静力平衡状态，根据竖向力的平衡条件应有

$$W_i + \Delta H_i - N_i \cos\theta_i - T_i \sin\theta_i = 0 \tag{7- 17}$$

即

$$N_i \cos\theta_i = W_i + \Delta H_i - T_i \sin\theta_i \tag{7-18}$$

若土坡的稳定性系数为 K_s，毕肖普假设土条 i 滑动面上的抗剪强度 τ_{fi} 与滑动面上的切向力 T_i 相平衡，则根据满足土坡稳定性系数 K_s 的极限平衡条件，有

$$T_i = \frac{c_i l_i + N_i \tan\varphi_i}{K_s} \tag{7-19}$$

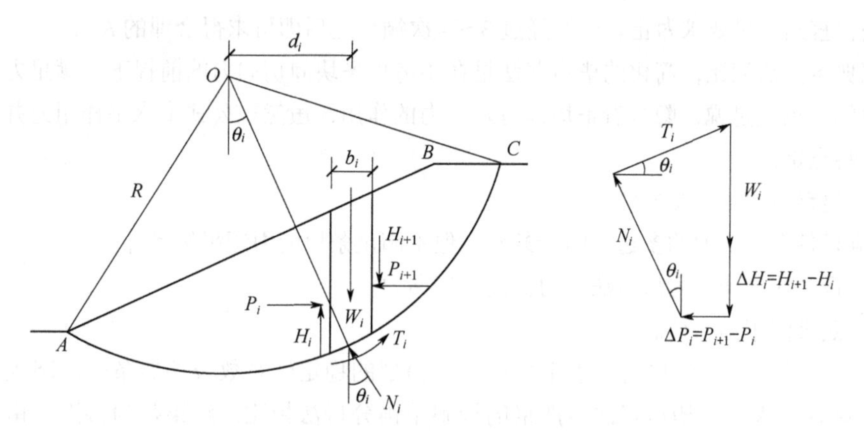

图7-6　毕肖普法条块受力分析

将式（7-19）代入式（7-18），整理后得法向力

$$N_i=\frac{W_i+\Delta H_i-\dfrac{c_i l_i}{K_s}\sin\theta_i}{\cos\theta_i+\dfrac{\sin\theta_i\tan\varphi_i}{K_s}}=\frac{1}{m_{\theta i}}\left(W_i+\Delta H_i-\frac{c_i l_i}{K_s}\sin\theta_i\right) \tag{7-20}$$

其中

$$m_{\theta i}=\cos\theta_i+\frac{\sin\theta_i\tan\varphi_i}{K_s} \tag{7-21}$$

考虑整个滑动土体的整体力矩平衡条件，各个土条的作用力对圆心的力矩之和为零。这时条块之间的力 P_i 和 H_i 成对出现，且大小相等，方向相反，相互抵消，因此对圆心不产生力矩。滑动面上的正压力 N_i 通过圆心，也不产生力矩。只有重力 W_i 和滑动面上的切向力 T_i 对圆心产生力矩。将式（7-20）代入式（7-19），再代入式（7-13）可得

$$K_s=\frac{\sum\limits_{i=1}^{n}\dfrac{1}{m_{\theta i}}\left[c_i l_i+\left(W_i+\Delta H_i\right)\tan\varphi_i\right]}{\sum\limits_{i=1}^{n}W_i\sin\theta_i} \tag{7-22}$$

式（7-22）即为毕肖普条分法计算土坡稳定性系数 K_s 的普遍公式，但式中的 $\Delta H_i=H_{i+1}-H_i$ 仍为未知量，为求出 K_s，通常需估算 ΔH_i，可通过逐次逼近法求解。

毕肖普证明，若令各土条的 $\Delta H_i=0$，即假设条块间只有水平作用力 P_i，而不存在切向作用力 H_i，所产生的误差仅为1%，由此，式（7-22）可进一步简化为

$$K_s=\frac{\sum\limits_{i=1}^{n}\dfrac{1}{m_{\theta i}}\left(c_i l_i+W_i\tan\varphi_i\right)}{\sum\limits_{i=1}^{n}W_i\sin\theta_i} \tag{7-23}$$

式（7-23）即为国内外普遍使用的毕肖普简化公式。由于式中参数 $m_{\theta i}$ 包含稳定性系数 K_s，因此不能直接求得 K_s，需要采用迭代法求算 K_s 值，即对给定的滑动面进行土条划分，并确定土条参数，包括几何参数和物理参数等。计算时，首先假定一个稳定性系数 K_{s1}，代入计算公式求出稳定性系数 K_{s2}。若 K_{s2} 与假定的 K_{s1} 很接近，说明得出的值为合理的稳定性系数；若两者差别较大，则用新得出的 K_{s2} 再进行代入计算，可得出另一稳定性系数 K_{s3}，再进行比较，如此

进行下去，直到满足要求为止。一般经过3～4次循环之后即可求得合理的K_s。

与瑞典条分法相比，简化的毕肖普法是在不考虑条块间切向力的前提下，满足力的多边形闭合条件的，也就是说，隐含着条块间有水平力的作用，虽然在公式中水平作用力并未出现。该方法的特点是：

① 满足整体力矩平衡条件。

② 满足各个条块力的多边形闭合条件，但不满足条块的力矩平衡条件。

③ 假设条块间作用力只有法向力，没有切向力。

④ 满足极限平衡条件。

由于毕肖普考虑了条块间的水平力作用，得到的稳定性系数较瑞典条分法略大一些。很多工程实际计算表明，毕肖普法与严格的极限平衡分析法相比，结果甚为接近。由于计算过程不是很复杂，精度也比较高，所以，该方法是目前工程中黏性土坡稳定性分析很常用的一种方法。

7.3.4 简布法

以上讲述的方法都是假定滑动面为圆弧形的，但在实际工程中往往会遇到非圆弧滑动面的土坡稳定性分析问题，此时前述的圆弧滑动面分析方法就不再适用了。为了解决这一问题，简布（N. Janbu）提出了非圆弧普遍条分法，简称简布法。

简布法的基本假定为：

① 滑动面上的切向力等于滑动面上土所发挥抗剪强度的合力。

② 土条两侧法向力的作用点位置已知，且一般假定作用于土条底面以上$H/3$处。

分析表明，条块间作用点的位置对土坡整体稳定性系数影响不大。

简布法的特点是假定条块间水平作用力的位置。在这一假定前提下，每个条块都满足全部的静力平衡条件和极限平衡条件，滑动土体的整体力矩平衡条件也自然得到满足。它适用于任何滑动面，而不必规定滑动面是一个圆弧面，因而又称为普遍条分法。

如图7-7（a）所示，从滑动土体ABC中取任意条块i进行静力分析。作用在条块上的力及其作用点如图7-7（b）所示。根据静力平衡条件：

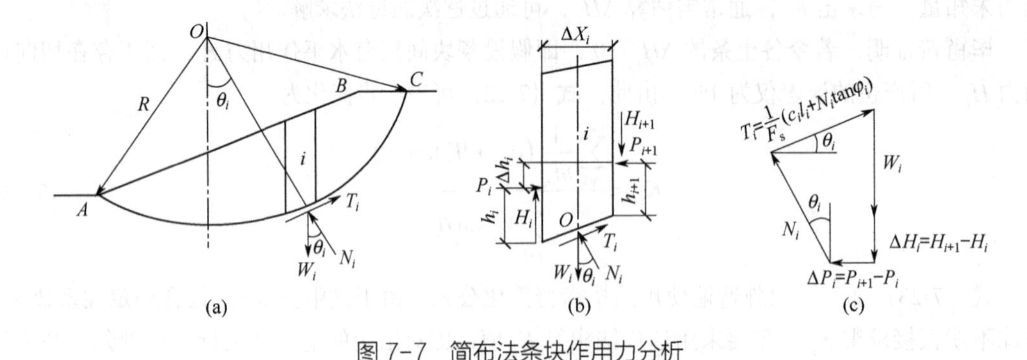

图7-7 简布法条块作用力分析

由$\sum F_z=0$，得

$$W_i+\Delta H_i=N_i\cos\theta_i+T_i\sin\theta_i$$

$$N_i \cos\theta_i = W_i + \Delta H_i - T_i \sin\theta_i \tag{7-24}$$

同样，由 $\sum F_z = 0$，得

$$\Delta P_i = T_i \cos\theta_i - N_i \sin\theta_i \tag{7-25}$$

将式（7-24）代入式（7-25）整理后得

$$\Delta P_i = T_i\left(\cos\theta_i + \frac{\sin^2\theta_i}{\cos\theta_i}\right) - (W_i + \Delta H_i)\tan\theta_i \tag{7-26}$$

根据极限平衡条件，考虑土坡稳定性系数 K_s

$$T_i = \frac{1}{K_s}(c_i l_i + N_i \tan\varphi_i) \tag{7-27}$$

由式（7-24）代入式（7-27），整理后得

$$T_i = \frac{\dfrac{1}{K_s}\left[c_i l_i + \dfrac{1}{\cos\theta_i}(W_i + \Delta H_i \tan\varphi_i)\right]}{1 + \dfrac{\tan\theta_i \tan\varphi_i}{K_s}} \tag{7-28}$$

将式（7-28）代入式（7-26），得

$$\Delta P_i = \frac{1}{K_s} \times \frac{\sec^2\theta_i}{1 + \dfrac{\tan\theta_i \tan\varphi_i}{K_s}}\left[c_i l_i \cos\theta_i + (W_i + \Delta H_i)\tan\theta_i\right] - (W_i + \Delta H_i)\tan\theta_i \tag{7-29}$$

图 7-8 表示作用在条块侧面的法向力 P，显然有 $P_1=\Delta P_1$，$P_2=P_1+\Delta P_2=\Delta P_1+\Delta P_2$，以此类推，有

$$P_i = \sum_{j=1}^{i} \Delta P_j \tag{7-30}$$

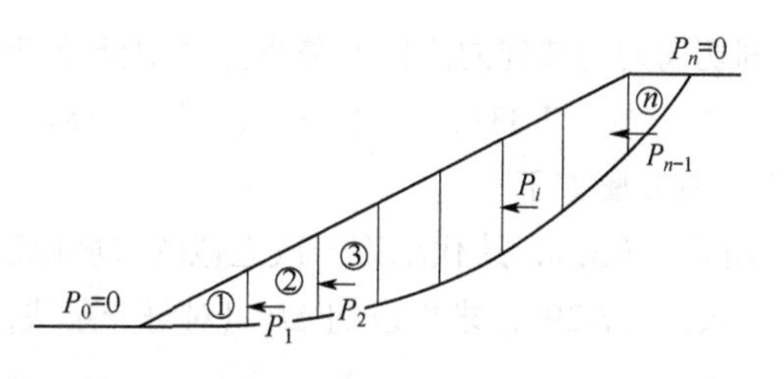

图 7-8 条块侧面法向力

若全部条块的总数为 n，则有

$$P_n = \sum_{i=1}^{n} \Delta P_i = 0 \tag{7-31}$$

将式（7-29）代入式（7-31），得

$$\sum \frac{1}{K_s} \times \frac{\sec^2\theta_i}{1 + \dfrac{\tan\theta_i \tan\varphi_i}{K_s}}\left[c_i l_i \cos\theta_i + (W_i + \Delta H_i)\tan\varphi_i\right] - \sum (W_i + \Delta H_i)\tan\theta_i = 0 \tag{7-32}$$

整理后得

$$K_s = \frac{\sum\left[c_i l_i \cos\theta_i + (W_i + \Delta H_i)\tan\varphi_i\right]\dfrac{\sec^2\theta_i}{1+\tan\theta_i\tan\varphi_i/K_s}}{\sum(W_i + \Delta H_i)\tan\theta_i} \tag{7-33}$$

$$K_s = \frac{\sum\left[c_i l_i + (W_i + \Delta H_i)\tan\varphi_i\right]\dfrac{1}{m_{\theta i}}}{\sum(W_i + \Delta H_i)\sin\theta_i} \tag{7-34}$$

比较毕肖普公式（7-23）和简布公式（7-34），可以看出两者很相似，但分母有差别，毕肖普公式是根据滑动面为圆弧面，滑动土体满足整体力矩平衡条件推导出的。简布公式则是利用力的多边形闭合和极限平衡条件，最后从$\sum_{i=1}^{n}\Delta P_i = 0$得出的。显然这些条件适用于任何形式的滑动面而不仅仅局限于圆弧面，在式（7-34）中，ΔH_i仍然是待定的未知量，毕肖普没有解出ΔH_i，而让$\Delta H_i = 0$，从而成为简化的毕肖普公式。简布法则是利用条块的力矩平衡条件，因而整个滑动土体的整体力矩平衡也自然得到满足。将作用在条块上的力对条块滑弧段中点O_i取矩，并让$\sum M_{O_i} = 0$。重力W_i和滑弧段上的力N_i和T_i均通过O_i，不产生力矩。条块间力的作用点位置已确定，故有

$$H_i\frac{\Delta X_i}{2} + (H_i + \Delta H_i)\frac{\Delta X_i}{2} - (P_i + \Delta P)\left(h_i + \Delta h_i - \frac{1}{2}\Delta X_i\tan\theta_i\right) + P_i\left(h_i - \frac{1}{2}\Delta X_i\tan\theta_i\right) = 0 \tag{7-35}$$

略去高阶微量整理后得

$$H_i\Delta X_i - P_i\Delta h_i - \Delta P_i h_i = 0 \tag{7-36}$$

$$H_i = P_i\frac{\Delta h_i}{\Delta X_i} + \Delta P_i\frac{h_i}{\Delta X_i} = 0 \tag{7-37}$$

$$\Delta H_i = H_{i+1} - H_i \tag{7-38}$$

式（7-37）表示土条间切向力与法向力之间的关系。式中符号如图 7-7 所示。

由式（7-29）～式（7-31）、式（7-33）、式（7-37）、式（7-38），利用迭代法可求得普遍条分法的边坡稳定性系数K_s。其步骤如下：

① 假定$\Delta H_i = 0$，利用式（7-33），迭代求第一次近似的边坡稳定性系数K_{s1}。

② 将K_{s1}和$\Delta H_i = 0$代入式（7-29），求相应的ΔP_i（对每一条块，从 1～n）。

③ 用式（7-30）$P_i = \sum_{j=1}^{i}\Delta P_j$求条块间的法向力（对每一条块，从 1～$n$）。

④ 将P_i和ΔP_i代入式（7-37）和式（7-38），求条块间的切向作用力H_i（对每一条块，从 1～n）和ΔH_i。

⑤ 将ΔH_i重新代入式（7-33），迭代求新的稳定安全系数K_{s2}。

如果$\left|K_{s2} - K_{s1}\right| > \varDelta$（$\varDelta$为规定的计算精度），重新按上述步骤②～⑤进行第二轮计算。如此反复，直至$\left|K_{s(k)} - K_{s(k-1)}\right| \leqslant \varDelta$为止。$K_{s(k)}$就是该假定滑动面的稳定性系数。边坡真正的稳定性系数还要计算很多滑动面，进行比较，找出最危险的滑动面，其对应的稳定性系数才是真正要找的值。这种计算工作量相当大，一般要采用计算机计算。

7.4　非圆弧滑动面土坡的稳定性分析

7.4.1　不平衡推力传递法

位于山区的一些土坡往往覆盖在起伏变化的基岩面上，土坡滑动多数沿这些土岩界面发生，形成折线形滑动面，对这类土坡的稳定性分析可采用不平衡推力传递法。

按折线滑动面将滑动土体分成条块，假定条块间作用力的合力与上一个土条平衡，如图 7-9 所示。然后根据力的平衡条件，逐条向下推求，直至最后一条土条的推力为零。

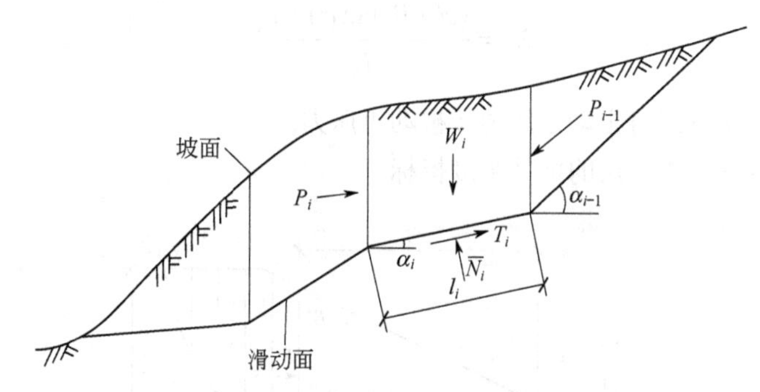

图 7-9　折线滑动面土坡稳定性分析

对任意土条，取垂直与平行土条底面方向力的平衡，则有

$$\overline{N}_i - W_i\cos\alpha_i - P_{i-1}\sin(\alpha_{i-1}-\alpha_i) = 0 \tag{7-39}$$

$$\overline{T}_i + P_i - W_i\sin\alpha_i - P_{i-1}\cos(\alpha_{i-1}-\alpha_i) = 0 \tag{7-40}$$

同样，根据稳定系数定义和莫尔-库仑破坏准则，有

$$\overline{T}_i = \frac{c_i l_i + \overline{N}_i\tan\varphi_i}{K_s} \tag{7-41}$$

联合求解式（7-39）～式（7-41），并消去$\overline{T}_i$、$\overline{N}_i$，得

$$P_i = W_i\sin\alpha_i - \frac{c_i l_i + W_i\cos\alpha_i\tan\varphi_i}{K_s} + P_{i-1}\psi_i \tag{7-42}$$

式中　ψ_i——传递系数，以下式表示

$$\psi_i = \cos(\alpha_{i-1}-\alpha_i) - \frac{\tan\varphi_i}{K_s}\sin(\alpha_{i-1}-\alpha_i) \tag{7-43}$$

在解题时，要先假定K_s，然后从坡顶第一个土条开始逐条向下推求,直到求出最后一条的推力P_n，P_n必须为零，否则要重新假定K_s进行试算。c、φ值可根据土的性质及当地经验，采用试验和滑坡反算相结合的方法确定。另外，因为土条之间不能承受拉力，所以土条的推力P_i如果为负值，此P_i不再向下传递，而对下一条土条取P_{i-1}为零。本法也常用来按照设定的稳定性系数，反推各土条和最后一条土条承受的推力大小，以便确定是否需要和如何设置挡土墙等土

坡加固结构。如分级设置的挡土墙、抗滑桩是一种大型阻滑形式，K_s 值根据滑坡现状及其对工程的影响可取 1.05～1.25。

7.4.2 复合滑动面土坡的简化计算方法

当土坡地基中存在软弱薄土层时，则滑动面可能由三种或三种以上曲线组成，形成复合滑动面，如图 7-10 所示。图示的土坡下有一软黏土薄层。假定滑动面为 $ABCD$。其中 AB 和 CD 为圆柱面，而 BC 为通过软弱土层的平面。如果取土体 $BCC'B'$ 为脱离体，同时不考虑 BB' 和 CC' 面上的切向力，则整个土所受的力有：土体 ABB' 对 $BCC'B'$ 的推力 E_p；土体 CDC' 对 $BCC'B'$ 的抗滑力 E_p；土体自重 W 及 BC 面上的反力 N，$W=N$；BC 面上的抗滑阻力 T。稳定性系数可表示为

$$K_s = \frac{(cl + W\tan\varphi) + E_p}{E_a} \tag{7-44}$$

式中 E_a、E_p——朗肯主动土压力及被动土压力；

c、φ——软土层的抗剪强度指标。

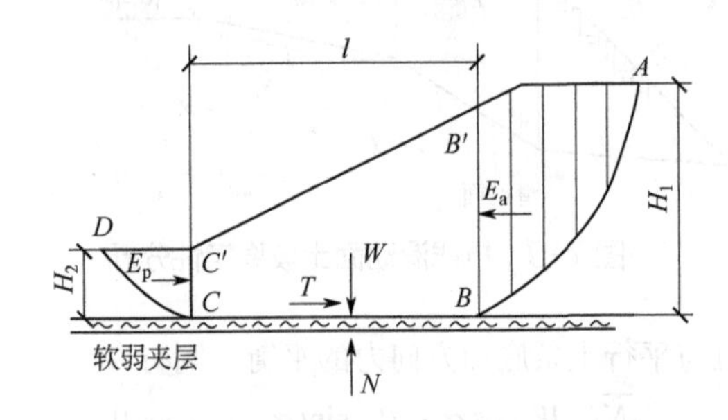

图 7-10 复合滑动面土坡的简化分析

【例 7-2】图 7-11 所示的土坡坡高 10m，软土层在坡底以下 2m 深，L=16m，土的重度 γ= 19kN/m^3，黏聚力 c=10kPa，内摩擦角 φ=30°，软土层的不排水强度 C_u=12.5kPa，φ_u=0°，试求该土坡沿复合滑动面的稳定性系数。

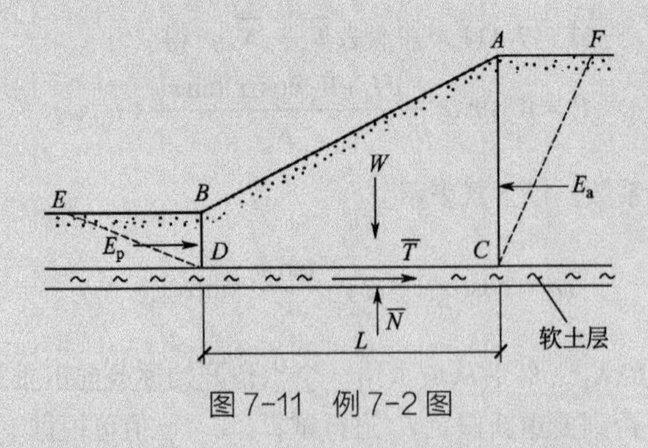

图 7-11 例 7-2 图

解：假定复合滑动面的交接点位于坡肩和坡脚的竖直线下端，如图 7-11 所示。两段圆弧形滑动面分别按直线 DE 和 CF 处理。而 E_a 和 E_p 分别为 AC 与 BD 面上的朗肯主动土压力和被动土压力，其中：

主动土压力系数 $K_s=\tan^2\left(45^\circ-\dfrac{\varphi}{2}\right)=\tan^2 30^\circ=0.333$

被动土压力系数 $K_p=\tan^2\left(45^\circ+\dfrac{\varphi}{2}\right)=\tan^2 60^\circ=3.0$

坡顶裂缝宽度 $z_0=\dfrac{2c}{\gamma\sqrt{K_a}}=1.82\text{m}$

坡体自重 $W=2\times16\times19+\dfrac{1}{2}\times10\times16\times19=2128(\text{kN/m})$

故

$$E_a=\frac{1}{2}\gamma(H_1-z_0)^2K_a=\frac{1}{2}\times19\times(12-1.82)^2\times0.333=327.8(\text{kN/m})$$

$$E_p=\frac{1}{2}\gamma H_2^{\ 2}K_p+2cH_2\sqrt{K_p}=\frac{1}{2}\times19\times2^2\times3.0+2\times10\times2\times\sqrt{3.0}=183.3(\text{kN/m})$$

$$\overline{T}=C_uL+W\tan\varphi_u=12.5\times16+2128\times\tan0^\circ=200(\text{kN/m})$$

土坡稳定性系数

$$K_s=\frac{(C_uL+W\tan\varphi_u)+E_p}{E_a}=\frac{200+183.3}{327.8}=1.17$$

7.5 滑坡的防治原则与措施

滑坡是指斜坡上的土体在重力作用下，沿着一定的滑动面整体地或分散地顺坡向下滑动的地质现象。

滑坡防治是一个系统工程。它包括预防滑坡发生和治理已经发生的滑坡两大领域。一般说来，“预防”是针对尚未严重变形与破坏的斜坡，或者是针对有可能发生滑坡的斜坡；“治理”是针对已经严重变形与破坏、有可能发生滑坡的斜坡，或者是针对已经发生滑坡的斜坡。也就是说，一方面要加强地质环境的保护和治理，预防滑坡的发生;另一方面要加强前期勘察和研究，妥善治理已经发生的滑坡，使其不再发生。可见，预防与治理是不能截然分开的，“防”中有“治”，“治”中有“防”。

同时，滑坡应采取工程措施、生物措施以及宣传教育措施、经济措施、政策法规措施等多种措施综合防治，才能取得最佳效果。

因此，滑坡防治应坚持“预防为主、防治结合、综合防治”的原则。

需要指出的是，防治和减少滑坡灾害的根本出路在于治理。当然，包括滑坡发生前的斜坡地质环境治理（预防性治理）和滑坡发生后的滑坡治理（灾后治理）。

为了保证斜坡具有足够的稳定性，防止斜坡稳定性降低，以避免斜坡发生危害性变形与破坏，需要采取防治措施。

根据滑坡防治原则，滑坡防治的一般工程措施主要有以下三个方面：①消除或削弱使斜坡稳定性降低的各种因素；②降低滑坡体的下滑力和提高滑坡体的抗滑力；③保护附近建筑物的防御措施。

（1）消除或削弱使斜坡稳定性降低的各种因素

这项措施是指在斜坡稳定性降低的地段，消除或削弱使斜坡稳定性降低的主导因素。可分为以下两类：

① 防止斜坡形态改变的措施。为了使斜坡不受地表水流冲刷，防止海、湖、水库波浪的冲蚀和磨蚀，可修筑导流堤（顺坝或丁坝）、水下防波堤，也可在斜坡坡脚砌石护坡，或采用预制混凝土沉排等。

② 防止斜坡土体强度降低的措施。

a．防止风化。对于膨胀性较强的黏土斜坡，可在斜坡上种植草皮，使坡面经常保持一定的湿度，防治土坡开裂，减少地表水下渗，避免土体性质恶化、强度降低而发生滑坡。

b．截引地表水流。截引地表水流，使之不能进入斜坡变形区或由坡面下渗，对于防止斜坡土体软化、消除渗透变形、降低孔隙水压力和动水压力，都是极其有效的。这类措施对于滑坡区和可能产生滑坡的地区尤为重要。为了减少地表水下渗并使其迅速汇入排水沟，应整平夯实地面，并用灰浆黏土填塞裂缝或修筑隔渗层，特别是要填塞好延伸到滑动面（带）的深裂缝。

c．排除地下水。斜坡体中埋藏有地下水并渗入变形区，常常是使斜坡丧失稳定性而发生滑坡的主导因素之一。经验表明，排除滑动带中的地下水、疏干坡体，并截断渗流补给,是防治深层滑坡的主要措施。

（2）降低滑坡体的下滑力和提高滑坡体的抗滑力

这类措施主要针对有明显蠕动而即将失稳滑动的坡体，以求迅速改善斜坡稳定条件,提高其稳定性。

① 削坡减载与坡脚压载。在坡顶部位挖除部分土体，以减小坡体荷载。减载的主要目的是使滑坡体的高度降低或坡度减小，以减小下滑力。坡上部削坡挖方部分，堆填于坡下部填方压脚，以增大抗滑力。填方部分要有良好的地下排水设施。

② 支挡结构措施。此类措施主要针对不稳定土体或滑坡体进行支挡，通过提高坡体抗滑力，来达到增大坡体稳定性的目的。支挡建筑物主要有挡土墙和抗滑桩。挡土墙用于缺少必要的空地以伸展刷方斜坡或者滑动面平缓而滑动推力较小的情况。把挡土墙基础设置在滑动面以下的稳固岩土层中，并预留沉降缝、收缩缝和排水孔。最好在旱季施工，分段挑槽开挖，由两侧向中央施工，以免扰动坡体。小型滑坡及临时工程，可用框架式混凝土挡墙。在坡脚部位，也可打抗滑桩以阻止坡体滑动。近年来，抗滑桩得到了普遍采用，已成为主要的抗滑措施。它具有施工方便、工期不受限制、省工省料、对滑坡体（滑动体）扰动小等优点。抗滑桩通常采用截面为方形或圆形的钢筋（轨）混凝土桩或钢管钻孔桩。

③ 坡脚加固。对于土质斜坡，可采用电化学加固法和冻结法，后者用于临时性斜坡。也可以采用焙烧法，在坡脚形成一个经焙烧加热而变得坚硬的似砖土体，起到挡土墙的作用。

思考题与习题

7-1 砂土坡只要坡角不超过其内摩擦角，坡高 H 可以不受限制；而对于 $\varphi=0^\circ$ 的黏性土坡，坡高有一“临界高度”。当坡高超过此“临界高度”时，土坡便可能产生滑动。试说明原因。

7-2 为什么要分条计算边坡稳定?

7-3 试比较瑞典条分法、毕肖普条分法和简布条分法的假定条件、解题路线。

7-4 土坡稳定计算中，怎样选择强度指标 c、φ？防治滑坡有哪些措施?

7-5 在均质地基中开挖基坑，深 5.0m，坡度 1∶2，已知地基土的参数为 $\gamma=18\text{kN/m}^3$，

c=20kPa，φ=10°。试用圆弧滑动法列表计算边坡的稳定安全系数（最危险圆弧中心位置如图7-12所示）。

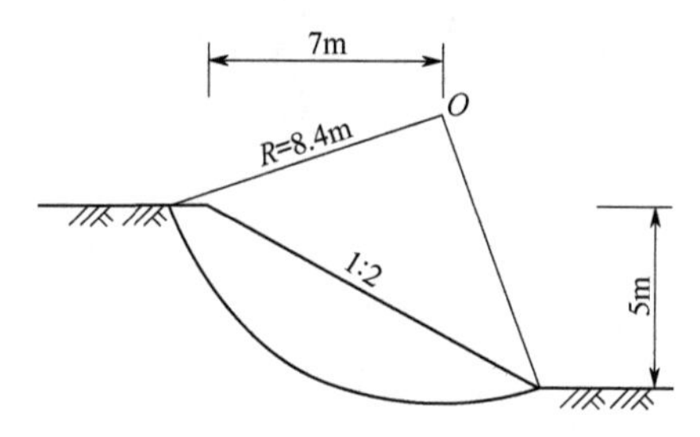

图7-12　思考题与习题7-5图

7-6　一均质黏性土坡，高20m，坡度1∶3，填土的参数为c=10kPa，$\varphi=20°$，γ=18kN/m^3。假定滑弧通过坡脚，半径取R=55m。试用瑞典条分法计算该土坡的安全系数。

7-7　某均质挖方土坡，坡高10m，坡度1∶2，填土的参数为c=5kPa，$\varphi=25°$，$\gamma=18$kN/m^3。在坡底以下3m处有一软土薄层，c=10kPa，$\varphi=5°$。试用简化后的复合滑动面法估算其稳定安全系数。

第8章
地基承载力

8.1 概述

建筑物荷载通过基础作用于地基，对地基提出两个方面的要求：一是要求建筑物基础在荷载作用下产生的最大沉降量或沉降差，应在该建筑物的允许范围内；二是建筑物基底压力应在地基允许承载能力之内。因此，了解地基的承载规律，充分发挥地基的承载能力，合理确定地基承载力是一个重要的研究课题。

地基承载力是指地基单位面积上承受荷载的能力。在设计建筑物基础时，为了保证建筑物的安全和正常使用，既保证地基稳定性不受破坏，而且具有一定的安全度，同时还应满足建筑物的变形要求（即正常使用状态），常将基底压力限制在某一允许的范围之内，该容许值称为地基容许承载力。地基极限承载力是指地基土发生失稳破坏时所能承受的最大荷载。

影响地基承载力的因素较多，不仅与地基土的性质、形成条件有关，而且与基础的类型、尺寸、刚度和埋置深度，上部结构的类型、刚度、荷载性质与大小、变形要求及施工速度等因素密切相关。

确定地基承载力的方法一般有理论公式法、规范法、原位测试法和当地经验等。理论公式法是根据土的抗剪强度指标计算的理论公式确定承载力的方法。规范法是根据室内试验指标、现场测试指标或野外鉴别指标，通过规范推荐方法获得地基承载力，由于不同规范确定承载力的方法也各不相同，应用时需注意各自的使用条件。原位测试是通过现场原位试验确定承载力的方法，包括载荷试验、静力触探试验、动力触探试验、标准贯入试验等，其中以载荷试验法最为可靠。当地经验法是基于地区的使用经验，进行类比判断确定承载力的方法。

8.2 地基破坏模式

8.2.1 三种破坏形式

试验研究表明，建筑物地基在荷载作用下往往由于承载力不足而发生剪切破坏。地基剪切破坏的形式主要与地基土的性质有关。坚硬、密实的地基土具有较低的压缩性，通常呈现整体剪切破坏。软弱黏土或松砂地基具有中、高压缩性，常常呈现局部剪切破坏或冲剪破坏。

（1）整体剪切破坏

荷载作用下地基变形的发展可分为三个阶段，p-s 曲线如图 8-1 中曲线 a 所示。①当荷载较小时，地基土产生近似弹性变形，基底压力 p 与沉降量 s 成正比例关系（OA 段），该区间为线性变形阶段，A 点对应的荷载称为临塑荷载，用 p_{cr} 表示；②当荷载增加，基础边缘处土体开始产生塑性变形（发生剪切破坏），并且塑性变形区（剪切破坏区）随着荷载的增加而逐渐扩大，基础底面以下土体开始向四周挤压，此时 p-s 曲线不再是直线，而是呈曲线形态（AB 段），这一阶段的地基土变形为塑性变形，B 点所对应的荷载称为极限荷载，用 p_u 表示；③荷载继续增加，地基土中的塑性变形区不断扩大，最终形成一连续滑动面，基础急剧下沉、倾斜或倾倒，同时土体被挤出，基础四周地面隆起，地基发生整体剪切破坏，p-s 曲线陡直下降（BC 段），该阶段为完全破坏阶段。整体剪切破坏时常发生在浅埋基础下的密砂整体剪切破坏或硬黏土等坚实地基中。

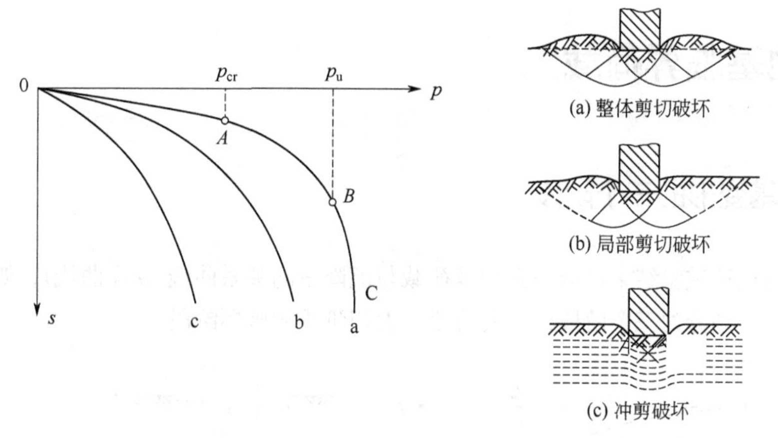

图 8-1　地基的破坏模式

（2）局部剪切破坏

随着荷载增加，基础边缘开始出现剪切破坏区，并向下发展到地基内部某一范围，但滑动面不延伸到地面，基础周围地面有轻微隆起，没有出现明显的裂缝，不会导致基础倾斜。相应的 p-s 曲线如图 8-1 中曲线 b 所示，曲线无明显线性阶段，也无明显的弹塑性拐点。局部剪切破坏常发生在中等密实砂土中。

（3）冲剪破坏

随着荷载增加，基础底面以下土层发生压缩变形，基础四周土体发生竖向剪切破坏，基础下沉，“切入”土中，地基中无明显连续滑动面，基础四周地面不隆起，沉降量随荷载的增加而加大，相应的 p-s 曲线如图 8-1 中曲线 c 所示，p-s 曲线无明显拐点。冲剪破坏常出现于松砂及软土地基中。

8.2.2　破坏模式的影响因素和判别

地基的破坏形式与多种因素有关，地基土的物理、力学性质，基础的类型、埋深、几何尺寸，附加应力的大小等都会影响到地基破坏模式。由于影响因素众多，判别较为复杂，目前尚未形成统一的判别标准，一般可根据综合特征，做出基本判别，表 8-1 列出了条形基础在中心荷载作用下不同剪切破坏形式的各种特征，以供参考。

表 8-1　条形基础在中心荷载作用下地基破坏形式的特征

破坏形式	地基中滑动面	*p-s* 曲线	基础四周地面	基础沉降	基础表现	控制指标	事故出现情况	适用条件		
								地基土	埋深	加荷速率
整体剪切	连续，至地面	有明显拐点	隆起	较小	倾斜	强度	突然倾倒	密实	小	缓慢
局部剪切	连续，地基内	拐点不易确定	有时稍有隆起	中等	可能倾斜	变形为主	较慢下沉时有倾倒	松散	中	快速或冲击荷载
冲剪	不连续	拐点无法确定	沿基础下陷	较大	仅有下沉	变形	缓慢下沉	软弱	大	快速或冲击荷载

8.3　地基临界荷载

8.3.1　地基变形的三个阶段

通过现场载荷试验结果可以得到地基荷载与沉降量的关系曲线（*p-s* 曲线），如图 8-2 所示，将地基破坏过程划分为三个阶段：压密阶段、剪切阶段和破坏阶段。

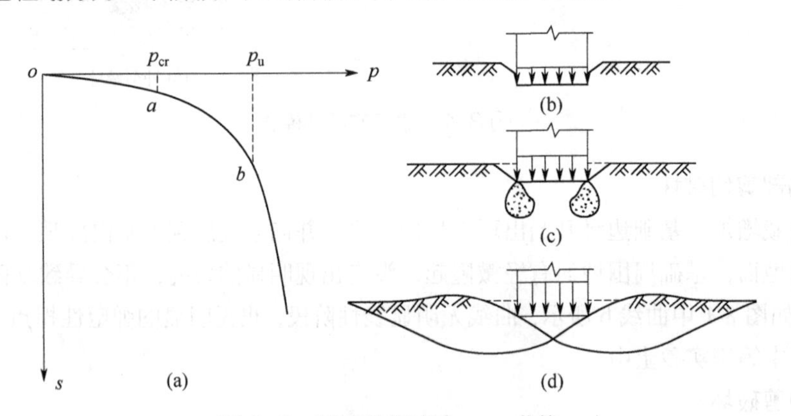

图 8-2　地基载荷试验 *p-s* 曲线

（1）压密阶段

压密阶段又称直线变形阶段，对应于 *p-s* 曲线上的 *oa* 段，这一阶段 *p-s* 曲线接近于直线，地基土各点剪应力均小于土的抗剪强度，土体处于弹性平衡状态。此阶段荷载板的沉降主要是由土的压密变形引起的。*p-s* 曲线上 *a* 点对应的荷载即为临塑荷载 p_{cr}。

（2）剪切阶段

剪切阶段又称弹塑性变形阶段，对应于 *p-s* 曲线上的 *ab* 段，这一阶段 *p-s* 曲线已不再保持线性关系，沉降的增长率随荷载的增大而增加。此时，基础边缘处土体的剪应力达到抗剪强度，土体发生剪切破坏，出现塑性区。随着荷载增加，塑性区不断扩大，直到土体出现连续滑动面。剪切阶段是地基中塑性区的产生与发展阶段，b 点对应的荷载称为极限荷载 p_u。

（3）破坏阶段

破坏阶段对应于 p-s 曲线上的 b 点之后的部分,当荷载超过极限荷载后，荷载板急剧下沉，即使不增加荷载，沉降也不能保持稳定，p-s 曲线陡直下降，表明地基进入了破坏阶段。在这一阶段，土中塑性区范围不断扩展，形成连续滑动面并发展到地面，土从荷载板四周挤出、隆起，基础急剧下沉或向一侧倾斜，地基失稳破坏。

8.3.2　临塑荷载和临界荷载

在荷载作用下地基变形的发展经历压密阶段、剪切阶段和破坏阶段三个过程。其中，从压密阶段过渡到剪切阶段的界限荷载称为比例界限荷载，或称临塑荷载，用 p_{cr} 表示；从剪切阶段过渡到破坏阶段的界限荷载，称为极限荷载，用 p_u 表示。地基变形的剪切阶段是土中塑性区范围随着荷载增加而不断发展的阶段，土中塑性区发展到不同深度时（通常相当于基础宽度的 1/3 或 1/4），作用于基础底面的荷载，被称为临界荷载 $p_{1/3}$ 或 $p_{1/4}$。

8.3.2.1　地基塑性变形区边界方程

假设在均质地基表面作用竖向条形均布荷载 p_0，如图 8-3 所示，土中任意一点 M 由 p_0 引起的最大主应力 σ_1 与最小主应力 σ_3，可按下列公式计算：

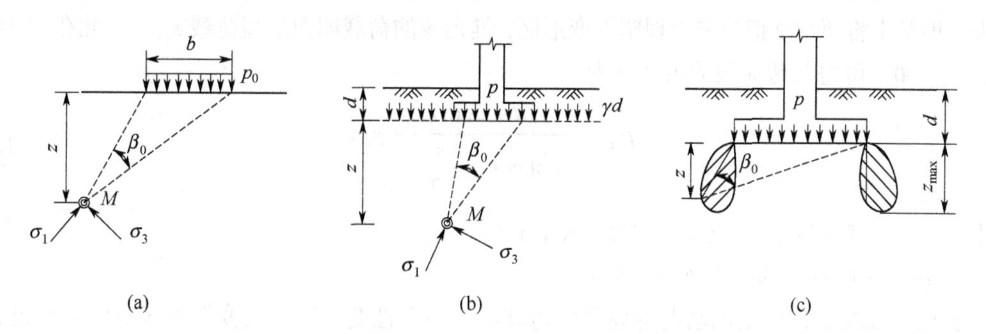

图 8-3　条形均布荷载作用下的地基主应力及塑性区

$$\sigma_1=\frac{p_0}{\pi}(\beta_0+\sin\beta_0)$$

$$\sigma_3=\frac{p_0}{\pi}(\beta_0-\sin\beta_0)$$

若条形基础埋深为 d，计算基底以下深度 z 处 M 点的应力时，除了由基底附加压力 $p_0(p-\gamma d)$ 产生以外，还有土的自重应力 $(\gamma_0 d+\gamma z)$。严格地说，M 点土的自重应力在各点是不等的，因此上述两项在 M 点产生的应力在数值上不能相加。为了简化起见，在下述荷载公式推导中，假定土的自重应力相等。故地基土中任一点的 σ_1 和 σ_3 可以写成：

$$\left.\begin{matrix}\sigma_1\\ \sigma_3\end{matrix}\right\}=\frac{p-\gamma d}{\pi}(\beta_0\pm\sin\beta_0)+\gamma_0 d+\gamma \tag{8-1}$$

当 M 处于极限平衡状态时，该点的大、小主应力应满足极限平衡条件，整理可得塑性区的边界方程为：

$$z=\frac{p-\gamma_0 d}{\pi\gamma}\left(\frac{\sin\beta_0}{\sin\varphi}-\beta_0\right)-\frac{c}{\gamma\tan\varphi}-\frac{\gamma_0}{\gamma}d \tag{8-2}$$

上式表示塑性区边界上任意一点的埋深 z 与 β_0 之间的关系。若 p、γ_0、γ、d、c 和 φ 已知，则可根据上式绘出塑性区边界线如图 8-3（c）所示。采用弹性理论计算，基础两边点的主应力最大，因此塑性区首先从基础两侧的点开始向深部发展。

8.3.2.2 临塑荷载和临界荷载

塑性区发展的最大深度 $z_{\max}$，可由 $\frac{\mathrm{d}z}{\mathrm{d}\beta_0}=0$ 求得，即

$$\frac{\mathrm{d}z}{\mathrm{d}\beta_0}=\frac{p-\gamma_0 d}{\pi\gamma}\left(\frac{\cos\beta_0}{\sin\varphi}-1\right)=0$$

则有

$$\cos\beta_0=\sin\varphi$$

即

$$\beta_0=\frac{\pi}{2}-\varphi \tag{8-3}$$

将 β_0 代入式（8-2）得到塑性区发展的最大深度 $z_{\max}$ 的表达式为：

$$z_{\max}=\frac{p-\gamma_0 d}{\pi\gamma}\left[\cot\varphi-\left(\frac{\pi}{2}-\varphi\right)\right]-\frac{c}{\gamma\tan\varphi}-\frac{\gamma_0}{\gamma}d \tag{8-4}$$

由上式可见，当其他条件不变时，塑性区随着荷载 p 的增大而发展，逐渐加深。若 $z_{\max}=0$，则表示地基中将要出现但尚未出现塑性变形区，其相应的荷载即为临塑荷载 p_{cr}。因此在式（8-4）中令 $z_{\max}$=0，可得临塑荷载的表达式为：

$$p_{\mathrm{cr}}=\frac{\pi(\gamma_0 d+c\cot\varphi)}{\cot\varphi+\varphi-\frac{\pi}{2}}+\gamma_0 d \tag{8-5}$$

式中 γ_0——基底标高以上土体重度，$\mathrm{kN/m^3}$；

φ——地基土的内摩擦角，（°）。

工程实践表明，即使地基发生局部剪切破坏出现塑性变形区，只要塑性区范围不超过某一限度，就不会影响建筑物的安全和正常使用，因此，用临塑荷载 p_{cr} 作为地基承载力偏于保守。地基塑性区发展的容许深度与建筑物类型、荷载性质及土的特性等因素有关，目前尚无统一意见。一般认为，在竖向中心荷载作用下，塑性区的最大发展深度 $z_{\max}$ 可控制在基础宽度的 1/4，相应的荷载用 $p_{1/4}$ 来表示。因此式（8-4）中令 $z_{\max}=b/4$，可得 $p_{1/4}$ 的计算公式为：

$$p_{1/4}=\frac{\pi\left(\gamma_0 d+c\cot\varphi+\frac{\gamma b}{4}\right)}{\cot\varphi+\varphi-\frac{\pi}{2}}+\gamma_0 d \tag{8-6}$$

对于偏心荷载作用下的基础，一般可取 $z_{\max}=b/3$，相应的荷载 $p_{1/3}$ 作为地基承载力，即

$$p_{1/3}=\frac{\pi\left(\gamma_0 d+c\cot\varphi+\frac{\gamma b}{3}\right)}{\cot\varphi+\varphi-\frac{\pi}{2}}+\gamma_0 d \tag{8-7}$$

上述临塑荷载和临界荷载计算公式适用于均布荷载作用下的条形基础，对于矩形和圆形基础，其结果偏于安全。在计算土中自重应力时，假定土的侧压力系数 $K_0=1$，简化了公式，但是与土体的实际情况不符。此外，在计算临界荷载时，土体内部已经出现塑性区，但依旧基于弹性理论推导临界荷载的计算公式，这是相互矛盾的，其产生的误差随着塑性区范围的扩大而增大。

【例 8-1】某条形基础宽 5m，基础埋深 1.5m，地基土 $\gamma=19.0\text{kN/m}^3$，$\varphi=20°$，$c=10\text{kPa}$，试计算该地基的临塑荷载 p_{cr} 和临界荷载 $p_{1/4}$。

解：由式（8-5）可得临塑荷载 p_{cr} 为

$$p_{cr}=\frac{\pi\left(19\times1.5+10\times\cot20°\right)}{\cot20°+\dfrac{20°\times\pi}{180}-\dfrac{\pi}{2}}+19\times1.5=143.7(\text{kPa})$$

由式（8-6）可得临界荷载 $p_{1/4}$ 为：

$$p_{1/4}=\frac{\pi\left(19\times1.5+10\times\cot20°+\dfrac{19\times5}{4}\right)}{\cot20°+\dfrac{20°\times\pi}{180}-\dfrac{\pi}{2}}+19\times1.5=192.5(\text{kPa})$$

8.4　地基极限承载力计算理论

8.4.1　普朗德尔极限承载力理论

普朗德尔极限承载力理论是普朗德尔（Prandtl，1920 年）根据塑性理论，研究了刚性冲模压入无质量的半无限刚塑性介质时，介质达到破坏时的滑动面形状和极限压应力公式。该理论应用于地基极限承载力课题，则相当于一无限长、底面光滑、具有足够刚度的条形荷载板置于无质量（$\gamma=0$）的土体表面（基础埋深为零），当土体处于极限平衡状态时，塑性区的边界如图 8-4 所示。

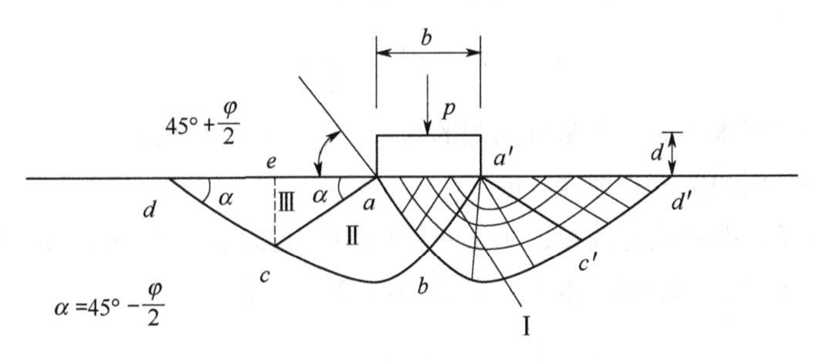

图 8-4　普朗德尔理论假设滑动面

塑性极限平衡区分为三个部分：Ⅰ区是位于基础底面下的中心楔体，又称为主动朗肯区，该区大主应力 σ_1 为竖直方向，破裂面与水平面成 $\left(45°+\dfrac{\varphi}{2}\right)$ 角；Ⅱ区是与中心区相邻的两个辐射区，又称为普朗德尔区，由一组对数螺旋线及一组辐射线组成，该区形似以对数螺旋线 $\gamma_0\exp\left(\theta\tan\varphi\right)$ 为弧形边界的扇形。普朗德尔导出在如图 8-4 所示情况下作用于基底的极限荷载，求得极限承载力为：

$$p_{\mathrm{u}} = cN_c \tag{8-8}$$

其中
$$N_c = \cot\varphi\left[\tan^2\left(45^\circ + \frac{\varphi}{2}\right)\exp(\pi\tan\varphi) - 1\right] \tag{8-9}$$

式中，N_c 为承载力因数，是仅与 φ 有关的无量纲系数；下角标 c 为土的黏聚力。

莱斯纳（Reissner，1924 年）在普朗德尔理论的基础上，考虑到基础有一定埋深，将基底以上土重用均布荷载 $q(=\gamma d)$ 代替，提出了计入基础埋深后的地基极限承载力为：

$$p_{\mathrm{u}} = cN_c + qN_q \tag{8-10}$$

其中
$$N_q = \tan^2\left(45^\circ + \frac{\varphi}{2}\right)\exp(\pi\tan\varphi) \tag{8-11}$$

$$N_c = \left(N_q - 1\right)\cot\varphi \tag{8-12}$$

式中，N_q 为仅与 φ 有关的另一承载力因数。

由此可见，普朗德尔的极限承载力公式与基础宽度无关，这是由于公式推导过程不计地基土的重度。此外，基底与土体之间存在一定的摩擦力，因此，普朗德尔公式只是一个近似公式。而莱斯纳的修正公式没有考虑地基土的质量和基础埋深范围内侧面土体抗剪强度的影响，其结果与实际工程仍有较大差距。在普朗德尔和莱斯纳之后，不少学者继续进行地基承载力的研究，如太沙基（1943 年）、泰勒（Taylor，1948 年）、梅耶霍夫（Meyerhof，1951 年）、汉森（Hansen，1961 年）以及魏锡克（Vesic，1973 年）等，都是根据假定滑动面导出极限承载力公式。

8.4.2 太沙基极限承载力理论

太沙基对普朗德尔理论进行了修正，假设如下：①地基土有质量，即 $\gamma \neq 0$；②基础底面完全粗糙，即 $\beta = \varphi$；③不考虑基底以上填土的抗剪强度，仅看成是作用在基底水平面上的超载；④在极限荷载作用下地基发生整体剪切破坏。由于基底与土体之间的摩阻力阻止了基底处发生剪切位移，因此，基底以下土体不发生破坏，而是处于弹性平衡状态，根据Ⅰ区（图 8-5）土楔体的静力平衡条件可导出太沙基极限承载力计算公式：

$$p_{\mathrm{u}} = cN_c + qN_q + \frac{1}{2}\gamma bN_\gamma \tag{8-13}$$

式中 q——基底水平面以上基础两侧的荷载，$q = \gamma_0 d$，kPa；

b、d——基底的宽度和埋深，m；

N_c、N_q、N_γ——无量纲承载力因数，只取决于土体内摩擦角 φ，可由图 8-6 中实线查得，N_q、N_c 也可根据式（8-11）和式（8-12）求得。

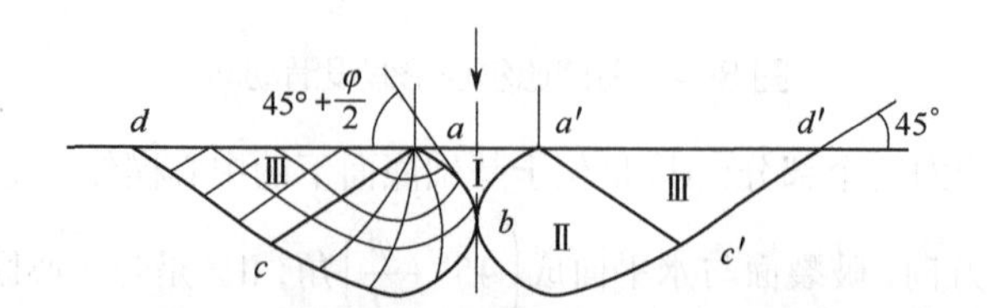

图 8-5　太沙基极限承载力理论破坏区示意图

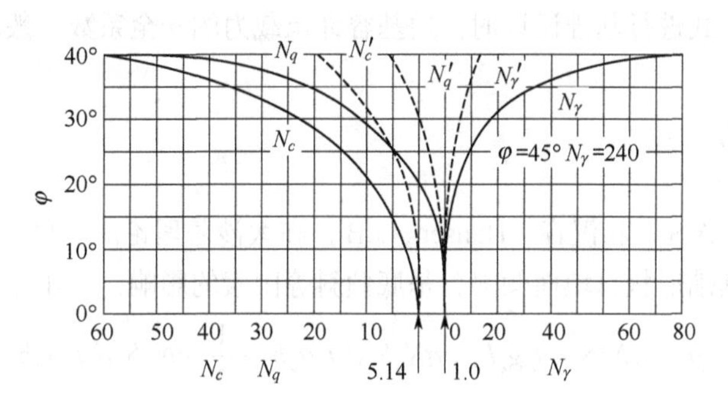

图8-6 太沙基承载力因数

式（8-13）适用于条形荷载下地基发生整体剪切破坏的情况，对于实际工程中存在的方形、圆形和矩形基础，或者地基发生局部剪切破坏的情况，太沙基给出了相应的经验公式，采用经验方法调整抗剪强度指标 c 和 φ，即 $c' = 2c/3$，$\varphi' = \arctan\left(2/3\tan\varphi\right)$，代替式（8-13）中的 c 和 φ，可得：

$$p_{\mathrm{u}} = \frac{2}{3}cN_c' + qN_q' + \frac{1}{2}\gamma bN_\gamma' \tag{8-14}$$

式中，N_c'、N_q'、N_γ' 为相应局部剪切破坏的承载力因数，可由 φ 查图 8-6 中虚线获得，或由 φ' 查土中实线获得。其余符号意义同前。

对于圆形或方形基础，太沙基建议按照下列半经验公式计算地基极限承载力：

方形基础（宽度为 b）：

$$p_{\mathrm{u}} = 1.2cN_c + \gamma_0 dN_q + 0.4\gamma bN_\gamma \tag{8-15}$$

圆形基础（半径为 d）：

$$p_{\mathrm{u}} = 1.2cN_c + \gamma_0 dN_q + 0.6\gamma bN_\gamma \tag{8-16}$$

对于矩形基础（$l \times b$），可按 l/b 值在条形基础（l/b=10）与方形基础（l/b=1）之间以插值法求得。若地基为软黏土或松砂，将发生局部剪切破坏，此时式（8-15）和式（8-16）中的承载力因数应改为 N_c'、N_q'、N_γ'。

8.4.3 斯肯普顿公式

由于太沙基公式中的承载力因数 N_c、N_q、N_γ 都是关于土体内摩擦角 φ 的函数，因此不适用于 $\varphi = 0$ 的饱和软黏土。考虑到基础形状和基础埋深的影响，对于饱和软黏土地基上的浅基础（基础埋深 $d \leqslant 2.5b$），斯肯普顿提出了估算地基极限承载力半经验公式：

$$p_{\mathrm{u}} = 5c\left(1 + 0.2\frac{b}{l}\right)\left(1 + 0.2\frac{d}{b}\right) + \gamma_0 d \tag{8-17}$$

式中 c——地基土的黏聚力，取基础底面以下 $0.707b$ 深度范围内的平均值，kPa;

γ_0——基础埋深 d 范围内土的天然重度，$\mathrm{kN/m^3}$；

b——基础宽度；

l——基础长度。

应用斯肯普顿公式进行基础设计时，地基容许承载力的安全系数一般取 K=1.1～1.5。

8.4.4 汉森公式

魏锡克（Vesic，A.S.）和汉森（Hansen，J.B.）在太沙基理论的基础上假定基底光滑，考虑荷载倾斜、偏心、基础形状、地面倾斜、基底倾斜等因素的影响，提出了修正公式：

$$p_u = cN_cS_cd_ci_cg_cb_c + qN_qS_qd_qi_qg_qb_q + \frac{1}{2}\gamma bN_\gamma S_\gamma d_\gamma i_\gamma g_\gamma b_\gamma \tag{8-18}$$

式中 S_c、S_q、S_γ——基础形状修正系数；

d_c、d_q、d_γ——考虑埋深范围内土强度的深度修正系数；

i_c、i_q、i_γ——荷载倾斜修正系数；

g_c、g_q、g_γ——地面倾斜修正系数；

b_c、b_q、b_γ——基础地面倾斜修正系数；

N_c、N_q、N_γ——地基承载力因数，N_c、N_q 可由式（8-12）和式（8-11）求得，$N_\gamma=1.8(N_q-1)\cot\varphi$。

8.5 原位测试试验

8.5.1 平板载荷试验

平板载荷试验（plate load test，PLT）是在现场对一个刚性承压板逐级加荷,测定天然地基、单桩或复合地基的沉降随荷载的变化，借以确定岩土体承载能力和变形特征的原位测试方法。平板载荷试验对地基土不产生扰动，结果可靠、具有代表性，可直接用于工程设计，还可用于预估建筑物的沉降量，对于大型工程或重要建筑物，载荷试验一般不可少，是世界各国用以确定地基承载力的最主要方法，也是比较其他原位测试成果的基础，是确定承载力最主要的方法，但是价格昂贵，较为费时。通过载荷试验测定的地基压力变形曲线线性变形段为规定的变形所对应的压力值称为地基承载力特征值。

（1）试验仪器设备

试验的设备由承压板、加荷系统、反力系统及位移量测系统组成。加荷系统控制并稳定加荷载的大小，通过反力系统反作用于承压板，承压板将荷载均匀传递给地基土，再由位移量测系统测量地基土的沉降量。

① 承压板。承压板可用混凝土、钢筋混凝土、钢板、铸铁板等制成,多以肋板加固的钢板为主。具有足够的刚度，不破损、不挠曲，压板底部光平，尺寸和传力重心准确，搬运和安置方便。可加工成正方形或圆形，其中圆形压板受力条件较好，使用最多。承压板的面积一般为 0.25～0.5m^2。

② 加荷系统。加荷系统是指通过承压板对地基施加荷载的装置，主要有堆重加荷装置（图 8-7）和千斤顶反力加荷装置（图 8-8）两种。堆载加荷装置一般将砂袋、砌块、钢锭等重物，

依次对称置放在加荷台上，逐级加荷，此类装置费时费力且控制困难，但荷载稳定。千斤顶反力加荷装置通过液压千斤顶和地锚提供荷载。

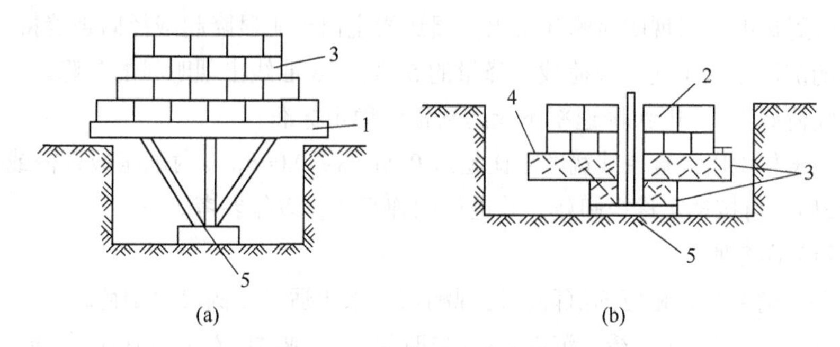

图 8-7　载荷试验堆载加荷

1—载荷台；2—钢锭；3—混凝土平台；4—测点；5—承压板

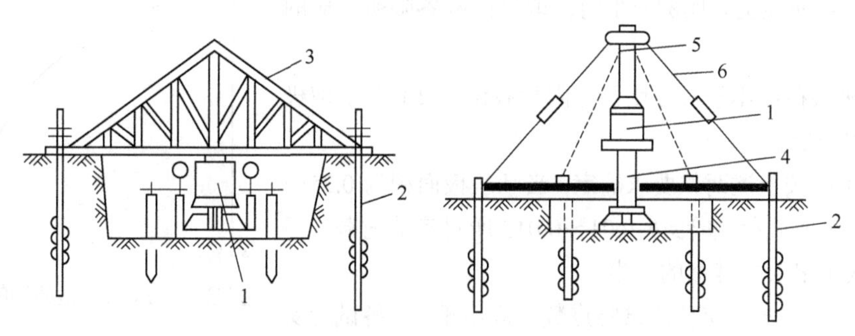

图 8-8　载荷试验千斤顶反力加荷

1—千斤顶；2—地锚；3—桁架；4—立柱；5—分立柱；6—拉杆

③ 位移量测系统。位移量测系统有百分表、沉降传感器或水准仪等。位移量测系统安装在基准梁上，基准梁的支撑柱或其他类型的支点应离承压板和地锚一定的距离，以避免在试验过程中地表变形对基准梁的影响。支撑柱与承压板中心的距离应大于 1.5d（d 为边长或直径），与地锚的距离应不小于 0.8m。基准梁架设在支撑柱上时，不应两端固定，以避免由于基准梁杆热胀冷缩引起沉降观测的误差。沉降测量元件应对称地布置在承压板上，百分表或位移传感器的测头应垂直于承压板设置。

（2）试验方法

试验一般在试坑内进行，试坑宽度不小于 3 倍承压板宽度或直径，其深度依据所需测试土层的深度而定；载荷试验应布置在有代表性的地点和基础底面标高处。试验过程中，必须注意保持试验土层的原状结构和天然湿度，在坑底铺设不大于 20mm 厚的粗、中砂层找平。

① 加载方式及加荷等级。加载方式一般采用慢速维持荷载法（慢速法）；有地区经验时，也可采用分级加荷沉降非稳定法（快速法）或等沉降速率法。加荷等级宜取 10～12 级，应不小于 8 级。最大加载量不小于地基土承载力设计值的 2 倍，且应尽量接近预估地基的极限荷载，第一级荷载（包括设备配重）宜接近开挖试坑所卸除的土重，相应的沉降量不计。其后每级荷载增量，对软土地基每级荷载增量 10～25kPa；对一般黏性土和中密砂土地基为 25～50kPa；对坚硬黏性土、密实砂土和碎石土为 50～100kPa。

慢速维持荷载法土体试验，每加一级荷载后，按间隔 10min、10min、10min、15min、15min 及以后每隔 30min 读一次沉降，当连续 2h 内，沉降量小于 0.1mm/h 时，则认为已趋于稳定，可加下一级荷载。

② 当出现下列情况之一时，认为已达破坏，可终止加载。

a．承压板周边的土出现明显侧向挤出，周边岩土出现明显隆起或径向裂缝持续发展。

b．荷载的沉降量大于前一级荷载沉降量的 5 倍，p-s 曲线出现明显的陡降。

c．在某级荷载下，24h 沉降速率不能达到相对稳定标准。

d．沉降量 s 与承压板直径或宽度之比超过 0.06（$s \geqslant 0.06b$，b 为承压板直径或宽度）。

终止加载后，可按规定逐级卸载，并进行回弹观测，以作参考。

（3）试验结果整理

① 根据各级荷载与其相应的沉降稳定观测值，采用适当比例尺绘制荷载（p）与沉降（s）关系曲线，必要时绘制各级荷载下沉降（s）与时间（t）或时间对数（$\lg t$）曲线。根据 p-s 曲线（图 8-9）确定地基承载力特征值 f_{ak}，具体规定如下：

a．当 p-s 曲线上有比例界限时，取该比例界限所对应的荷载值。

b．当极限荷载小于对应比例界限荷载值的 2 倍时，取极限荷载值的一半。

c．若不能按上述两款要求确定，当承压板面积为 0.25～0.50m^2 时，可取载荷试验 s/b=0.01～0.015 所对应的荷载，但其值不应大于最大加载量的一半。

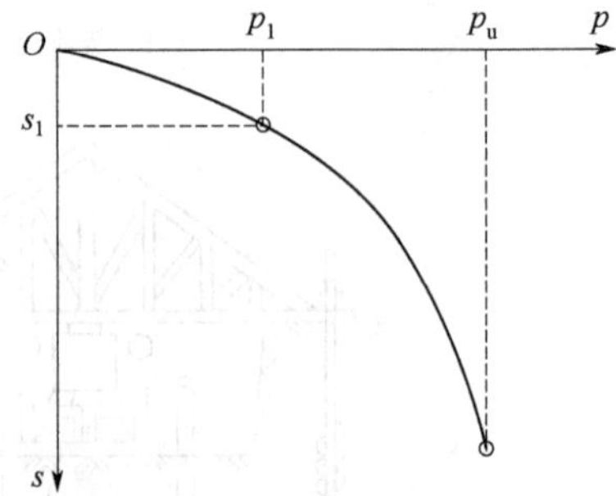

图 8-9 载荷试验典型的 p-s 曲线

d．同一土层参加统计的试验点数不应小于 3，各试验实测值的极差不得超过其平均值的 30%，取此平均值作为该土层的地基承载力特征值 f_{ak}。

② 确定地基土的变形模量。土的变形模量是指土在单轴受力、无侧限情况下似弹性阶段的应力与应变之比，其值可由载荷试验成果 p-s 曲线的直线变形段，按半无限空间弹性理论公式计算：

$$E = \omega\left(1-\mu^2\right)\frac{p_1 b}{s_1} \tag{8-19}$$

式中 E——土的变形模量；

p_1——静载荷试验 p-s 曲线的直线段末尾对应的荷载，kPa；

s_1——与所取定的比例界限荷载 p_1 相对应的沉降量，cm；

b——承压板的边长或直径，cm；

μ——土的泊松比（碎石土 0.27，砂土 0.30，粉土 0.35，粉质黏土 0.38，黏土 0.42）；

ω——沉降影响系数，刚性方形承压板取 0.88，圆形取 0.79。

8.5.2 静力触探

将圆锥形探头按一定速率匀速压入土中，量测其贯入阻力（锥头阻力、侧壁摩阻力）的过程称为静力触探试验。静力触探是工程地质勘察中的一项原位测试方法，可用于划分土层、判定土层类别、查明软硬夹层及土层在水平和垂直方向的均匀性、评价地基土的工程特性（容许承载力、压缩性质、不排水抗剪强度、水平向固结系数、饱和砂土液化势、砂土密实度等）、探寻和确定桩基持力层、预估打入桩沉桩可能性和单桩承载力以及检验人工填土的密实度及地基加固效果等。静力触探试验适用于软土、黏性土、粉土、尾矿土、砂类土及含少量碎石的土层，在碎石类土和密实砂土中难以贯入，也不能直接观测土层。因此，在地质勘探工作中，静力触探常和钻探取样联合运用。

（1）试验仪器设备

静力触探的仪器设备由触探主机、反力装置、探头、探杆及量测仪器组成。

① 触探主机可匀速将探头垂直压入土中，其装置如图 8-10 所示。

② 反力装置可通过用地锚、压重车辆自重提供所需的反力。

③ 探头。探头的结构按功能分为单桥梁头、双桥探头和孔压静力探头。单桥探头用于测定比贯入阻力 p_s，其结构主要由探头管、顶柱、变形柱（传感器）及锥头组成，如图 8-11（a）；双桥探头用于测定锥头阻力 q_c 和侧壁摩阻力 f_s，它与单桥探头的区别主要是有 2 个传感器（2 个电桥）分别测定锥头阻力和侧壁摩阻力，其结构可参照图 8-11（b）；孔压静力探头，除测定锥头阻力和侧壁摩阻力外，还可测定孔隙压力及其消散，其结构可参照图 8-11（c）。

④ 探杆。

⑤ 量测仪器。

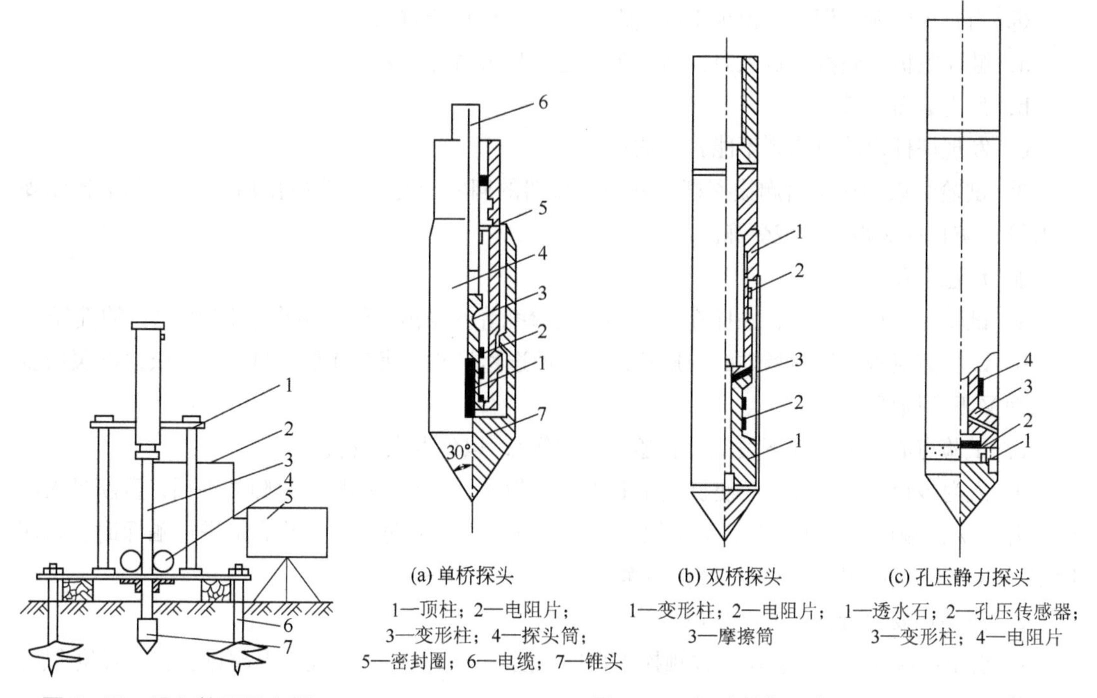

(a) 单桥探头

1—顶柱；2—电阻片；3—变形柱；4—探头筒；5—密封圈；6—电缆；7—锥头

(b) 双桥探头

1—变形柱；2—电阻片；3—摩擦筒

(c) 孔压静力探头

1—透水石；2—孔压传感器；3—变形柱；4—电阻片

图 8-10　贯入装置示意图

1—触探主机；2—导线；3—探杆；4—深度转换装置；5—测量记录仪；6—反力装置；7—探头

图 8-11　探头结构示意图

（2）静力触探试验要点

① 平整试验场地，设置反力装置。将触探主机对准孔位，调平机座（用分度值为 1mm 的水准尺校准），并紧固在反力装置上。

② 将已穿入探杆内的传感器引线按要求接到量测仪器上，打开电源开关，预热并调试到正常工作状态。

③ 贯入前应试压探头，检查顶柱、锥头、摩擦筒等部件工作是否正常。当测孔隙压力时，

应使孔压传感器透水面饱和。正常后将连接探头的探杆插入导向器内，调整垂直并紧固导向装置，必须保证探头垂直贯入土中。启动动力设备并调整到正常工作状态。

④ 采用自动记录仪时，应安装深度转换装置，并检查卷纸机构运转是否正常；采用电阻应变仪或数字测力仪时，应设置深度标尺。

⑤ 将探头按（1.2±0.3）m/min 均速贯入土中 0.5～1.0m 左右（冬季应超过冻结线），然后稍许提升，使探头传感器处于不受力状态。待探头温度与地温平衡后（仪器零位基本稳定），将仪器调零或记录初读数，即可进行正常贯入。在深度 6m 内，一般每贯入 1～2m，应提升探头检查温漂并调零；深度超 6m 每贯入 5～10m 应提升探头检查回零情况，当出现异常时，应检查原因及时处理。

⑥ 贯入过程中，当采用自动记录时，应根据贯入阻力大小合理选用供桥电压，并随时核对，校正深度记录误差，做好记录；使用电阻应变仪或数字测力计时，一般每隔 0.1～0.2m 记录读数 1 次。

⑦ 当测定孔隙水压力消散时，应在预定的深度或土层停止贯入，并按适当的时间间隔或自动测读孔隙水压力消散值，直至基本稳定。

⑧ 当贯入到预定深度或出现下列情况之一时，应停止贯入。

a．触探主机达到额定贯入力；探头阻力达到最大容许压力。

b．反力装置失效。

c．发现探杆弯曲已达到不能容许的程度。

⑨ 试验结束后应及时起拔探杆，并记录仪器的回零情况。探头拔出后应立即清洗上油,妥善保管，防止探头被暴晒或受冻。

⑩ 注意事项。

a．试验点与已有钻孔、触探孔、十字板试验孔等的距离，建议不小于 20 倍已有的孔径。

b．试验前应根据试验场地的地质情况，合理选用探头，使其在贯入过程中，仪器的灵敏度较高而又不致损坏。

c．试验点必须避开地下设施（管道、电缆等），以免发生意外。

d．人为或设备的故障，而使贯入中断 10min 以上，应及时排除。故障处理后，重新贯入前应提升探头，测记零读数。对超深触探孔分两次或多次贯入时或在钻孔底部进行触探时，在深度衔接点以下的扰动段，其测试数据应舍弃。

e．应注意安全操作和安全用电。

f. 当使用液压式、电动丝杆式触探主机时，活塞杆、丝杆的行程不得超过上、下限位,以免损坏设备。

g．采用拧锚机时，应待准备就绪后才可启动。拧锚过程中如遇障碍，应立即停机处理。

（3）计算和制图

① 原始数据的处理。关于零点读数，当有零点漂移时，一般按回零段内以线性内插法进行校正，校正值等于读数值减零读数内插值。记录深度与实际深度有误差时，应按线性内插法进行调整。

② 计算和制图。

a．按下列公式分别计算比贯入阻力 p_s、锥头阻力 q_c、侧壁摩阻力 f_s、摩阻比 F 及孔隙水压力 u:

$$p_s = k_p \varepsilon_p \tag{8-20}$$

$$q_c = k_q \varepsilon_q \tag{8-21}$$

$$f_s = k_f \varepsilon_f \tag{8-22}$$

$$u = k_u \varepsilon_u \tag{8-23}$$

$$F = \frac{f_s}{q_c} \tag{8-24}$$

式中 k_p、k_q、k_f、k_u——p_s、q_c、f_s、u 对应的率定系数，kPa/με，kPa/mV；

ε_p、ε_q、ε_f、ε_u——单桥探头、双桥探头、摩擦筒及孔压探头传感器的应变量或输出电压，με，mV。

b．按式（8-25）估算静探水平向固结系数 C_{ph}

$$C_{ph} = \frac{R^2}{t_{50}} T_{50} \tag{8-25}$$

式中 T_{50}——与圆锥几何形状、透水板位置有关的相应于孔隙压力消散度 50%的时间因数（对锥角 60°、截面积 10cm²、透水板位于锥底处的孔压探头，相应的 $T_{50} = 5.6$）；

R——探头圆锥底半径，cm；

t_{50}——实测孔隙消散度达 50%经历时间,s。

c．以深度（H）为纵坐标，以锥头阻力 q_c（或比贯入阻力 p_s）、侧壁摩阻力 f_s、摩阻比 F 及孔隙压力 u 为横坐标，绘制 q_c-H(p_s-H)、f_s-H 及 u-H 关系曲线，如图 8-12。

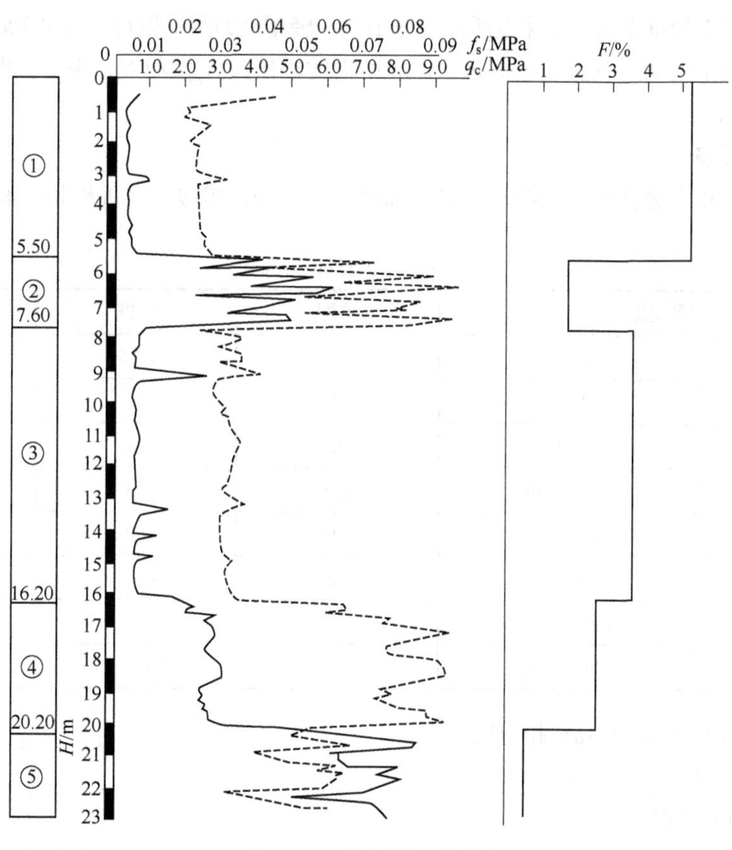

图 8-12 静力触探曲线图

d．绘制孔隙水压力消散曲线。将消散数据归一化为超孔隙压力，消散度定义为：

$$\overline{U}=\frac{u_t-u_0}{u_i-u_0} \tag{8-26}$$

式中　$\overline{U}$——t 时孔隙水压力消散度，%；

u_t——t 时孔隙水压力实测值，kPa；

u_0——静水压力，kPa；

u_i——开始（或贯入）时的孔隙水压力（t=0），kPa。

绘制 $\overline{U}$ - lg$t$ 的曲线，如图 8-13。

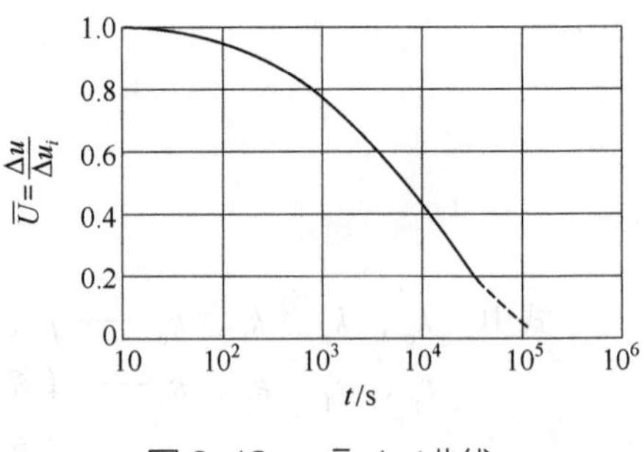

图 8-13　$\overline{U}$ -lg$t$ 曲线

8.5.3　动力触探

动力触探（dynamic penetration test，DPT）是利用一定的落锤能量，将与触探杆相连接的探头打入土中，根据打入的难易程度（表示为贯入度或贯入阻力）来判断土的工程性质的一种原位测试方法，一般用于确定各类土的容许承载力，还可用于查明土层在水平和垂直方向上的均匀程度，确定桩基持力层的位置和预估单桩承载力。根据锤击能量分为轻型、重型和超重型 3 种。轻型动力触探适用于一般黏质土及素填土；重型适用于中、粗砾砂和碎石土；超重型适用于卵石、砾石类土。

触探指标定义为每贯入一定深度所需的锤击数。轻型动力触探以每贯入 0.30m 的锤击数 N_{10} 表示；重型和超重型动力触探以每贯入 0.10m 所需的锤击数 $N_{63.5}$ 和 N_{120} 表示。也可用动贯入阻力作为触探指标。

（1）仪器设备

动力触探仪由落锤探头和触探杆（包括锤座和导向杆）组成，其规格如表 8-2 所列。

表 8-2　动力触探设备规格

设备类型		重型	轻型	超重
落锤	质量 m/kg	10	63.5	120
	落距 H/cm	50	76	100
探头	直径/mm	40	74	74
	截面积/cm²	12.6	43	43
	锥角/（°）	60	60	60
触探杆	直径/mm	25	42,50	50～63
	每米质量/kg		＜8	＜12
	锥座质量/kg		10～15	

探头的尺寸见图 8-14（a）和（b）。

（2）试验方法

① 轻型动力触探。

a．先用轻便钻具钻至试验土层标高以上 0.3m 处，然后对所需试验土层进行连续触探。

b．试验时，穿心锤落距为（0.50±0.02）m，使其自由下落。记录每打入土层中 0.30m 时所需的锤击数（最初 0.30m 可以不记）。

c．若需描述土层情况时，可将触探杆拔出，取下探头，换贯入器进行取样。

d．如遇密实坚硬土层，当贯入 0.30m 所需锤击数超过 100 或贯入 0.15m 超过 50 时，即可停止试验。如需对下卧土层进行试验时，可用钻具穿透坚实土层后再贯入。

e．轻型动力触探一般用于贯入深度小于 4m 的土层。必要时也可在贯入 4m 后用钻具将孔掏清，继续贯入 2m。

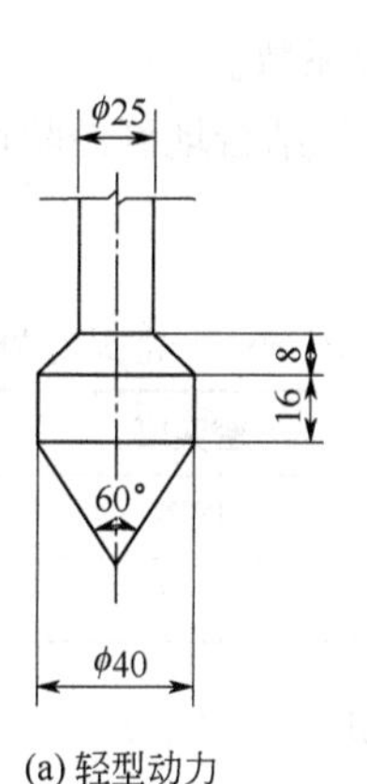

(a) 轻型动力触探探头

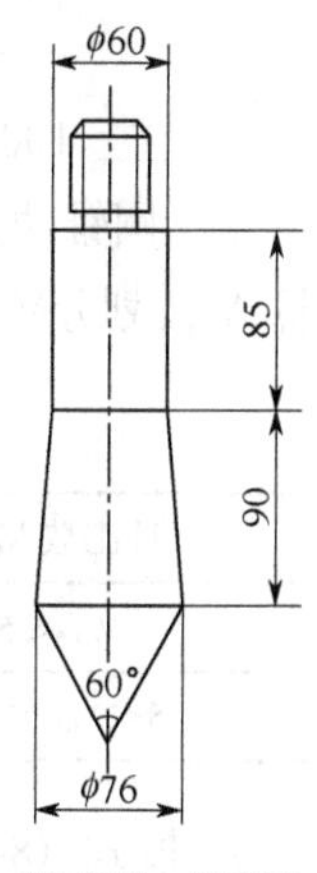

(b) 重型、超重型动力触探探头

图 8-14　探头尺寸（单位：mm）

② 重型动力触探。

a．试验前将触探架安装平稳，使触探保持垂直进行。垂直度的最大偏差不得超过 2%。触探杆应保持平直，连接牢固。

b．贯入时，应使穿心锤自由下落,落锤落距为（0.76±0.02）m。地面上的触探杆的高度不宜过高，以免倾斜与摆动太大。

c．锤击速率宜为 15～30 击/min。打入过程应尽可能连续，所有超过 5min 的间断都应在记录中予以注明。

d．及时记录每贯入 0.10m 所需的锤击数。其方法可在触探杆上每隔 0.10m 做出标记，然后直接（或用仪器）记录锤击数；也可以记录每一阵击的贯入度，然后再换算为每贯入 0.10m 所需的锤击数。

e．对于一般砂、圆砾和卵石,触探深度不宜超过 12～15m，超过该深度时，需考虑触探杆侧壁摩阻力的影响。

f．每贯入 0.10m 所需锤击数连续 3 次超过 50 时，即停止试验。如需对土层继续进行试验时，可改用超重型动力触探。

g．本试验也可在钻孔中分段进行。一般可先进行贯入，然后进行钻探直至动力触探所及深度以上 1m 处，取出钻具将触探器放入孔内再进行贯入。

③ 超重型动力触探。贯入时穿心锤自由下落，落距为（100.00±0.02）m。贯入深度一般不宜超过 20m，超过该深度时，需考虑触探杆侧壁摩阻力的影响。

（3）计算与制图

① 可按下列公式计算触探指标：

$$N_{63.5}=\frac{100}{e} \tag{8-27}$$

$$e=\frac{\Delta s}{n} \tag{8-28}$$

式中　$N_{63.5}$——每贯入 0.10m 所需的锤击数，超重型动力触探为 N_{120}；

e——每击贯入度，mm；

Δs——阵击的贯入度，mm；

n——相应的一阵击锤击数；

100——单位换算系数。

圆锥动力触探试验指标结合地区经验可确定土的密实度。表 8-3 是根据重型圆锥动力触探 $N_{63.5}$ 划分碎石土密实度。

表 8-3　碎石土密实度按重型圆锥动力触探 $N_{63.5}$ 分类

锤击数 $N_{63.5}$	密实度	锤击数 $N_{63.5}$	密实度
$N_{63.5} \leqslant 5$	松散	$10 < N_{63.5} \leqslant 20$	中密
$5 < N_{63.5} \leqslant 10$	稍密	$N_{63.5} > 20$	密实

② 按式（8-29）计算动贯入阻力 q_d：

$$q_d = \frac{Q^2}{(Q+q)} \times \frac{H}{Ae} \times 1000 \tag{8-29}$$

式中　q_d——动贯入阻力，kPa；

Q——落锤重，kN；

q——触探器，即被打入部分（包括探头、触探杆、锤座和导向杆）的重量，kN；

H——落距，m；

A——探头面积，m²；

e——每击贯入度，mm；

1000——单位换算系数。

③ 动力触探曲线。计算单孔分层贯入指标平均值时，应剔除超前和滞后影响范围内及个别指标的异常值，绘制贯入指标与触探深度曲线，如图 8-15。

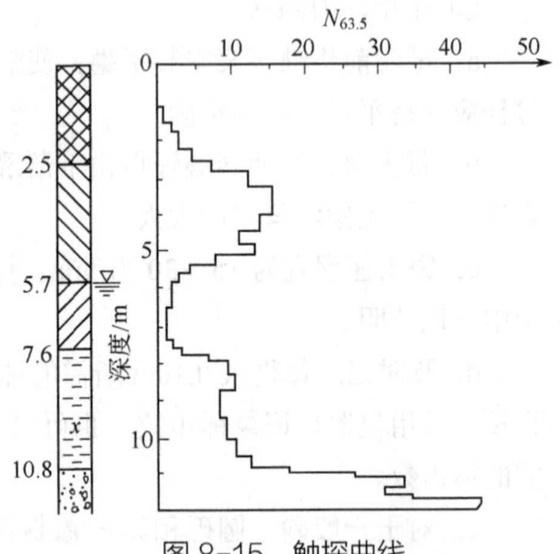

图 8-15　触探曲线

8.5.4　标准贯入试验

标准贯入试验是用（63.5±0.5）kg 的穿心锤，以（0.76±0.02）m 的自由落距，将一定规格尺寸的标准贯入器在孔底预打入土中 0.15m，测记再打入 0.30m 的锤击数，称为标准贯入击数。标准贯入试验的目的是用测得的标准贯入锤击数 N，判断砂土的密实程度或黏性土的稠度，以确定地基土的容许承载力；评定砂土的振动液化势和估计单桩的承载力；并可确定土层剖面和取扰动土样进行一般物理性试验。

（1）仪器设备

标准贯入器：由刃口形的贯入器靴、对开圆筒式贯入器身和贯入器头 3 部分组成。贯入器具体规格见表 8-4，其结构见图 8-16。

落锤（穿心锤）：质量为（63.5±0.5）kg 钢锤，应配有自动落锤装置，落距为（76±2）cm。

钻杆：直径 42mm，抗拉强度应大于 600MPa；轴线的直线度误差应小于 0.1%。

锤垫：承受锤击钢垫，附导向杆，两者总质量不超过 30kg 为宜。

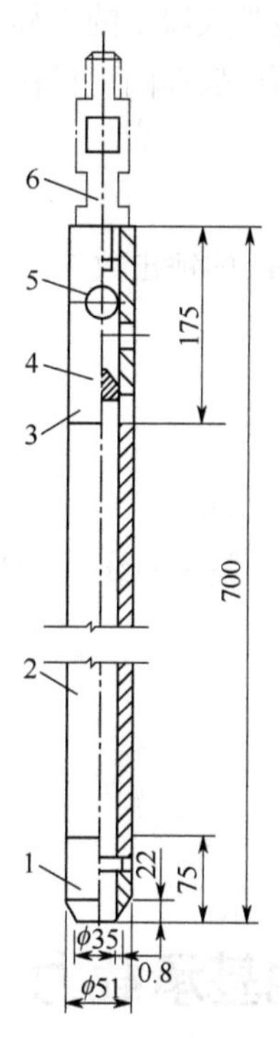

图 8-16　标准贯入器结构图（单位：mm）

1—贯入器靴；2—贯入器身；3—贯入器头；4—钢球；5—排水孔；6—钻杆接头

表 8-4　贯入器规格

贯入器靴	长度/mm	75
	刃口角度/（°）	18～20
	靴壁厚/mm	2.5
贯入器身	长度/mm	>450
	外径/mm	51 ± 1
	内径/mm	35 ± 1
贯入器头	长度/mm	175

（2）试验操作步骤

① 先用钻具钻至试验土层标高以上 0.15m 处，清除残土。清孔时应避免试验土层受到扰动。当在地下水位以下的土层进行试验时，应使孔内水位高于地下水位，以免出现涌砂和坍孔。必要时应下套管或用泥浆护壁。

② 贯入前应拧紧钻杆接头，将贯入器放入孔内，避免冲击孔底，注意保持贯入器、钻杆、导向杆连接后的垂直度。孔口宜加导向器，以保证穿心锤中心施力。贯入器放入孔内，测定其深度，要求残土厚度不大于 0.1m。

③ 采用自动落锤法，将贯入器以每分钟 15～30 击打入土中 0.15m 后，开始记录每打入 0.10m 的锤击数，累计 0.30m 的锤击数为标准贯入击数 N，并记录贯入深度与试验情况。若遇密实土层，贯入 0.30m 锤击数超过 50 时，不应强行打入，记录 50 击的贯入深度。

④ 旋转钻杆，然后提出贯入器，取贯入器中的土样进行鉴别、描述、记录，并量测其长度。将需要保存的土样仔细包装编号，以备试验之用。

（3）计算和制图

用式（8-30）换算相应于贯入 0.30m 的锤击数 N：

$$N = \frac{0.3n}{\Delta s} \tag{8-30}$$

式中 n——所选取贯入的锤击数；

Δs——对应锤击数为 n 的贯入深度。

绘制击数（N）和贯入深度标高（H）关系曲线，如图 8-17。

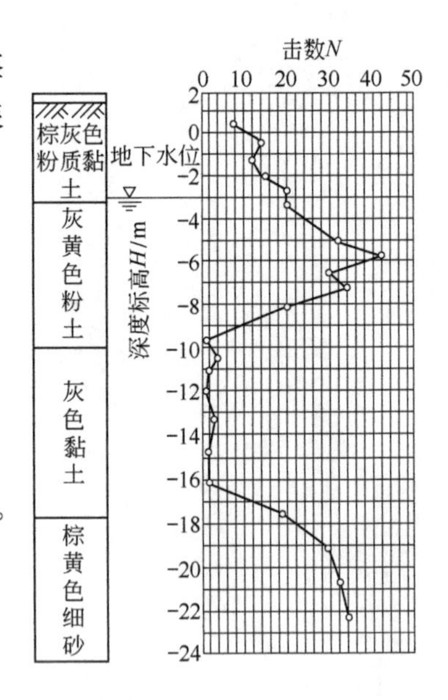

图 8-17 N-H 关系曲线图

8.6 按规范方法确定地基承载力

8.6.1 按《公路桥涵地基与基础设计规范》确定承载力

《公路桥涵地基与基础设计规范》要求确定地基承载力特征值的方法是采用荷载试验或其他原位测试实测得到，但是桥涵地基有时无法进行荷载试验或其他原位测试试验，因此对中小桥、涵洞，当受现场条件限制或开展荷载试验和其他原位测试确有困难时，也可按规范中提供的地基承载力表确定承载力特征值。具体方法如下：

（1）确定地基岩土分类

公路桥涵地基的岩土可分为岩石、碎石土、砂土、粉土、黏性土和特殊性岩土。

（2）查地基承载力特征值 f_{a0} 表

根据岩石类别、状态及其物理力学性质指标，可以查到地基承载力特征值 f_{a0}。

① 一般岩石地基可根据强度等级、节理按表 8-5 确定其承载力特征值 f_{a0}。对复杂的岩层（如溶洞、断层、软弱夹层、易溶岩石、崩解性岩石、软化岩石等）应按各项因素综合确定。

表 8-5 岩石地基承载力特征值 f_{a0} 单位：kPa

坚硬程度	节理发育程度		
	节理不发育	节理发育	节理很发育
坚硬岩、较硬岩	＞3000	2000～3000	1500～2000
较软岩	1500～3000	1000～1500	800～1000
软 岩	1000～1200	800～1000	500～800
极软岩	400～500	300～400	200～300

② 碎石土地基可根据其类别和密实程度按表 8-6 确定其承载力特征值 f_{a0}。

表 8-6　碎石土地基承载力特征值 f_{a0}　　单位：kPa

土名	密实程度			
	密实	中密	稍密	松散
卵石	1000～1200	650～1000	500～650	300～500
碎石	800～1000	550～800	400～550	200～400
圆砾	600～800	400～600	300～400	200～300
角砾	500～700	400～500	300～400	200～300

注：1. 由硬质岩组成，填充砂土者取高值；由软质岩组成，填充黏性土者取低值。
2. 半胶结的碎石土按密实的同类土提高 10%～30%。
3. 松散的碎石土在天然河床中很少遇见，需特别注意鉴定。
4. 漂石、块石参照卵石、碎石取值并适当提高。

③ 砂土地基可根据土的密实度和水位情况按表 8-7 确定其承载力特征值 f_{a0}。

表 8-7　砂土地基承载力特征值 f_{a0}　　单位：kPa

土名	湿度	密实程度			
		密实	中密	稍密	松散
砾砂、粗砂	与湿度无关	550	430	370	200
中砂	与湿度无关	450	370	330	150
细砂	水上	350	270	230	100
	水下	300	210	190	—
粉砂	水上	300	210	190	—
	水下	200	110	90	—

④ 粉土地基可根据土的天然孔隙比 e 和天然含水量 ω（%）按表 8-8 确定其承载力特征值 f_{a0}。

表 8-8　粉土地基承载力特征值 f_{a0}　　单位：kPa

e	含水量 ω/%					
	10	15	20	25	30	35
0.5	400	380	355	—	—	—
0.6	300	290	280	270	—	—
0.7	250	235	225	215	205	—
0.8	200	190	180	170	165	—
0.9	160	150	145	140	130	125

⑤ 老黏性土地基可根据压缩模量 E_{si} 按表 8-9 确定地基承载力特征值 f_{a0}。

表 8-9　老黏性土地基承载力特征值 f_{a0}

E_{si}/MPa	10	15	20	25	30	35	40
f_{a0}/kPa	380	430	470	510	550	580	620

注：当老黏性土 E_{si}＜10MPa 时，地基承载力特征值 f_{a0} 按一般黏性土（表 8-10）确定。

⑥ 一般黏性土可根据液性指数 I_L 和天然孔隙比 e 按表 8-10 确定其地基承载力特征值 f_{a0}。

表 8-10　一般黏性土地基承载力特征值 f_{a0}　　单位：kPa

e	I_L												
	0	0.1	0.2	0.3	0.4	0.5	0.6	0.7	0.8	0.9	1.0	1.1	1.2
0.5	450	440	430	420	400	380	350	310	270	240	220	—	—
0.6	420	410	400	380	360	340	310	280	250	220	200	180	—
0.7	400	370	350	330	310	290	270	240	220	190	170	160	150
0.8	380	330	300	280	260	240	230	210	180	160	150	140	130
0.9	320	280	260	240	20	210	190	180	160	140	130	120	110
1.0	250	230	220	210	190	170	160	150	140	120	110	—	—
1.1	—	—	160	150	140	130	120	110	100	90	—	—	—

注：1. 土中含有粒径大于 2mm 的颗粒质量超过总质量 30%以上者，f_{a0} 可适当提高。

2. 当 $e<0.5$ 时，取 $e=0.5$；当 $I_L<0$ 时，取 $I_L=0$。此外，超过表列范围的一般黏性土 $f_{a0}=57.22E^{0.57}$。

3. 一般黏性土地基承载力特征值 f_{a0} 取值大于 300kPa 时，应有原位测试数据作依据。

⑦ 新近沉积黏性土地基可根据液性指数 I_L 和天然孔隙比 e 按表 8-11 确定其地基承载力特征值 f_{a0}。

表 8-11　新近沉积黏性土地基承载力特征值 f_{a0}　　单位：kPa

e	I_L		
	≤0.25	0.75	1.25
≤0.8	140	120	100
0.9	130	110	90
1.0	120	100	80
1.1	110	90	

（3）按基础深度、宽度修正地基承载力特征值 f_{a0}

修正后的地基承载力特征值 f_{a0} 可按式（8-31）确定：

$$f_a = f_{a0} + k_1\gamma_1(b-2) + k_2\gamma_2(h-3) \tag{8-31}$$

式中 f_a——修正后的地基承载力特征值，kPa。

b——基础底面的最小边宽，当 $b<2$m 时，取 b=2m；当 $b>10$m 时，取 b=10m，m。

h——基底埋置深度，从自然地面起算，有水流冲刷时自一般冲刷线起算：当 $h<3$m 时，取 h=3m；当 $h/b>4$ 时，取 $h=4b$，m。

k_1、k_2——基底宽度、深度修正系数，根据基底持力层土的类别按表 8-12 确定。

γ_1——基底持力层土的天然重度，若持力层在水面以下且为透水者，应取浮重度，kN/m^3；

γ_2——基底以上土层的加权平均重度，换算时若持力层在水面以下，且不透水时，不论基底以上土的透水性质如何，均取饱和重度；当透水时，水中部分土层取浮重度，kN/m^3。

表 8-12　地基承载力宽度、深度修正系数 k_1、k_2

系数	黏性土				粉土	砂土								碎石土			
	老黏性土	一般黏性土		新近沉积黏性土	—	粉砂		细砂		中砂		砾砂、粗砂		碎石、圆砾、角砾		卵石	
		$I_L \geqslant 0.5$	$I_L < 0.5$		—	中密	密实	中密	密实	中密	密实	中密	密实	中密	密实	中密	密实
k_1	0	0	0	0	0	1.0	1.2	1.5	2.0	2.0	3.0	3.0	4.0	3.0	4.0	3.0	4.0
k_2	2.5	1.5	2.5	1.0	1.5	2.0	2.3	3.0	4.0	4.0	5.5	5.0	6.0	5.0	6.0	6.0	10

注：1. 对稍密和松散状态的砂、碎石土，k_1、k_2 值可采用表里中密值的 50%。

2. 强风化和全风化的岩石，可参照所风化成的相应土类取值；其他状态下的岩石不修正。

8.6.2　按《建筑地基基础设计规范》确定地基承载力

1974 年版的《建筑地基基础设计规范》建立了土的物理力学性能指标与地基承载力关系，1989 年版仍保留了地基承载力表，列入附录，并在使用上加以适当限制。承载力表使用方便是其主要优点，但也存在一些问题。承载力表是用大量的试验数据，通过统计分析得到的。我国幅员广阔，土质条件各异，用几张表格很难概括全国的规律。用查表法确定承载力，在大多数地区可能基本适合或偏于保守，但也不排斥个别地区可能不安全。此外，随着设计水平的提高和对工程质量要求的趋于严格，变形控制已是地基设计的重要原则，因此，作为国标，如仍沿用承载力表，显然已不适应当前的要求。《建筑地基基础设计规范》2002 年版取消了有关承载力表的条文和附录，可根据试验和地区经验确定地基承载力等设计参数。

《建筑地基基础设计规范》采用地基承载力特征值方法，其承载力表达式为：

$$p_k \leqslant f_a \tag{8-32}$$

式中　p_k——相应于荷载效应标准组合时，基础底面的平均总压力，kPa；

f_a——修正后的地基承载力特征值，kPa。

地基承载力特征值是指由荷载试验地基土压力变形曲线线性变形段内规定的变形对应的压力值，实际即为地基承载力的容许值。地基承载力特征值可由荷载试验或其他原位测试、公式计算，并结合工程实践经验等方法综合确定。

（1）按载荷试验确定地基承载力特征值

《建筑地基基础设计规范》规定：当基础宽度大于 3m 或埋置深度大于 0.5m 时，从载荷试验或其他原位测试、经验值等方法确定的地基承载力特征值，尚应按下式修正：

$$f_a = f_{ak} + \eta_b \gamma (b-3) + \eta_d \gamma_m (d-0.5) \tag{8-33}$$

式中　f_a——修正后的地基承载力特征值，kPa。

f_{ak}——地基承载力特征值，kPa。

η_b、η_d——基础宽度和埋深的地基承载力修正系数，按基底下土的类别查表 8-13 取值。

γ——基础底面以下土的重度，地下水位以下取浮重度，kN/m^3。

b——基础底面宽度，当基础底面宽度小于 3m 时按 3m 取值，大于 6m 时按 6m 取值，m。

γ_m——基础底面以上土的加权平均重度，位于地下水位以下的土层取有效重度，kN/m^3。

d——基础埋置深度，宜自室外地面标高算起。在填方整平地区，可自填土地面标高算起，但填土在上部结构施工后完成时，应从天然地面标高算起。对于地下室，如采用箱形基础或筏基时，基础埋置深度自室外地面标高算起；当采用独立基础或条形基础时，应从室内地面标高算起。

表 8-13　承载力修正系数

土的类别		η_b	η_b
淤泥和淤泥质土		0	1.0
人工填土 或 e 大于等于 0.85 的黏性土		0	1.0
红黏土	含水比 $\alpha_w > 0.8$	0	1.2
	含水比 $\alpha_w \leqslant 0.8$	0.15	1.4
大面积压实填土	压实系数大于 0.95、黏粒含量 $\rho_c \geqslant 10\%$ 的粉土	0	1.5
	最大干密度大于 2100kg/m^3 的级配砂石	0	2.0
粉土	黏粒含量 $\rho_c \geqslant 10\%$ 的粉土	0.3	1.5
	黏粒含量 $\rho_c < 10\%$ 的粉土	0.5	2.0
e 及 I_L 均小于 0.85 的黏性土		0.3	1.6
粉砂、细砂（不包括很湿与饱和时的稍密状态）		2.0	3.0
中砂、粗砂、砾砂和碎石土		3.0	4.4

注：1. 强风化和全风化的岩石，可参照所风化成的相应土类取值，其他状态下的岩石不修正；

2. 地基承载力特征值按规范附录 D 深层平板荷载试验确定时 η_d 取 0；

3. 含水比是指土的天然含水量与液限的比值；

4. 大面积压实填土是指填土范围大于两倍基础宽度的填土。

（2）根据土的抗剪强度指标确定地基承载力特征值

当偏心距 e 小于或等于 0.033 倍基础底面宽度（$e \leqslant 0.033b$）时，根据土的抗剪强度指标确定地基承载力特征值可按下式计算，并应满足变形要求：

$$f_a = M_b \gamma_b + M_d \gamma_m d + M_c c_k \tag{8-34}$$

式中　f_a——由土的抗剪强度指标确定的地基承载力特征值，kPa；

M_b、M_d、M_c——承载力系数，按表 8-14 确定；

c_k——基底下一倍短边宽度的深度范围内土的黏聚力标准值，kPa；

γ——基础底面以下土的重度，地下水位以下取浮重度，kN/m^3；

γ_m——基础底面以上土的加权平均重度，位于地下水位以下的土层取有效重度，kN/m^3。

表 8-14　承载力系数

土的内摩擦角标准值 φ_k/（°）	M_b	M_d	M_c
0	0	1.00	3.14
2	0.03	1.12	3.32

续表

土的内摩擦角标准值φ_k/（°）	M_b	M_d	M_c
4	0.06	1.25	3.51
6	0.10	1.39	3.71
8	0.14	1.55.	3.93
10	0.18	1.73	4.17
12	0.23	1.94	4.42
14	0.29	2.17	4.69
16	0.36	2.43	5.00
18	0.43	2.72	5.31
20	0.51	3.06	5.66
22	0.61	3.44	6.04
24	0.80	3.87	6.45
26	1.10	4.37	6.90
28	1.40	4.93	7.40
30	1.90	5.59	7.95
32	2.60	6.35	8.55
34	3.40	7.21	9.22
36	4.20	8.25	9.97
38	5.00	9.44	10.80
40	5.80	10.84	11.73

注：φ_k为基底下一倍短边宽度的深度范围内土的内摩擦角标准值。

（3）对于完整、较完整、较破碎的岩石地基承载力特征值

完整、较完整、较破碎的岩石地基承载力特征值可按岩基载荷试验方法确定；对破碎、极破碎的岩石地基承载力特征值，可根据平板载荷试验确定。对完整、较完整和较破碎的岩石地基承载力特征值，也可根据室内饱和单轴抗压强度按下式进行计算：

$$f_a = \psi_r f_{rk} \tag{8-35}$$

式中 f_a——岩石地基承载力特征值，kPa。

f_{rk}——岩石饱和单轴抗压强度标准值，kPa。

ψ_r——折减系数。根据岩体完整程度以及结构面的间距、宽度、产状和组合，由地方经验确定。无经验时，对完整岩体可取 0.5：对较完整岩体可取 0.2～0.5；对较破碎岩体可取 0.1～0.2。

【例 8-2】 已知某建筑场地地质条件，第（1）层为杂填土，厚度 1.5m，$\gamma = 18\text{kN/m}^3$；第（2）层为粉质黏土，层厚 4.5m，$\gamma = 18.5\text{kN/m}^3$，$e$=0.92，$I_L = 0.94$，地基承载力特征值 $f_{ak} = 140\text{kPa}$。柱下独立基础，基础底面尺寸为 $4.0\text{m} \times 2.6\text{m}$，基础埋深 d=1.5m，计算修正后的地基承载力特征值。

解 根据《建筑地基基础设计规范》，修正后的地基承载力特征值 f_a：

$$f_a = f_{ak}^{+} + \eta_b \gamma (b-3) + \eta_d \gamma_m (d-0.5)$$

基础宽度 b=2.6m（<3m），按 3m 取值。

埋深 d=1.0m，持力层粉质黏土的孔隙比 e=0.92（>0.85），查表 8-13 得：

$$\eta_b = 0,\ \eta_d = 1.0$$

$$f_a = f_{ak}{}^{+} + \eta_b\gamma(b-3) + \eta_d\gamma_m(d-0.5) = 140 + 0 + 1.0\times18\times(1.5-0.5) = 158\text{kPa}$$

8.6.3　按《铁路桥涵地基和基础设计规范》确定地基承载力

《铁路桥涵地基和基础设计规范》采用地基容许承载力设计原则。地基容许承载力是在保证地基稳定和建筑物沉降量不超过容许值的条件下，地基单位面积所能承受的最大压力。地基基本承载力是建筑物基础短边宽度不大于 2.0m、埋置深度不大于 3.0m 时的地基容许承载力。

① 地基容许承载力[σ]应按下列原则确定：

a．基础宽度不大于 2m、埋置深度不大于 3m 时的地基容许承载力可采用地基基本承载力 σ_0，按承载力表确定。

b．基础宽度大于 2m 或埋置深度大于 3m 时的地基容许承载力需要根据举出的宽度和埋深进行修正。

c．软土地基容许承载力应满足变形和强度的要求。

d．对重要或地质复杂的桥梁，应采用荷载试验及其他原位测试方法等综合确定。

② 地基基本承载力 σ_0 可根据岩土类别、状态及其物理力学特征指标按表 8-15～表 8-24 选用。

a．一般岩石地基可根据岩石类别、节理发育程度按表 8-15 确定基本承载力 σ_0，对于复杂的岩层（如溶洞、断层、软弱夹层、易溶岩石、软化岩石等）应按各项因素综合确定。

b．碎石类土地基可根据其类别和密实程度按表 8-16 确定基本承载力 σ_0。

c．砂类土地基可根据土的密实程度和潮湿程度按表 8-17 确定基本承载力 σ_0。

d．粉土地基可根据土的天然孔隙比 e 和天然含水量 w 按表 8-18 确定基本承载力 σ_0。

e．Q_4 冲、洪积黏性土地基可根据液性指数 I_L 和天然孔隙比 e 按表 8-19 确定基本承载力 σ_0。

f．Q_3 及其以前冲、洪积黏性土地基可根据压缩模量按表 8-20 确定基本承载力 σ_0。

g．残积黏性土地基可根据压缩模量按表 8-21 确定基本承载力 σ_0。

h．黄土地基可根据天然孔隙比 e、天然含水量 ω 及液限 ω_L 按表 8-22、表 8-23 确定基本承载力 σ_0。

i．多年冻土地基可根据基础底面的月平均最高土温按表 8-24 确定基本承载力 σ_0。

表 8-15　岩石地基的基本承载力 σ_0　　单位：kPa

岩石类别 \ 节理发育程度	节理很发育	节理发育	节理不发育
节理间距/mm	20～200	200～400	>400
硬质岩	1500～2000	2000～3000	>3000
较软岩	800～1000	1000～1500	1500～3000
软岩	500～800	700～1000	900～1200
极软岩	200～300	300～400	400～500

注：裂隙张开或有泥质充填时应取低值。

表 8-16　碎石类土地基的基本承载力σ_0　　单位：kPa

土名	密实程度			
	松散	稍密	中密	密实
卵石土、粗圆砾土	300～500	500～650	650～1000	1000～1200
碎石土、粗角砾土	200～400	400～550	550～800	800～1000
细圆砾土	200～300	300～400	400～600	600～800
细角砾土	200～300	300～400	400～500	500～700

注：1. 半胶结的碎石类土可按密实的同类土的表值提高 10%～30%。

2. 由硬质岩块组成，充填砂类土时用高值；由软质岩块组成，充填黏性土时用低值。

3. 自然界中很少见松散的碎石类土，其密实程度判定为松散时应慎重。

4. 漂石土、块石土的基本承载力值可参照卵石土、碎石土表值适当提高。

表 8-17　砂类土地基的基本承载力σ_0　　单位：kPa

土名	湿度	密实程度			
		松散	稍密	中密	密实
砾砂、粗砂	与湿度无关	200	370	430	550
中砂	与湿度无关	150	330	370	450
细砂	稍湿或潮湿	100	230	270	350
	饱和		190	210	300
粉砂	稍湿或潮湿		190	210	300
	饱和		90	110	200

表 8-18　粉土地基的基本承载力σ_0　　单位：kPa

e	w/%						
	10	15	20	25	30	35	40
0.5	400	380	(355)				
0.6	300	290	280	(270)			
0.7	250	235	225	215	(205)		
0.8	200	190	180	170	165		
0.9	160	150	145	140	130	(125)	
1.0	130	125	120	115	110	105	(100)

注：1. 表中括号内数值用于内插取值；

2. 在湖、塘、沟、谷与河漫滩地段以及新近沉积的粉土应根据当地经验取值。

表 8-19　Q_4冲、洪积黏性土地基的基本承载力σ_0　　单位：kPa

e	I_L												
	0	0.1	0.2	0.3	0.4	0.5	0.6	0.7	0.8	0.9	1.0	1.1	1.2
0.5	450	440	430	420	400	380	350	310	270	240	220	—	—
0.6	420	410	400	380	360	340	310	280	250	220	200	180	—
0.7	400	370	350	330	310	290	270	240	220	190	170	160	150

续表

e	I_L												
	0	0.1	0.2	0.3	0.4	0.5	0.6	0.7	0.8	0.9	1.0	1.1	1.2
0.8	380	330	300	280	260	240	230	210	180	160	150	140	130
0.9	320	280	260	240	220	210	190	180	160	140	130	120	100
1.0	250	230	220	210	190	170	160	150	140	120	110	—	—
1.1	—	—	160	150	140	130	120	110	100	90	—	—	—

注：土中含有粒径大于2mm的颗粒且占全部质量的30%以上时，σ_0可酌情提高。

表8-20 Q_3及其以前冲、洪积黏性土地基的基本承载力σ_0 单位：kPa

压缩模量E_s/MPa	10	15	20	25	30	35	40
基本承载力σ_0/kPa	380	430	470	510	550	580	620

注：1. 压缩模量为对应于0.1～0.2MPa压力段的压缩模量。

2. 当压缩模量小于10MPa时，其基本承载力可按表8-19确定。

表8-21 残积黏性土地基的基本承载力σ_0 单位：kPa

压缩模量E_s/MPa	4	6	8	10	12	14	16	18	20
基本承载力σ_0/kPa	190	220	250	270	290	310	320	330	340

注：本表适用于西南地区碳酸盐类岩层的残积红土，其他地区可参照使用。

表8-22 新黄土（Q_3、Q_4）地基的基本承载力σ_0 单位：kPa

w_L	e	w						
		5	10	15	20	25	30	35
24	0.7	—	230	190	150	110	—	—
	0.9	240	200	160	125	85	(50)	—
	1.1	210	170	130	100	60	(20)	—
	1.3	180	140	100	70	40	—	—
28	0.7	280	260	230	190	150	110	—
	0.9	260	240	200	160	125	85	—
	1.1	240	210	170	140	100	60	—
	1.3	220	180	140	110	70	40	—
32	0.7	—	280	260	230	180	150	—
	0.9	—	260	240	200	150	125	—
	1.1	—	240	210	170	130	100	60
	1.3	—	220	180	140	100	70	40

注：1. 非饱和Q_3新黄土，当$0.85<e<0.95$时，σ_0值可提高10%；

2. 本表不适用于坡积、崩积和人工堆积等黄土。

3. 括号内数值供内插用。

表 8-23　老黄土（Q_1、Q_2）地基的基本承载力 σ_0　　单位：kPa

w/w_1	e			
	$e<0.7$	$0.7\leqslant e<0.8$	$0.8\leqslant e<0.9$	$e>0.9$
<0.6	700	600	500	400
0.6～0.8	500	400	300	250
>0.8	400	300	250	200

注：1. 老黄土黏聚力小于 50kPa，内摩擦角小于 25°，σ_0 应降低 20%左右。

2. 液限含水量试验采用圆锥仪法，圆锥仪总质量 76g，入土深度 10mm。

表 8-24　多年冻土地基的基本承载力 σ_0　　单位：kPa

序号	土名	基础底面的月平均最高土温/℃					
		−0.5	−1.0	−1.5	−2.0	−2.5	−3.5
1	块石土、卵石土、碎石土、粗圆砾土、粗角砾土	800	950	1100	1250	1380	1650
2	细圆砾土、细角砾土、砾砂、粗砂、中砂	600	750	900	1050	1180	1450
3	细砂、粉	450	550	650	750	830	1000
4	粉土	400	450	550	650	710	850
5	粉质黏土、黏土	350	400	450	550	560	700
6	饱冰冻土	250	300	350	400	450	550

③ 地基容许承载力可按式（8-36）确定：

$$[\sigma]=\sigma_0+k_1\gamma_1(b-2)+k_2\gamma_2(h+3) \tag{8-36}$$

式中　$[\sigma]$——地基容许承载力，kPa。

σ_0——地基基本承载力，kPa。

b——基础底面的最小边宽度，b 小于 2m 时，b 取 2.0m；b 大于 10m 时，b 取 10m。圆形或正多边形基础为 $\sqrt{F}$，F 为基础的底面积，m。

h——基础底面的埋置深度，自天然地面起算，有水流冲刷时自一般冲刷线起算；位于挖方内，由开挖后地面算起；h 小于 3m 时，取 h 等于 3m，h/b 大于 4 时，h 取 $4b$，m。

γ_1——基底持力层土的重度；若持力层在水面以下且透水时应采用浮重度，kN/m^3。

γ_2——基底以上土层的加权平均重度；换算时若持力层在水面以下且不透水时，不论基底以上土的透水性如何，均取饱和重度；透水时水中部分土层应取浮重度，kN/m^3；

k_1、k_2——宽度、深度修正系数，根据基底持力层土的类别按表 8-25 确定。

表 8-25　宽度、深度修正系数

修正系数	黏性土				粉土	黄土		砂类土								碎石类土			
	Q_4冲、洪积土		Q_3及其以前的冲、洪积土	残积土		新黄土	老黄土	粉砂		细砂		中砂		砾砂、粗砂		碎石、圆砾、角砾		卵石	
	$I_L<0.5$	$I_L\geqslant0.5$						稍、中密	密实	稍、中密	密实	稍、中密	密实	稍、中密	密实	稍、中密	密实	稍、中密	密实
k_1	0	0	0	0	0	0	0	1	1.2	1.5	2	2	3	3	4	3	4	3	4
k_2	2.5	1.5	2.5	1.5	1.5	1.5	1.5	2	2.5	3	4	4	5.5	5	6	5	6	6	10

注：1. 节理不发育或较发育的岩石不做宽深修正；节理发育或很发育的岩石，k_1、k_2 可采用碎类石土的系数；对已风化成砂、土状的岩石，则按砂类土、黏性土的系数。

2. 稍松状态的砂类土和松散状态的碎石类土，k_1、k_2 值可采用表中稍、中密值的 50%。

3. 冻土的 k_1、k_2 均取 0。

④ 软土地基的基础应满足稳定和变形的要求，修正后地基的容许承载力应符合下列规定：

a. 修正后地基承载力可按式（8-37）确定：

$$[\sigma]=5.14C_u\frac{1}{m'}+\gamma_2 h \tag{8-37}$$

b. 对于小桥和涵洞基础，也可按式（8-38）确定：

$$[\sigma]=\sigma_0+\gamma_2(h-3) \tag{8-38}$$

式中 $[\sigma]$——地基的容许承载力，kPa；

m'——安全系数，可根据软土灵敏度及建筑物对变形的要求等因素选 1.5～2.5；

C_u——不排水剪切强度，kPa；

σ_0——地基的基本承载力，由表 8-26 确定，kPa。

表 8-26 软土地基的基本承载力σ_0

天然含水量ω/%	36	40	45	50	55	65	75
σ_0/kPa	100	90	80	70	60	50	40

思考题与习题

8-1 什么是地基承载力特征值?

8-2 地基破坏形式有哪些？不同类型的破坏形式与地基土体性质有何关系?

8-3 地基变形的三个阶段各有什么特点?

8-4 什么是临塑荷载、临界荷载?

8-5 什么是极限承载力？各种极限承载力理论计算公式的适用范围是什么?

8-6 哪些原位测试方法可以确定地基承载力？有何优、缺点?

8-7 用规范提供的方法确定承载力时，为何要进行基础宽度和深度的修正?

8-8 已知某建筑场地地质条件，第（1）层为杂填土，厚度 1.0m，$\gamma=18\text{kN/m}^3$；第（2）层为粉质黏土，层厚 5.2m，$\gamma=18.5\text{kN/m}^3, e=0.80, I_L=0.75$，地基承载力特征值 $f_{ak}=135\text{kPa}$。当存在以下基础条件时，分别计算修正后的地基承载力特征值。

（1）柱下独立基础，基础底面尺寸为 4.0m×2.8m，基础埋深 d=1.5m。

（2）箱型基础，基础底面尺寸为 9.5m×30m，d=3.5m。

8-9 柱下独立基础底面尺寸为 3.0m×2.4m，基础埋深 d=1.5m，地基土为粉土，土的物理力学性质指标：$\gamma=17.5\text{kN/m}$, $c_k=3.5\text{kPa}$, $\varphi_k=28°$，试确定持力层的地基承载力特征值。

8-10 某方形基础 b=3m，基础埋深 1.2m，地基土体为粉质黏土，$\gamma=18.5\text{kN/m}^3$，$c=15\text{kPa}, \varphi=22°$，试计算：

（1）临塑荷载 p_{cr} 和临界荷载 $p_{1/4}$。

（2）按照太沙基理论及汉森公式计算容许承载力（安全系数 K 取 3）。

参考文献

[1] 曹卫平. 土力学[M]. 北京：北京大学出版社，2011.
[2] 陈仲颐，周景星，王洪瑾. 土力学[M]. 北京：清华大学出版社，1994.
[3] 崔高航，韩春鹏. 土力学[M]. 南京：江苏科学技术出版社，2013.
[4] 党进谦，李法虎. 土力学[M]. 北京：中国水利水电出版社，2013.
[5] 东南大学，浙江大学，南京工业大学，等. 土力学[M]. 北京：中国电力出版社，2010.
[6] 董建华. 土力学[M]. 武汉：武汉理工大学出版社，2013.
[7] 龚晓南，谢康和. 土力学[M]. 北京：中国建筑工业出版社，2014.
[8] 韩雪. 土力学[M]. 北京：科学出版社，2011.
[9] 璩继立. 土力学[M]. 北京：中国电力出版社，2014.
[10] 姚仰平. 土力学[M]. 北京：高等教育出版社，2011.
[11] 赵树德，廖红建. 土力学[M]. 北京：高等教育出版社，2010.
[12] 廖红建，柳厚祥. 土力学[M]. 北京：高等教育出版社，2013.
[13] 沈珠江. 理论土力学[M]. 北京：中国水利水电出版社，1999.
[14] 朱宝龙，郭进军. 土力学[M]. 北京：中国水利水电出版社，2011.
[15] 刘红军. 土质学与土力学 [M]. 北京：北京大学出版社，2013.
[16] 赵成刚，白冰，王运霞. 土力学原理[M]. 北京：清华大学出版社，2004.
[17] 高大钊. 土力学与基础工程[M]. 北京：中国建筑工业出版社，1999.
[18] 刘希亮. 土力学原理[M]. 徐州：中国矿业大学出版社，2015.
[19] 乔旭，张李英，郑志豪. 土力学与地基基础[M]. 长春：东北师范大学出版社，2014.
[20] 王成华. 土力学[M]. 武汉：华中科技大学出版社，2010.
[21] 黄志全. 土力学[M]. 郑州：黄河水利出版社，2011.
[22] 李飞，王贵君. 土力学与基础工程[M]. 武汉：武汉理工大学出版社，2012.
[23] 郑毅，郝冬雪. 土力学[M]. 武汉：武汉大学出版社，2014.
[24] 于小娟，王照宇. 土力学[M]. 北京：国防工业出版社，2012.
[25] 徐俊，李飞. 土力学原理[M]. 成都：电子科技大学出版社，2018.
[26] 赵明华. 土力学与基础工程[M]. 4 版. 武汉：武汉理工大学出版社，2014.
[27] 王常明. 土力学[M]. 2 版. 长春：吉林大学出版社，2015.
[28] 刘晶，刘优平，余景良. 土力学与地基基础[M]. 西安：西北工业大学出版社，2014.
[29] 刘娜，何文安. 土力学与基础工程[M]. 北京：北京大学出版社，2020.